目次

教科書ぴったりトレーニング
啓林館版 中学理科2年

成績アップのための学習メソッド ▶2 ～ 5

学習内容

※原則，ぴたトレ1は偶数，ぴたトレ2は奇数ページになります。

［写真提供］

ケニス／コーベット・フォトエージェンシー／シンコーフォト／日本気象協会

キミにあった学習法を
紹介するよ!

成績アップのための学習メソッド

学習のはじめ

ぴたトレ0
スタートアップ

この学年の内容に関連した,これまでに習った内容を確認しよう。
学習のはじめにとり組んでみよう。

日常の学習

ぴたトレ1
要点チェック

教科書の用語や重要事項を
さらっとチェックしよう。
要点が整理されているよ。

学習メソッド

「わかる」「簡単」と思った内容なら,「ぴたトレ2」から始めてもいいよ。「ぴたトレ1」の右ページの「ぴたトレ2」で同じ範囲の問題をあつかっているよ。

ぴたトレ2
練習

問題演習をして,基本事項を身につけよう。ページの下の「ヒント」や「ミスに注意」も参考にしよう。

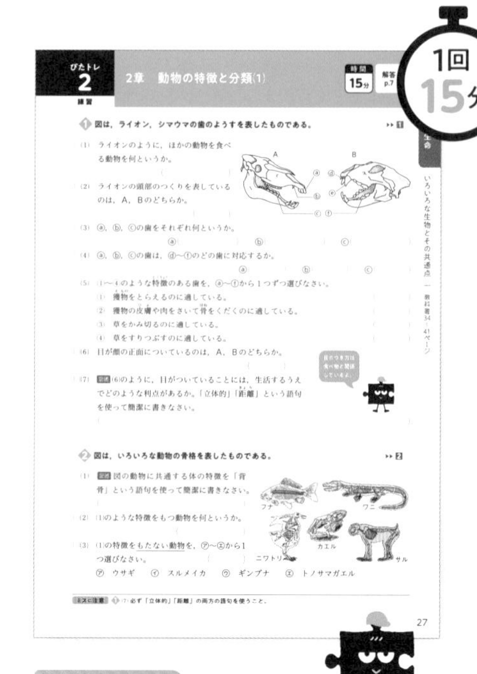

学習メソッド

わからない内容やまちがえた内容は,必要であれば「ぴたトレ1」に戻って復習しよう。▸▸1 のマークが左ページの「ぴたトレ1」の関連する問題を示しているよ。

「学習メソッド」を使うとさらに効率的・効果的に勉強ができるよ！／

ぴたトレ3 確認テスト

テスト形式で実力を確認しよう。まずは,目標の70点を目指そう。
「定期テスト予報」はテストでよく問われるポイントと対策が書いてあるよ。

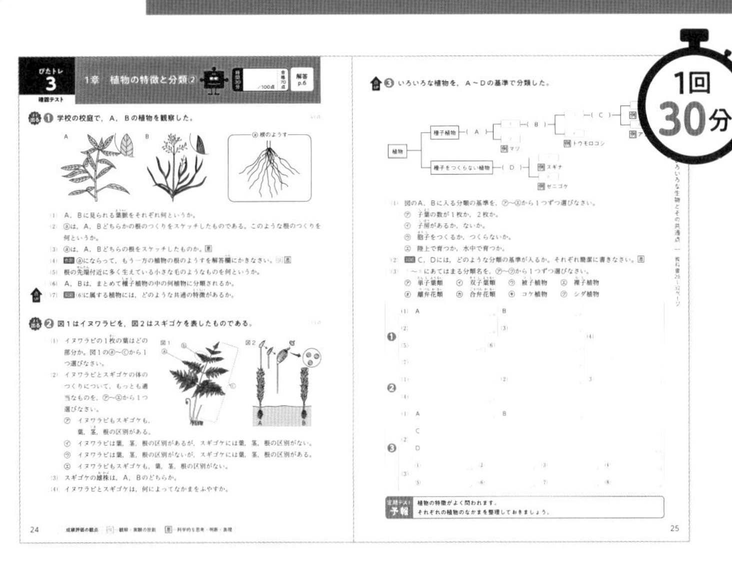

学習メソッド

テスト前までに「ぴたトレ1~3」のまちがえた問題を復習しておこう。

テスト前

定期テスト予想問題

テスト前に広い範囲をまとめて復習しよう。
まずは,目標の70点を目指そう。

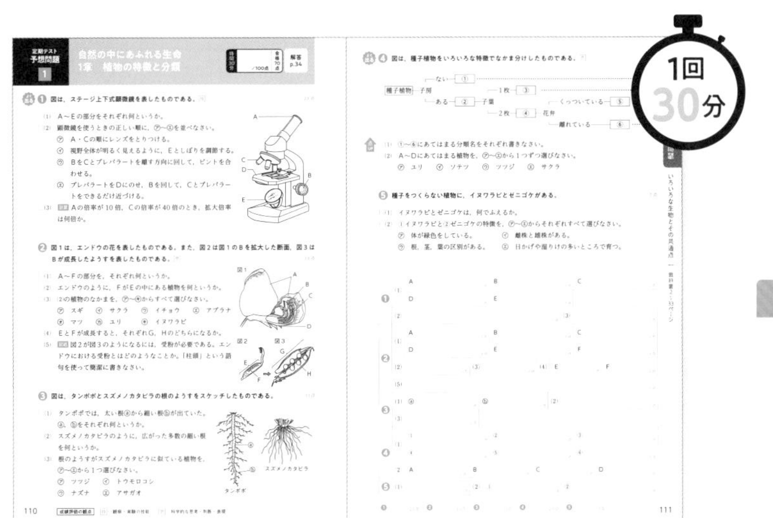

学習メソッド

さらに上を目指すキミは「点UP」にもとり組み,まちがえた問題は解説を見て,弱点をなくそう。

次のページへ続くよ

〔効率的・効果的に学習しよう!〕

同じまちがいをくり返さないために

まちがえた問題は,別冊解答の「考え方」を読んで,どこをまちがえたのか確認しよう。

効率的に勉強するために

各ページの解答時間を目安にしてとり組もう。まちがえた問題のチェックボックスにチェックを入れて,後日復習しよう。

理科に特徴的な問題のポイントを押さえよう

計算,作図,記述の問題にはマークが付いているよ。何がポイントか意識して勉強しよう。

観点別に自分の学力をチェックしよう

学校の成績はおもに,「知識・技能」「思考・判断・表現」といった観点別の評価をもとにつけられているよ。
一般的には「知識」を問う問題が多いけど,テストの問題は,これらの観点をふまえて作られることが多いため,「ぴたトレ3」「定期テスト予想問題」でも「知識・技能」のうちの「技能」と「思考・判断・表現」の問題にマークを付けて表示しているよ。自分の得意・不得意を把握して成績アップにつなげよう。

付録も活用しよう

× 赤シート

持ち歩きしやすいミニブックに,理科の重要語句などをまとめているよ。スキマ時間やテスト前などに,サッとチェックができるよ。

中学ぴたサポアプリ

スマホで一問一答の練習ができるよ。スキマ時間に活用しよう。

〔 勉強のやる気を上げる4つの工夫 〕

1 “ちょっと上”の目標をたてよう

頑張ったら達成できそうな,今より”ちょっと上”のレベルを目標にしよう。目指すところが決まると,そこに向けてやる気がわいてくるよ。

2 無理せず続けよう

勉強を続けると,「続けたこと」が自信になって,次へのやる気につながるよ。「ぴたトレ理科」は1回分がとり組みやすい分量だよ。無理してイヤにならないよう,あまりにも忙しいときや疲れているときは休もう。

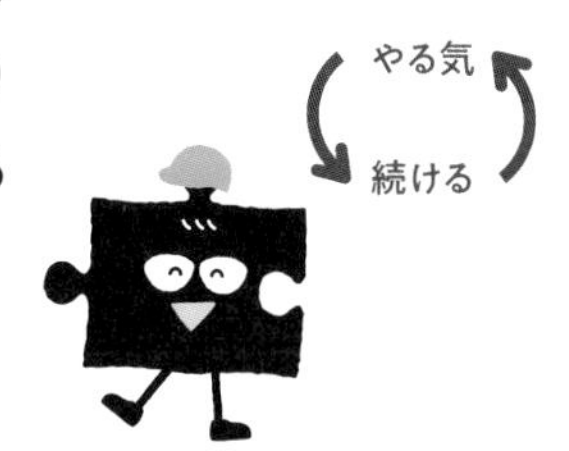

3 勉強する環境を整えよう

勉強するときは,スマホやゲームなどの気が散りやすいものは遠ざけておこう。

4 とりあえず勉強してみよう

やる気がイマイチなときも,とりあえず勉強を始めるとやる気が出てくるよ。
わからない問題にいつまでも時間をかけずに,解答と解説を読んで理解して,また後で復習しよう。「ぴたトレ理科」は細かく範囲が分かれているから,「できそう」「興味ありそう」な内容からとり組むのもいいかもね。

ぴたトレ 0 スタートアップ

生命 生物の体のつくりとはたらきの学習前に

解答 p.1

(　)にあてはまる語句を答えよう。

1章　生物の体をつくるもの　教科書 p.4～17

【中学校1年】いろいろな生物とその共通点

□顕微鏡を使うと，観察物を40～600倍程度に拡大して観察することができる。観察するときにつくる，観察物をスライドガラスにのせて，カバーガラスをかぶせたものを(1)(　　　　　　)という。

2章　植物の体のつくりとはたらき　教科書 p.18～32

【小学校5年】植物の発芽，成長，花から実へ

□インゲンマメなどの種子には，(1)(　　　　　　)という栄養分がふくまれていて，発芽するときに使われる。

ヨウ素液をつけたインゲンマメの種子

【小学校6年】植物の養分と水の通り道，生物と環境

□植物の葉に日光が当たると，空気中の(2)(　　　　　　)をとり入れて，(3)(　　　　)を出す。

□根からとり入れられた水は，根から茎，茎から葉へと続く水の通り道を通って，体全体に運ばれる。体の中に運ばれた水が，おもに(4)(　　　　)から水蒸気となって出ていくことを(5)(　　　　)という。

3章　動物の体のつくりとはたらき　教科書 p.33～49

【小学校6年】ヒトの体のつくりとはたらき

□食べ物は口の中でかみくだかれ，(1)(　　　　)と混ざる。(1)のはたらきで，デンプンは別の物質に変化する。口で消化された食べ物は，胃や(2)(　　　　)でさらに消化され，栄養分は水とともにおもに(2)で吸収される。

□酸素を体内にとり入れ，二酸化炭素を体外に出すことを(3)(　　　　)という。

□心臓は(4)(　　　　)を全身に送り出し，(4)は栄養分や酸素を運び，体の各部分で不要なものや二酸化炭素を受けとる。心臓から(5)(　　　　)に送られた(4)は，(5)で二酸化炭素を出し，酸素を受けとって心臓にもどる。

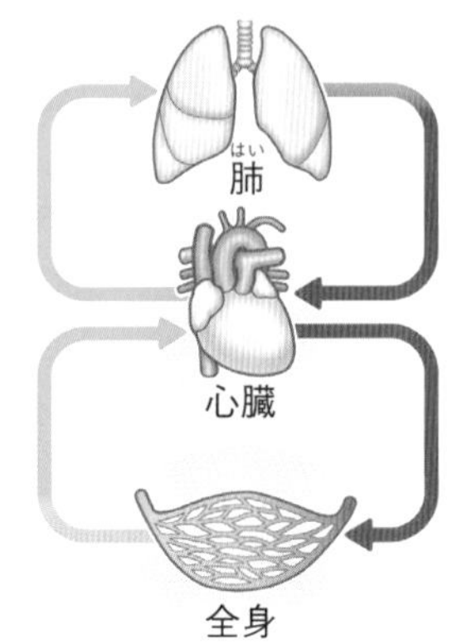

全身をめぐる血液

4章　動物の行動のしくみ　教科書 p.50～59

【小学校4年】ヒトの体のつくりと運動

□ヒトの体は，骨についた(1)(　　　　)が縮んだりゆるんだりすることで動かすことができる。また，ヒトの体は，関節で曲げることができる。

ぴたトレ 0 スタートアップ

地球 地球の大気と天気の変化の学習前に

(　)にあてはまる語句を答えよう。

1章　地球をとり巻く大気のようす　教科書 p.72～81

【小学校4年】天気のようす

□気温は，風通しのよい場所で，地面から 1.2～1.5 m の高さで，温度計に①(　　　　)が直接当たらないようにしてはかる。

□雲があっても青空が見えているときの天気を②(　　　　)，青空がほとんど見えないときの天気を③(　　　　)とする。

2章　大気中の水の変化　教科書 p.82～94

【小学校4年】水と温度

□熱せられるなどして，水(液体)が目に見えないすがたに変わったものを①(　　　　)(気体)という。

□水が①になって空気中に出ていくことを②(　　　　)という。空気中には①がふくまれていて，冷やされると水になる。

□水を冷やして0℃になると，水は③(　　　　)(固体)になる。

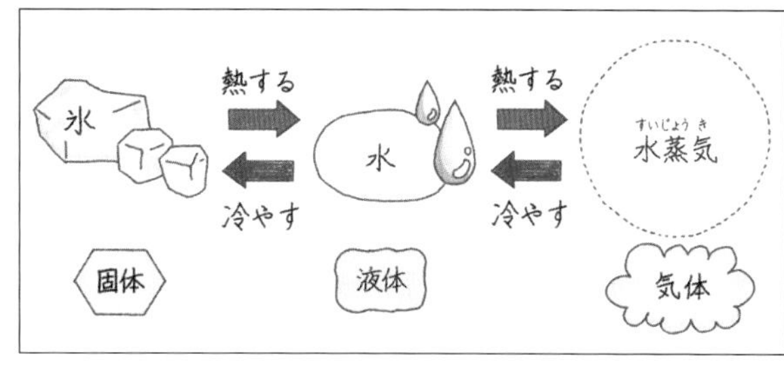

水のすがたの変化

3章　天気の変化と大気の動き ／ 4章　大気の動きと日本の四季　教科書 p.95～125

【小学校4年】天気のようす

□晴れの日は1日の気温の変化が①(　　　　)。また，くもりや雨の日は1日の気温の変化が②(　　　　)。

【小学校5年】天気の変化

□天気が変わるとき，雲は動きながら，雲の量がふえたり減ったりする。日本付近では，雲はおよそ③(　　　　)から④(　　　　)へと動く。

□雲の動きにつれて，天気もおよそ⑤(　　　　)から⑥(　　　　)へと変わっていく。

□台風は日本の⑦(　　　　)のほうで発生し，はじめは西へ進み，しだいに北へ進むことが多い。また，台風が近づくと，強い風がふいたり，短い時間に大雨が降ったりする。

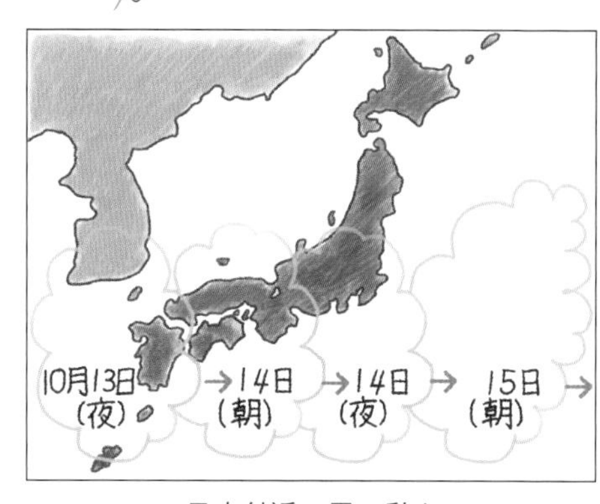

日本付近の雲の動き

物質 化学変化と原子・分子　の学習前に

解答 p.1

(　)にあてはまる語句を答えよう。

1章　物質の成り立ち　教科書 p.142～161

【中学校1年】身のまわりの物質

□物質が温度によって固体，液体，気体の間で状態を変えることを①(　　　　)という。

□金属には，次のような共通の性質がある。

・②(　　　　)をよく通す(電気伝導性)。

・③(　　　　)をよく伝える(熱伝導性)。

・みがくと特有の光沢(こうたく)が出る(金属光沢)。

・たたいて広げたり(展性(てんせい))，引きのばしたり(延性(えんせい))することができる。

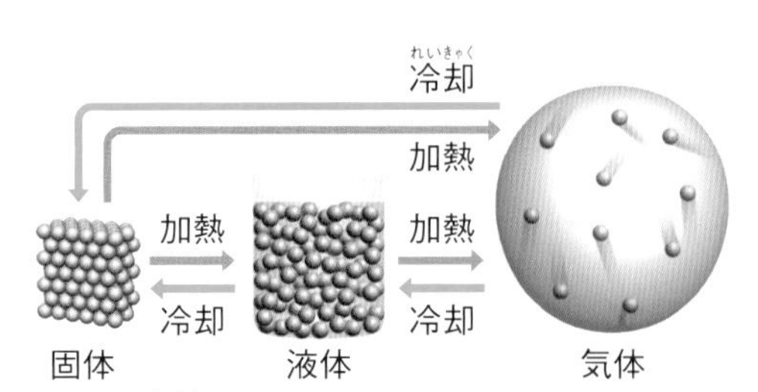

粒子(りゅうし)のモデルで考えた状態変化

2章　物質の表し方　／　3章　さまざまな化学変化　教科書 p.162～190

【中学校1年】身のまわりの物質

□「コップ」や「スプーン」など，使う目的や形などでものを区別するときの名称(めいしょう)を①(　　　　)という。一方，「ガラス」や「プラスチック」など，①をつくっているもの(材料)の名称を②(　　　　)という。

□③(　　　　)には，ものを燃やすはたらきがある。

□有機物の多くは炭素のほかに水素をふくんでおり，燃やすと④(　　　　)のほかに水が発生する。

4章　化学変化と物質の質量　教科書 p.191～201

【中学校1年】身のまわりの物質

□物質を水などの液体にとかすとき，水などの液体にとけている物質を①(　　　　)，水のように①をとかしている液体を②(　　　　)，①が②にとけた液を溶液(ようえき)という。また，②が水の溶液を，③(　　　　)という。

□水を物質にとかす前ととかした後では，全体の質量は④(　　　　)。

□物質が状態変化したとき，その体積は変化するが，質量は⑤(　　　　)。

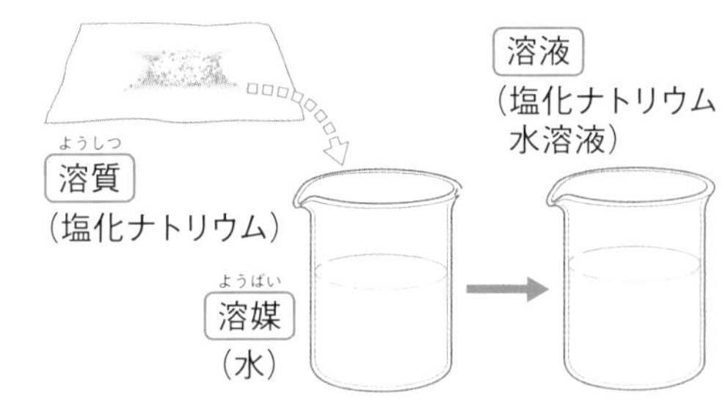

塩化ナトリウム水溶液のつくり方

ぴたトレ 0 スタートアップ

エネルギー 電流とその利用 の学習前に

解答 p.2

（ ）にあてはまる語句を答えよう。

1章 電流の性質 ／ 2章 電流の正体 教科書 p.214～259

【小学校4年】電流のはたらき

□乾電池とモーターをつなぐと，回路に電流が流れてモーターが回る。乾電池をつなぐ向きを変えると，回路に流れる電流の向きが変わり，モーターの回る向きは①（ ）。

□乾電池2個を直列つなぎにしてモーターにつなぐと，回路に流れる電流は，乾電池1個のときより大きくなり，モーターの回る速さは②（ ）。

□乾電池2個を並列つなぎにしてモーターにつなぐと，回路に流れる電流は，乾電池1個のときと変わらず，モーターの回る速さは③（ ）。

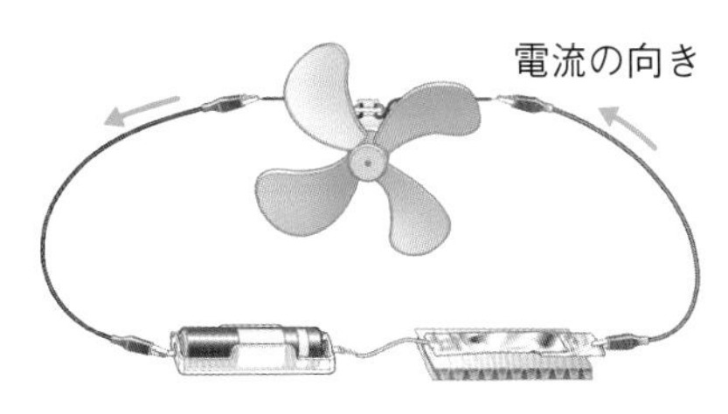

回路に流れる電流

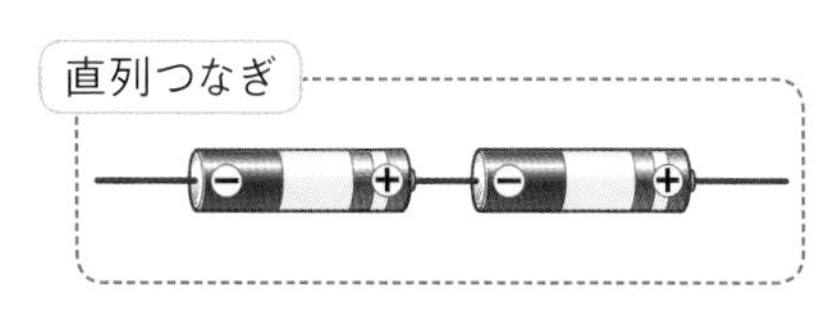

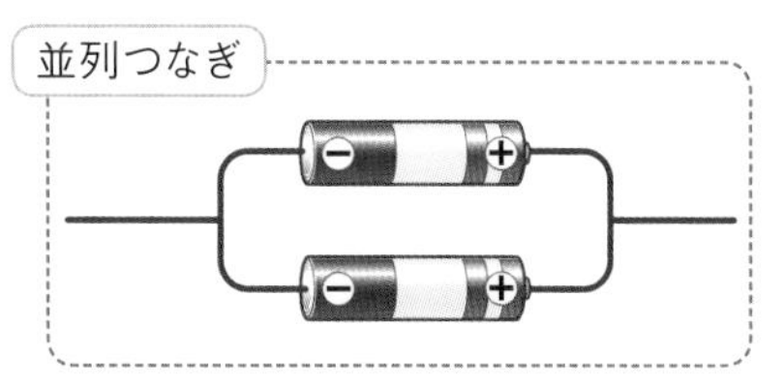

乾電池2個のつなぎ方

3章 電流と磁界 教科書 p.260～279

【小学校3年】磁石の性質

□磁石は，金属のうち，①（ ）を引きつける。

□磁石がもっとも強く①を引きつける部分を②（ ）といい，ちがう②どうしは引き合い，同じ②どうしはしりぞけ合う。

【小学校5年】電流と電磁石

□電磁石は，③（ ）に電流が流れているときだけ，磁石の性質をもつ。また，電磁石にはN極とS極がある。

□③に流れる電流の向きが逆になると，電磁石のN極とS極も④（ ）になる。

□③に流れる電流を大きくすると，電磁石が鉄を引きつける力は⑤（ ）なる。

□コイルの巻数を多くすると，電磁石が鉄を引きつける力は⑥（ ）なる。

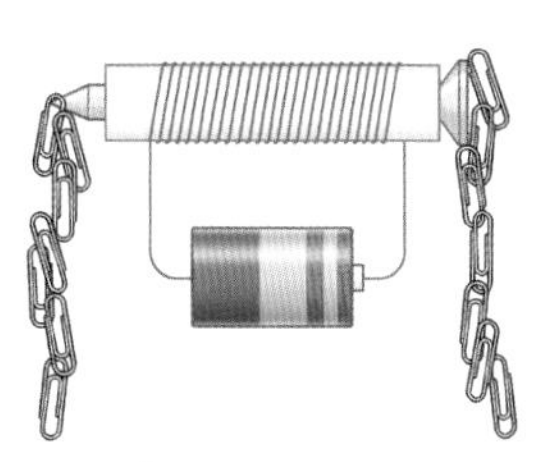
棒磁石と電磁石

1章　生物の体をつくるもの(1)

時間 10分　解答 p.2

(　　)と［　　　］にあてはまる語句を答えよう。

1 生物の体のつくりの観察

教科書 p.5～9　▸▸❶

□(1) 顕微鏡(けんびきょう)にレンズをつけるときは，①(　　　　　　)レンズ，②(　　　　　　)レンズの順にとりつける。

□(2) はじめは対物レンズをもっとも③(　　　　　　)倍率のものにして，視野(しや)全体が明るく見えるように，④(　　　　　　)としぼりを調節する。

□(3) プレパラートをステージにのせ，横から見ながら調節ねじを回して，対物レンズとの間をできるだけ⑤(　　　　　　)。

□(4) プレパラートと対物レンズを⑥(　　　　　　)方向に，調節ねじをゆっくり回してピントを合わせる。

□(5) レボルバーを回して対物レンズを高倍率にすると，視野の大きさは⑦(　　　　　　)なり，視野の明るさは⑧(　　　　　　)なる。

□(6) 対物レンズを高倍率にすると，対物レンズとプレパラートの間は⑨(　　　　　　)なる。

倍率を⑪［　　　　］。
×10
×40
対物レンズ
遠い
プレパラート
近い（1 mm以下）

□(7) 生物は小さな部屋のようなものが集まってできている。これを⑩(　　　　　　)という。

□(8) 図の⑪

2 単細胞生物(たんさいぼうせいぶつ)と多細胞生物(たさいぼうせいぶつ)

教科書 p.9～11

□(1) ゾウリムシやミカヅキモなどのように，体が1つの細胞(さいぼう)でできている生物を①(　　　　　　)という。

□(2) ヒトやツバキなどのように，さまざまな種類の多数の細胞からできている生物を②(　　　　　　)という。

運動のはたらきをするところ
消化のはたらきをするところ
核(かく)
口のはたらきをするところ
水分の調整を行うところ

□(3) 形やはたらきが同じ細胞が集まって③(　　　　　　)をつくり，いくつかの種類の③が集まって特定のはたらきをもつ④(　　　　　　)をつくる。

□(4) いくつかの④が集まって，独立した1個の生命体である⑤(　　　　　　)がつくられる。

□(5) 生物をつくる最小単位は⑥(　　　　　　)である。

要点
- ●対物レンズを高倍率にすると，視野はせまく暗くなる。
- ●体をつくる細胞の数によって，単細胞生物と多細胞生物に分けられる。

1章　生物の体をつくるもの(1)

時間 15分　解答 p.2

1 図は，顕微鏡を使って，池の水の中の生物を観察したものである。 ▶▶ 1 2

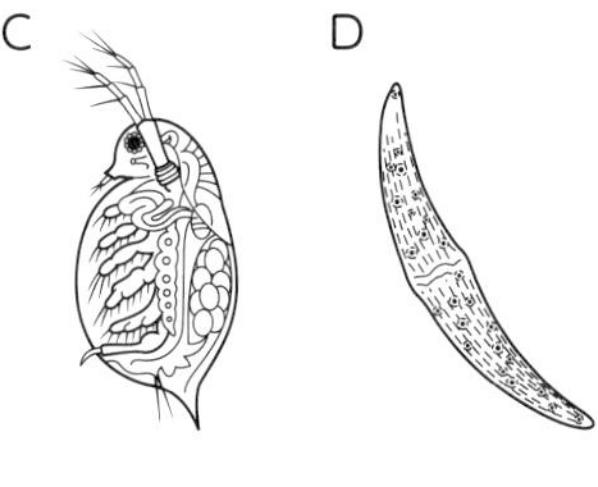

□(1) 高倍率にすると顕微鏡の視野はどうなるか。㋐～㋓から1つ選びなさい。（　　）

㋐ 広く明るくなる。
㋑ 広く暗くなる。
㋒ せまく明るくなる。
㋓ せまく暗くなる。

□(2) 体が1つの細胞でできている生物を，A～Dからすべて選びなさい。（　　）

□(3) (2)のような生物を何というか。（　　）

□(4) (2)のような生物の特徴として適当でないものを，㋐～㋓から1つ選びなさい。（　　）

㋐ 不要なものを排出することができる。
㋑ 組織や器官がある。
㋒ 栄養分をとり入れることができる。
㋓ なかまをふやすことができる

2 図は，植物の体の成り立ちを示したものである。 ▶▶ 2

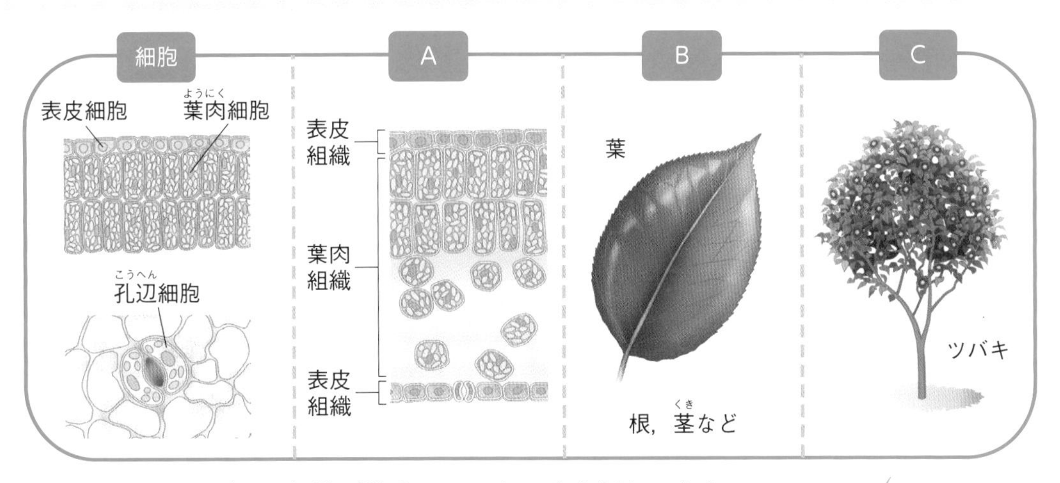

□(1) 形やはたらきが同じ細胞が集まってできるAを何というか。（　　）

□(2) Aが集まってつくられる特定のはたらきをするBを何というか。（　　）

□(3) Cのように，いくつかのBが集まってできた独立した1個の生命体を何というか。（　　）

□(4) 生物の体をつくる最小単位は何か。（　　）

ヒント 2 (4) 細胞が集まって組織になり，組織が集まって器官になる。

1章　生物の体をつくるもの(2)

時間 10分　解答 p.2

（　）と［　］にあてはまる語句を答えよう。

1 細胞のつくり

教科書 p.12～15 

□(1) 植物の細胞にも動物の細胞にも，染色液でよく染まる丸い粒の①（　　　　）が1個ある。

□(2) 核のまわりに②（　　　　）があり，②のいちばん外側は③（　　　　）というう すい膜である。

□(3) 図の④～⑧

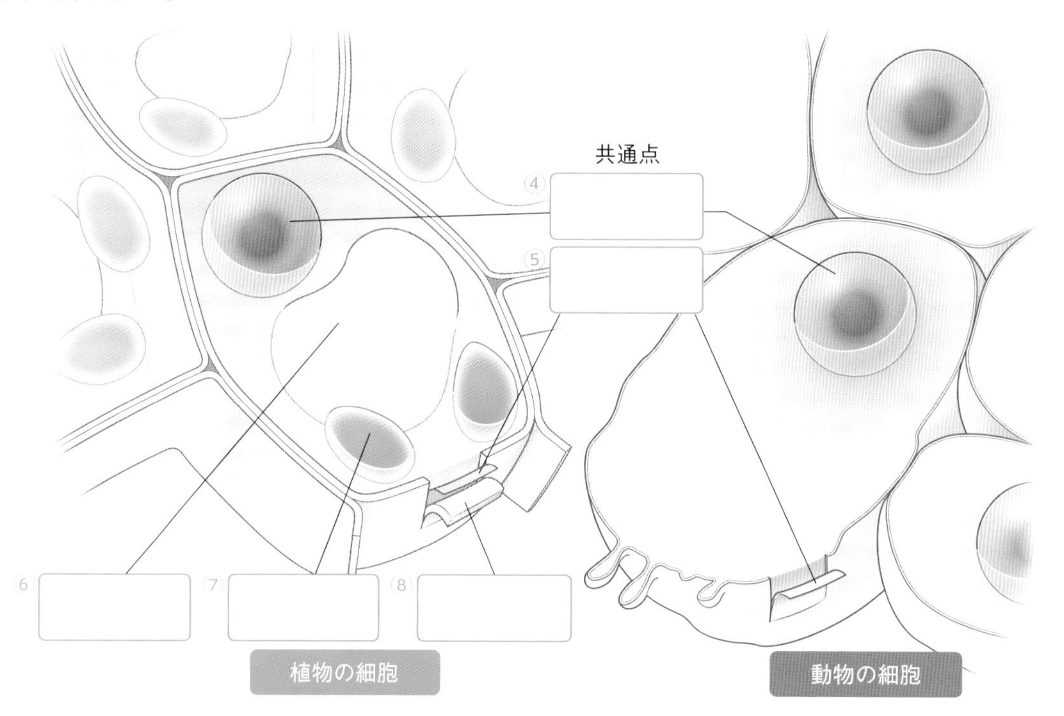

2 細胞のはたらき

教科書 p.16～17 

□(1) 多くの生物は，細胞内で，酸素を使って栄養分を分解することで，①（　　　　）をとり出している。このようなはたらきを②（　　　　）という。

□(2) 図の③～⑤

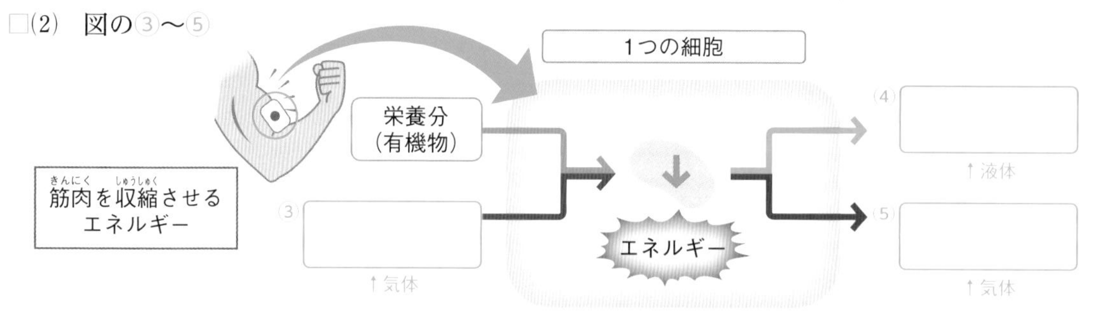

要点

●植物の細胞と動物の細胞に共通するのは，核と細胞膜である。

●細胞が生きるためのエネルギーをとり出すはたらきを細胞呼吸という。

1章　生物の体をつくるもの(2)

時間 15分　解答 p.3

1 図は，植物の細胞と動物の細胞を模式的に表したものである。 ▸▸1

□(1) 植物の細胞はA，Bのどちらか。（　　）

A　B
ⓒ ⓓ ⓔ ⓐ ⓑ

□(2) A，Bに共通して見られるつくりⓐ，ⓑを，それぞれ何というか。

ⓐ（　　）ⓑ（　　）

□(3) Aだけに見られるつくりⓒ～ⓔを，それぞれ何というか。

ⓒ（　　）ⓓ（　　）ⓔ（　　）

□(4) 細胞のつくりを顕微鏡で観察した。このときに使われる染色液として適当なものを，㋐～㋕からすべて選びなさい。（　　）

㋐ ヨウ素溶液　㋑ BTB溶液　㋒ 酢酸カーミン溶液
㋓ 酢酸ダーリア溶液　㋔ 酢酸オルセイン溶液　㋕ フェノールフタレイン溶液

□(5) ①～④のような特徴があるつくりを，ⓐ～ⓔからそれぞれ1つずつ選びなさい。

① 染色液でよく染まる。（　　）
② 中には，細胞の活動でできた物質がとけた液が入っている。（　　）
③ 細胞を保護し，植物の体の形を保つのに役立つ。（　　）
④ 葉や茎の細胞にあり，緑色をしている。（　　）

2 図は，細胞が生きるためのエネルギーをとり出すしくみを模式的に表したものである。 ▸▸2

□(1) 細胞が生きるためのエネルギーをとり出すはたらきを何というか。（　　）

栄養分 ＋ A（気体） → B（液体） ＋ C（気体）
↓
エネルギー

□(2) A～Cにあてはまる物質の名前をそれぞれ書きなさい。

A（　　）B（　　）C（　　）

□(3) (1)によってBやCが発生する理由について，（　）にあてはまる語句を答えなさい。

使われる栄養分は，炭水化物などの①（　　）なので，②（　　）と③（　　）をふくむから。

□(4) 記述 植物はどのようにして(1)のはたらきに使う栄養分をつくり出しているか。「日光」という語句を使って簡潔に書きなさい。

（　　）

ヒント 1 (5) ⓓは成長した細胞に，ⓔは緑色の部分だけに見られる。

ミスに注意 2 (4) どのようにして栄養分をつくり出しているか説明する。

1章　生物の体をつくるもの

解答 p.3

よく出る ❶ 図は，タマネギの表皮の細胞，オオカナダモの葉の細胞，ヒトのほおの内側の細胞を顕微鏡で観察したもので，A，Bは染色液で染めている。 36点

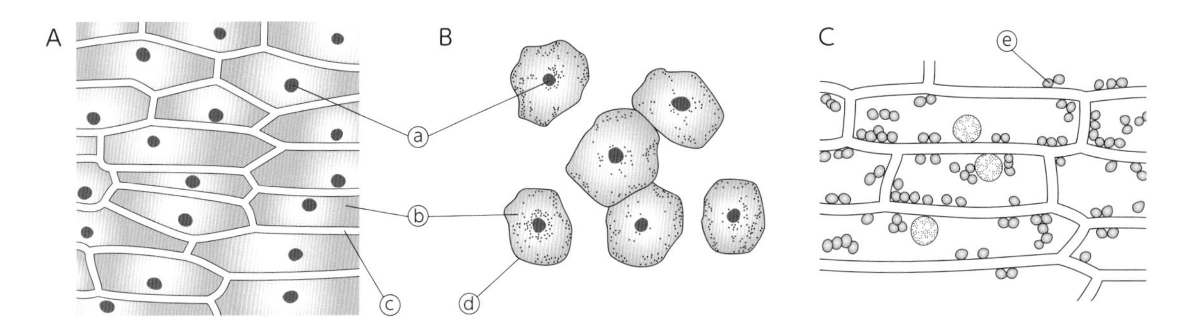

□(1) タマネギの表皮の細胞を，A～Cから１つ選びなさい。
□(2) AとBを図のように染めるのに用いた染色液は何か。技
□(3) 細胞質とよばれる部分を，ⓐ～ⓔからすべて選びなさい。
□(4) 対物レンズを高倍率にすると，対物レンズとプレパラートの間の距離はどうなるか。技
□(5) 染色液によく染まる丸い粒ⓐと緑色の粒ⓔをそれぞれ何というか。
点UP □(6) 記述 ⓒがあることは，植物にとってどのような点で都合がよいか。簡潔に書きなさい。思

❷ 図は，小腸を例にして，ヒトの体のつくりを表したものである。 27点

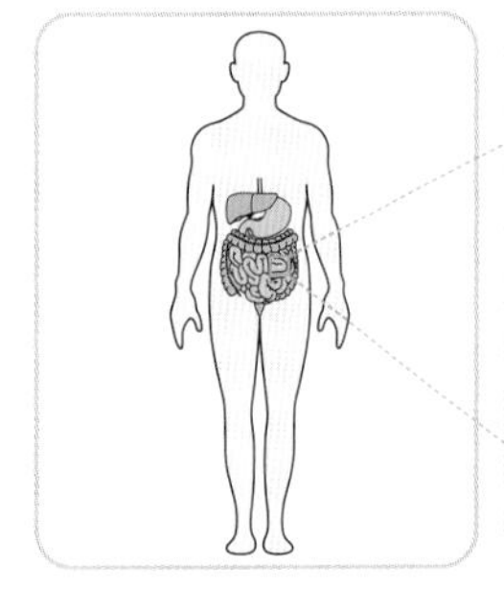
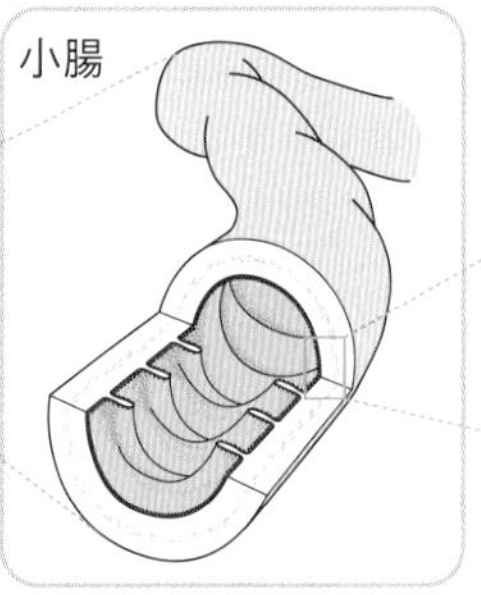

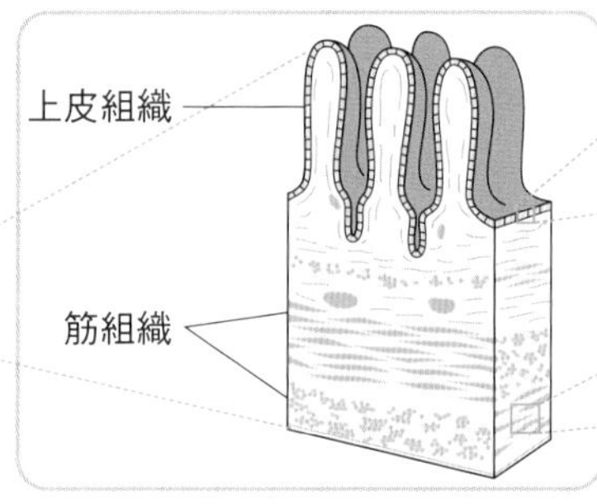

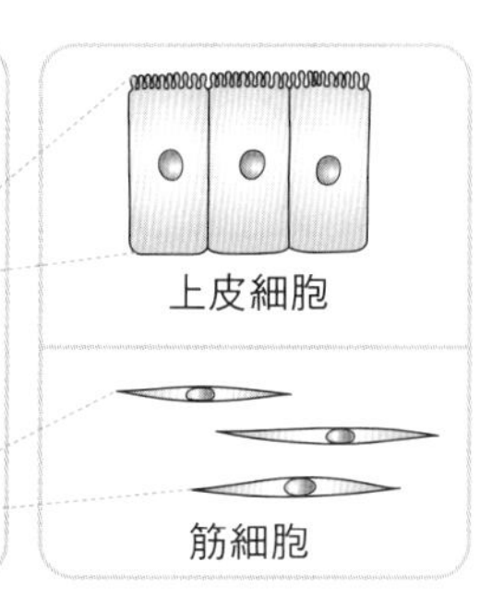

□(1) ヒトのように，さまざまな種類のたくさんの細胞からできている生物を何というか。
□(2) 小腸は，上皮組織や筋組織などの組織が集まって，食物を吸収しやすいつくりになっている。このように，いくつかの組織が集まって特定のはたらきをするようになったものを何というか。
□(3) (2)がいくつか集まってできた，独立した１個の生命体を何というか。
□(4) 記述 組織をつくっている細胞の特徴を，「形」「はたらき」という語句を使って，簡潔に書きなさい。
□(5) 組織をつくらない生物を，㋐～㋓から１つ選びなさい。
　㋐ ツバキ　㋑ ミジンコ　㋒ アメーバ　㋓ オオカナダモ

成績評価の観点　技…観察・実験の技能　思…科学的な思考・判断・表現

❸ 図は，池の水を顕微鏡で観察したときに見られる単細胞生物を表したものである。

23点

□(1) 図の単細胞生物を何というか。

□(2) ⓐは何を表しているか。

□(3) 図の生物が，生きるためのエネルギーを得るための栄養分を手に入れている方法は，㋐，㋑のどちらか。

㋐ 日光を受けて栄養分をつくり出している。

㋑ 体外から直接とり入れている。

□(4) 記述 いっぱんに，単細胞生物の体をつくる細胞のほうが多細胞生物の体をつくる細胞よりも複雑なつくりをしている。その理由を簡潔に書きなさい。思

❹ 図は，細胞が生きていくためのエネルギーをとり出すしくみを模式的に表したものである。

14点

□(1) 図のようなしくみで，エネルギーをとり出すはたらきを何というか。

□(2) 記述 図のようなしくみで，二酸化炭素と水が発生するのはなぜか。「栄養分に」から書き出して，簡潔にまとめなさい。思

❶	(1) 4点	(2) 5点	(3) 4点	
	(4) 5点	(5) ⓐ 5点	ⓔ 5点	
	(6) 8点			
❷	(1) 5点	(2) 5点	(3) 5点	
	(4) 8点	(5) 4点		
❸	(1) 5点	(2) 5点	(3) 4点	
	(4) 9点			
❹	(1) 5点			
	(2) 栄養分に 9点			

定期テスト予報 細胞のつくりがよく問われます。それぞれのつくりの特徴や植物の細胞と動物の細胞のちがいを整理しておきましょう。

ぴたトレ 1 要点チェック

2章　植物の体のつくりとはたらき(1)

時間 10分　解答 p.3

(　　)と[　　]にあてはまる語句を答えよう。

1 栄養分をつくる

教科書 p.19～23 ▸▸ 1

□(1) 植物が光を受けて栄養分をつくり出すはたらきを①(　　　　　　)という。

□(2) 光合成(こうごうせい)は，葉などの細胞(さいぼう)の中にある②(　　　　　　)で行われる。

□(3) 光合成では，細胞内の葉緑体が光を受けて，水と空気中の③(　　　　　　)から④(　　　　　　)などの栄養分をつくり出す。このとき，⑤(　　　　　　)が発生する。

□(4) 図の⑥～⑧

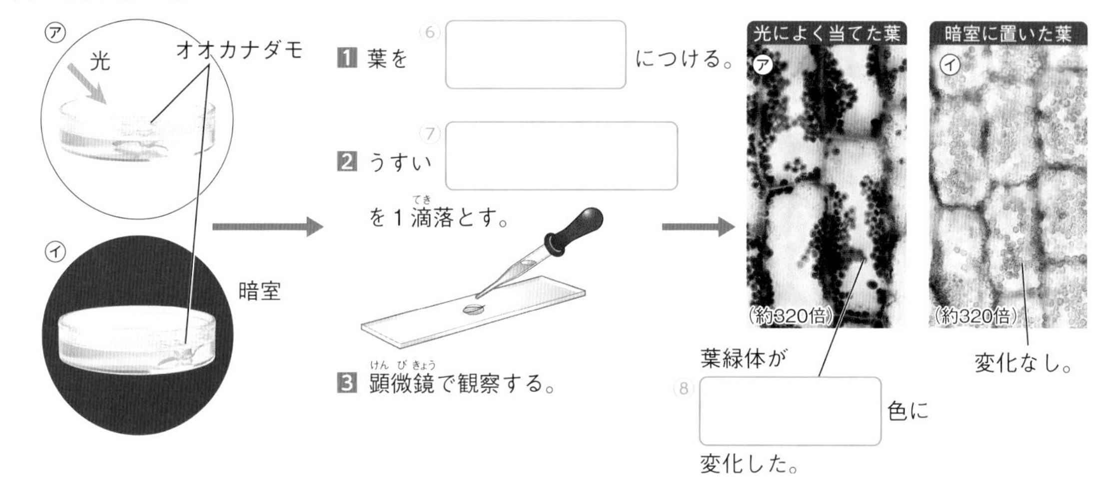

2 植物の呼吸(こきゅう)

教科書 p.24 ▸▸ 2

□(1) 暗い場所に置いた植物の葉は，①(　　　　　　)を出しているので，植物も動物と同じように②(　　　　　　)を行っている。

□(2) 植物は昼間など光の当たるときは③(　　　　　　)を行うが，④(　　　　　　)は夜も昼も行われている。

□(3) 図の⑤

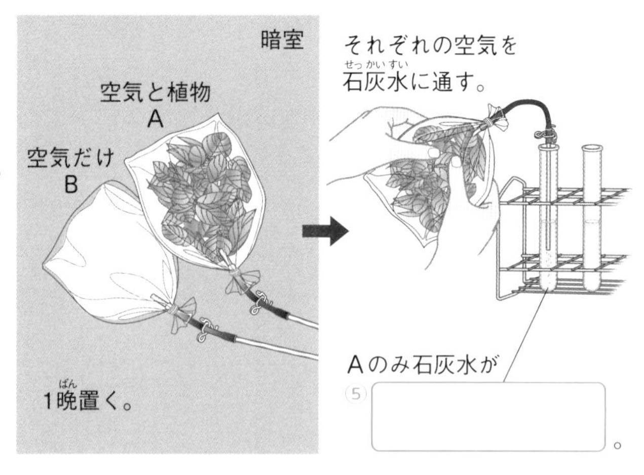

要点
- 光合成は葉緑体で行われる。水＋二酸化炭素 ⟶ デンプンなど＋酸素
- 呼吸は1日中行われるが，光合成は光が当たるときだけ行われる。

2章　植物の体のつくりとはたらき(1)

時間 15分　解答 p.4

❶ ふ入りの葉の一部をアルミニウムはくでおおい，よく光を当てた。その葉を図のような手順で処理し，光合成のはたらきを調べた。 ▶▶ 1

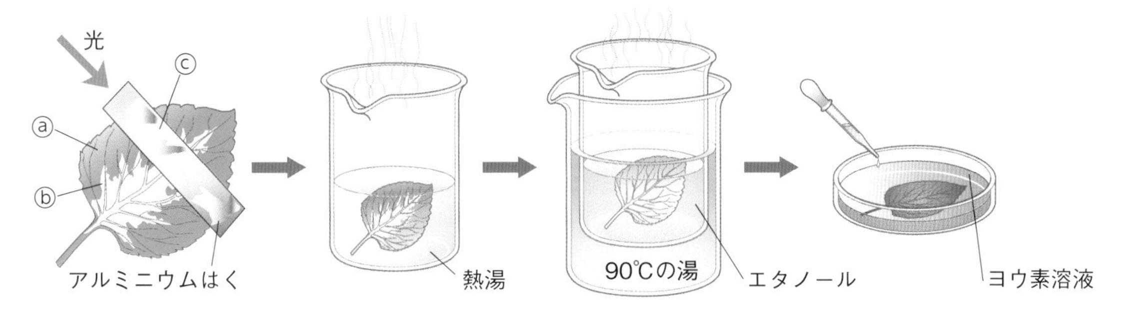

□(1) 葉を 90 ℃の湯であたためたエタノールにつけた理由を，㋐～㋓から１つ選びなさい。　(　　　)

㋐ 葉にできた物質をとかし出すため。
㋑ 葉をやわらかくするため。
㋒ 葉の表面のよごれを落とすため。
㋓ 葉を脱色するため。

□(2) 葉をエタノールにつけた後，水で洗い，ヨウ素溶液につけた。光合成が行われた部分は何色に変化したか。　(　　　)

□(3) ①，②の条件が光合成に必要かどうかを調べるときは，ⓐ～ⓒのどの部分とどの部分を比べればよいか。

① 光　(　　と　　)
② 葉緑体　(　　と　　)

調べたい条件だけがちがうものを選べばいいね。

□(4) ヨウ素溶液によって，ⓐ～ⓒのどの部分の色が変わったか。　(　　　)

❷ 図１，図２は，植物の昼と夜の気体の出入りを表したものである。 ▶▶ 2

□(1) ⇨が表している気体は何か。(　　　)

□(2) A，Bは，それぞれ何という植物のはたらきを表しているか。　A(　　　)　B(　　　)

□(3) 夜の気体の出入りを表しているのは，図１，図２のどちらか。　(　　　)

□(4) 記述 昼間はAだけが行われているように見える理由を，「光合成」「呼吸」という語句を使って簡潔に書きなさい。

(　　　　　　　　)

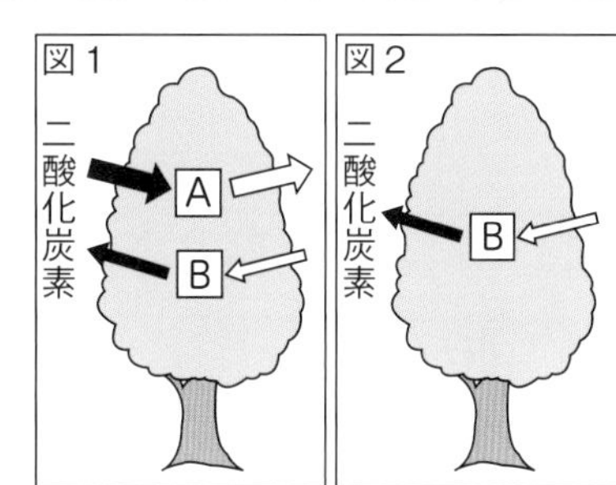

ヒント ❶(4)デンプンができている部分の色が変わる。

ミスに注意 ❷(4)「光合成」「呼吸」の両方の語句を必ず使うこと。

ぴたトレ 1 要点チェック

2章　植物の体のつくりとはたらき(2)

時間 10分　解答 p.4

(　)と□にあてはまる語句を答えよう。

1 根と茎と葉のつくり

教科書 p.25～29

□(1) 根の先端付近には，小さな毛のような(1)(　　　　)が多数見られる。

□(2) 水や水にとけた養分などが通る管を(2)(　　　　)，葉でつくられた栄養分が通る管を(3)(　　　　)という。

□(3) 道管と師管が集まった束を(4)(　　　　)という。

□(4) ホウセンカやヒマワリなどの(5)(　　　　)では，維管束は輪のように並ぶ。

□(5) トウモロコシやイネなどの(6)(　　　　)では，維管束は散在している。

□(6) 図の⑦～⑫

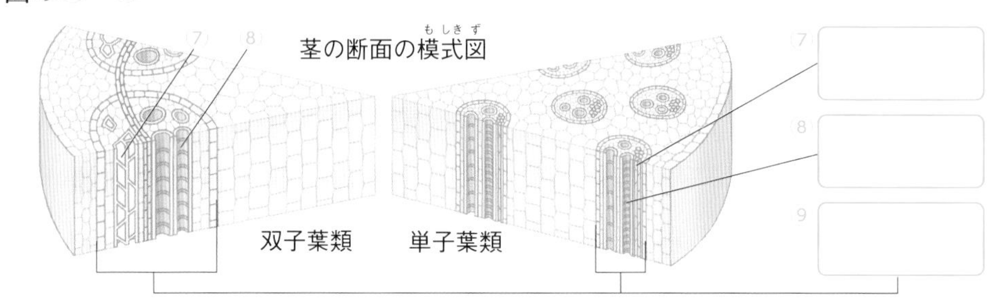

□(7) 葉の表面は(13)(　　　　)とよばれ，1層の細胞がすきまなく並んでいて，内部を保護している。

□(8) 表皮に見られる三日月形の細胞を(14)(　　　　)という。

□(9) 2つの孔辺細胞に囲まれたすきまを(15)(　　　　)という。

□(10) 気孔は，(16)(　　　　)の出口，酸素や二酸化炭素の出入り口としての役割を果たしている。

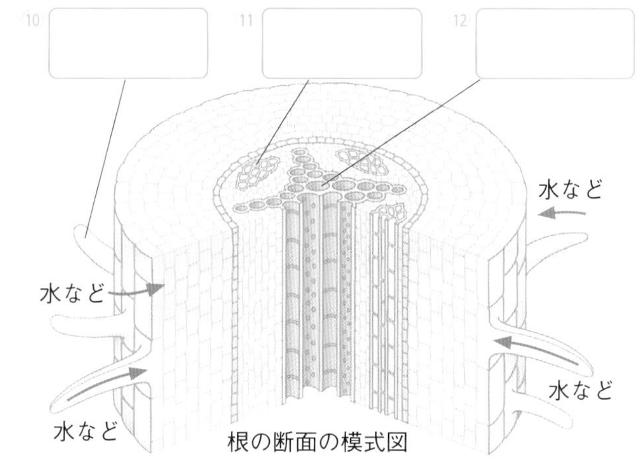

2 吸い上げられた水のゆくえ

教科書 p.30～31

□(1) 根から吸い上げられた水は，気孔から(1)(　　　　)として出ていく。このはたらきを(2)(　　　　)という。

□(2) 気孔は，ふつう葉の(3)(　　　　)側に多いので，蒸散は葉の(4)(　　　　)側でさかんに行われる。

□(3) 多くの植物で，気孔は，昼に(5)(　　　　)，夜に(6)(　　　　)。

要点

●根から吸収された水などが通る管が道管，葉でつくられた栄養分が通る管が師管。

●根から吸い上げられた水が気孔から水蒸気として出ていくことを蒸散という。

2章　植物の体のつくりとはたらき(2)

時間 15分　解答 p.4

1 図のように，ホウセンカとトウモロコシを着色した水に２～３時間さしておいた。その後，茎を横や縦に切り，顕微鏡で観察した。 ▶▶1

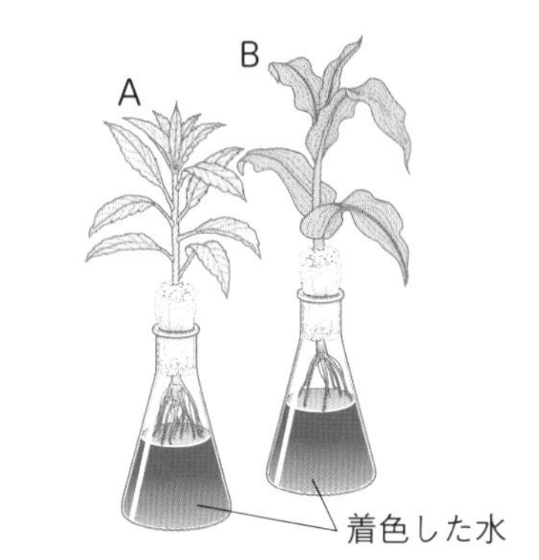

□(1) この実験では，何とよばれる管が着色されるか。（　　　）

□(2) 茎には，(1)の管以外に，葉でつくられた栄養分が通る管も通っている。この管を何というか。（　　　）

□(3) A，Bの茎の横断面を観察すると，青く着色された部分はそれぞれどのように見えたか。ⓐ～ⓕから１つずつ選びなさい。　A（　　　）　B（　　　）

ⓐ 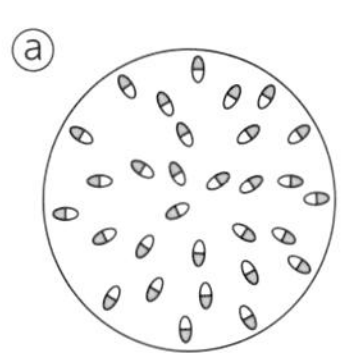 ⓑ 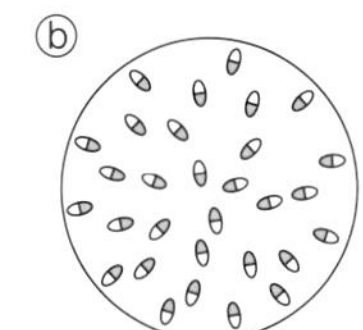 ⓒ 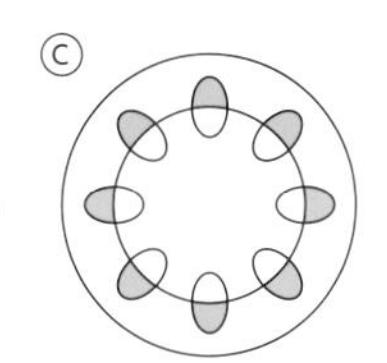 ⓓ 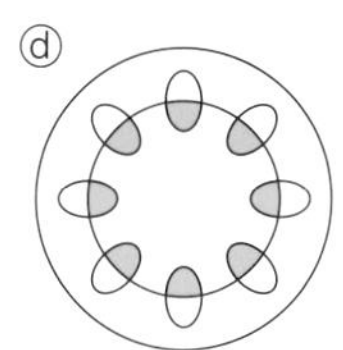 ⓔ 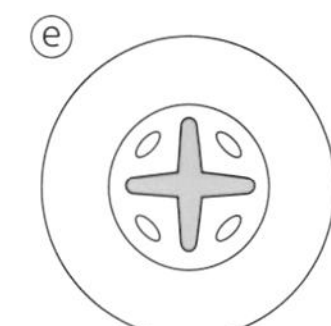 ⓕ 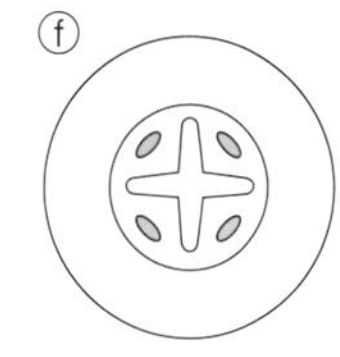

□(4) A，Bの茎の縦断面を観察すると，青く着色された部分はそれぞれどのように見えたか。ⓐ～ⓓから１つずつ選びなさい。　A（　　　）　B（　　　）

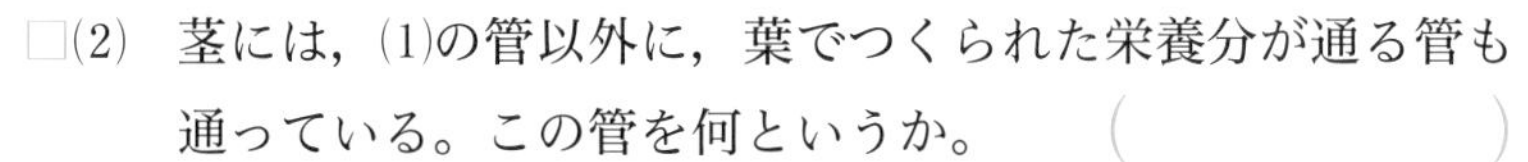

ⓐ ⓑ ⓒ ⓓ

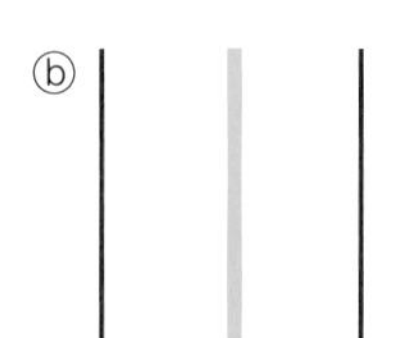 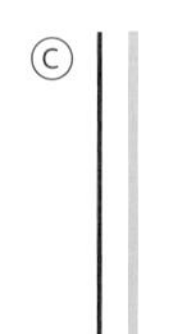 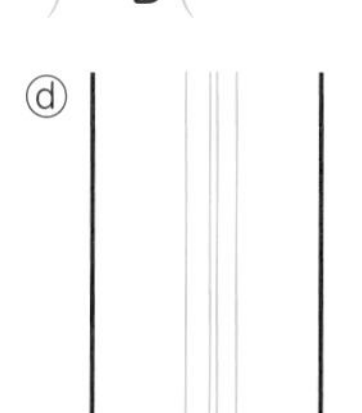

2 葉の枚数と大きさがほぼ同じ枝を用意し，図のように，葉の表や裏にワセリンをぬり，明るく風通しのよいところに置いた。 ▶▶2

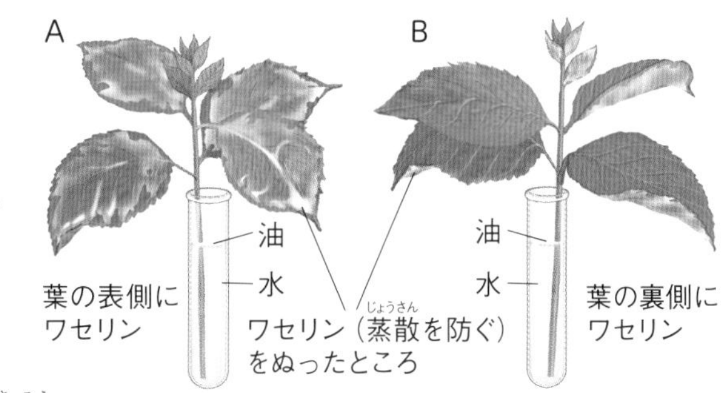

□(1) 油を注いだ理由を，㋐～㋒から１つ選びなさい。（　　　）

㋐ 水の温度が上がるのを防ぐため。

㋑ 水に空気がとけこむのを防ぐため。

㋒ 水が蒸発するのを防ぐため。

□(2) 水の減少量が多いのは，A，Bのどちらか。（　　　）

□(3) 記述 (2)のようになる理由を，「蒸散」「気孔」という語句を使って簡潔に書きなさい。

（　　　　　　　　　　　　　　　　　　　　）

ヒント 1 (3)(4) ホウセンカとトウモロコシは茎の維管束(いかんそく)のようすが異(こと)なる。

ミスに注意 2 (3) 理由を問われているので，「～から。」や「～ため。」のように答える。

2章　植物の体のつくりとはたらき

時間 30分　／100点　合格 70点　解答 p.4

よく出る

❶ 葉を入れた試験管と何も入れない試験管に息をふきこんでゴム栓をし，日光を当てた。30分後，それぞれの試験管に石灰水を入れ，ゴム栓をしてよく振った。　20点

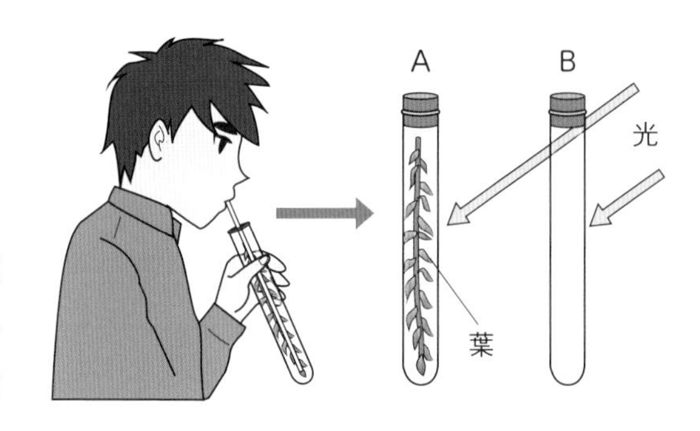

□(1)　石灰水が白くにごったのは，試験管A，Bのどちらか。

□(2)　実験の結果，試験管Aでは何が減少したといえるか。

□(3)　試験管Bは，(2)が減少した原因が植物の葉のはたらきによるものであることを明らかにするためのものである。このような目的のための実験を何というか。

□(4)　記述 葉を入れたペットボトルに息をふきこんだ後，24時間じゅうぶんな光に当てた。その後，ペットボトルの中の気体に，火のついた線香を近づけると，どのような変化が見られるか。思

❷ 図は，植物の葉で出入りする気体の量を模式的に表したものである。　26点

光
二酸化炭素 → A → 酸素
二酸化炭素 ← B ← 酸素

□(1)　二酸化炭素と酸素は，葉の何とよばれる部分から出入りしているか。

□(2)　A，Bは，それぞれ何とよばれるはたらきを表しているか。

□(3)　A，Bのはたらきについて適当なものを，㋐～㋓から1つ選びなさい。

㋐　夜は，Aのはたらきのみ行われる。　㋑　夜は，Bのはたらきのみ行われる。
㋒　夜は，両方行われない。　㋓　夜は，両方行われる。

□(4)　記述 昼は，植物は呼吸していないように見える。その理由を簡潔に書きなさい。思

❸ 図は，ある植物の根の断面を模式的に表したものである。　27点

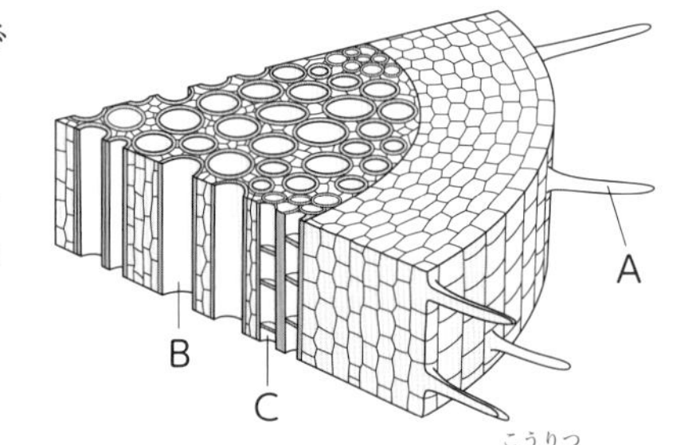

□(1)　Aは，根の先端近くにある，小さな毛のようなものである。これを何というか。

□(2)　Bは水や水にとけた養分などが通る管，Cは葉でつくられた栄養分が運ばれる管である。それぞれ何というか。

□(3)　B，Cが集まって束になったものを何というか。

よく出る

□(4)　記述 根にAが多数あることによって，植物が土の中の水や水にとけた養分などを効率よく吸収できる。その理由を「面積」という語句を使って簡潔に書きなさい。思

成績評価の観点　技…観察・実験の技能　思…科学的な思考・判断・表現

❹ 葉の枚数と大きさがほぼ同じ枝を，図のように，Aは何もぬらず，Bは葉の表側，Cは葉の裏側にワセリンをぬって，明るく風通しのよいところに置いた。 27点

□(1) 記述 下線部のような操作を行う理由を簡潔に書きなさい。技

□(2) 記述 水面から水が蒸発しないようにするためにはどのような操作を行うか。簡潔に書きなさい。技

□(3) この実験は，植物の何というはたらきを調べるためのものか。

□(4) 水の減少量が大きい順にA～Cを並べなさい。思

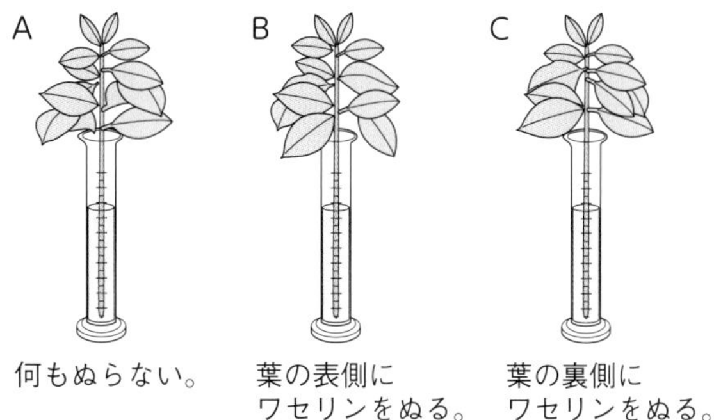

A：何もぬらない。　B：葉の表側にワセリンをぬる。　C：葉の裏側にワセリンをぬる。

□(5) 水は気孔から水蒸気になって出ていく。気孔の開閉について適当なものを，㋐～㋓から1つ選びなさい。

㋐ 多くの場合，昼に開き，夜に閉じる。　㋑ 多くの場合，昼に閉じ，夜に開く。

㋒ 1日中開いている。　㋓ 1日中閉じている。

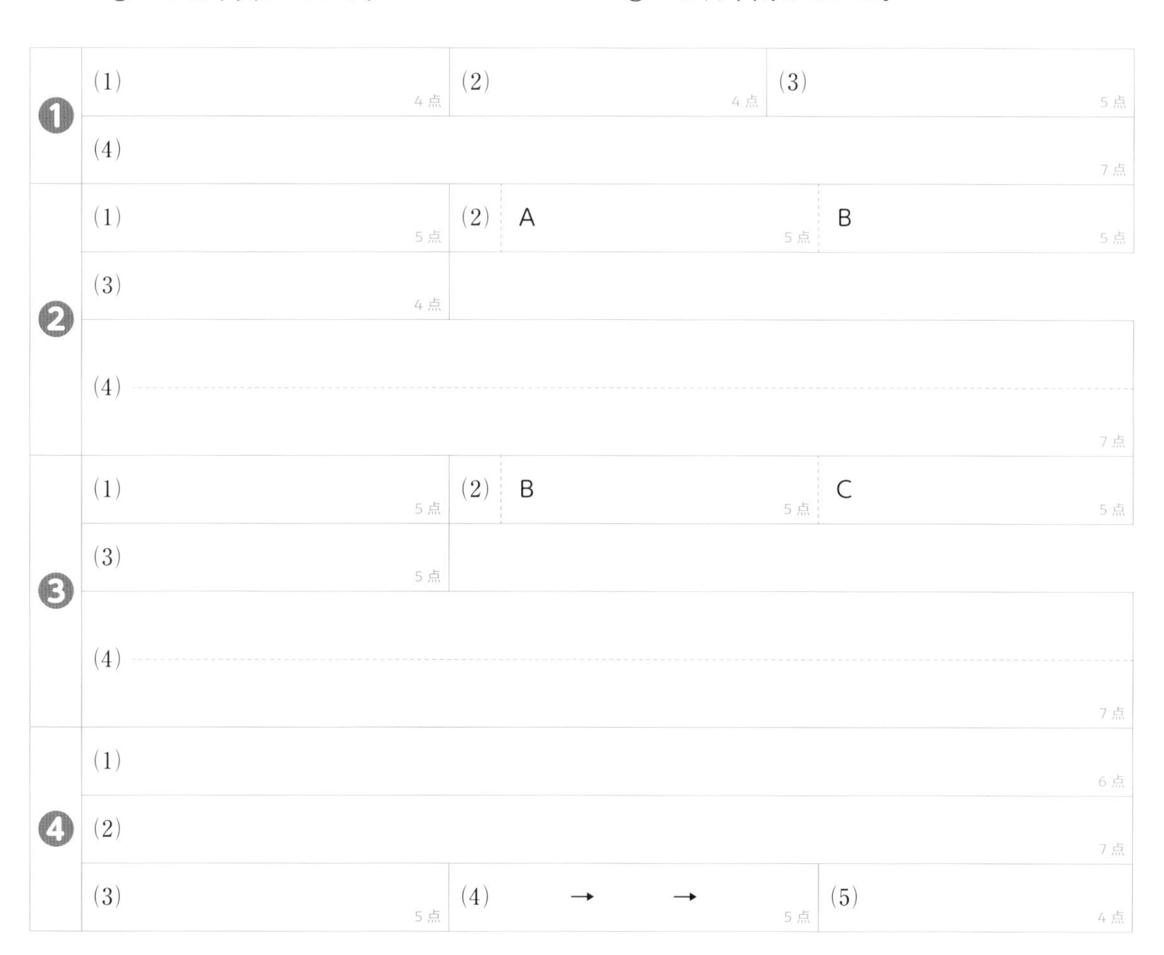

❶	(1) 4点	(2) 4点	(3) 5点
	(4) 7点		
❷	(1) 5点	(2) A 5点	B 5点
	(3) 4点		
	(4) 7点		
❸	(1) 5点	(2) B 5点	C 5点
	(3) 5点		
	(4) 7点		
❹	(1) 6点		
	(2) 7点		
	(3) 5点	(4) → → 5点	(5) 4点

定期テスト予報
蒸散のはたらきを調べる実験がよく問われます。
操作の手順や操作を行う理由をふくめて整理しておきましょう。

ぴたトレ 1 要点チェック

3章　動物の体のつくりとはたらき(1)

時間 10分　解答 p.5

(　　)と［　　］にあてはまる語句を答えよう。

1 唾液のはたらき

教科書 p.35～37 ▶▶1

□(1) 液にデンプンがふくまれているかどうかは，[1](　　　　　)を使って調べ，麦芽糖などがふくまれているかどうかは，[2](　　　　　)を使って調べる。

□(2) 唾液のはたらきで，デンプンは[3](　　　　　)などに分解される。

□(3) 図の④～⑤

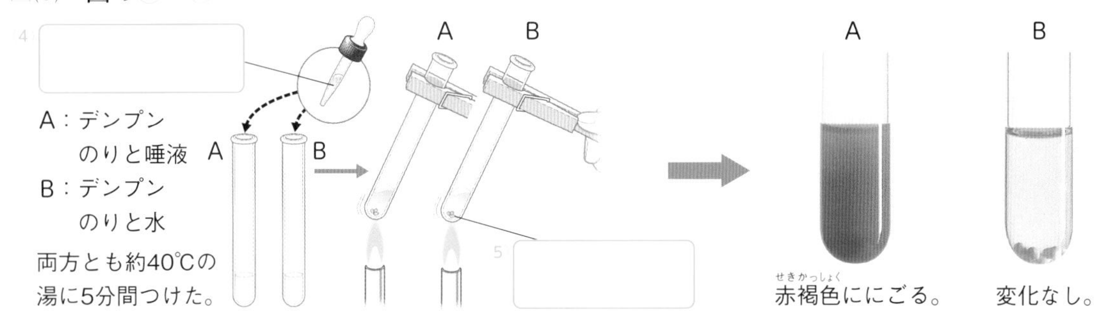

2 ヒトの消化器官

教科書 p.34～38 ▶▶2

□(1) 炭水化物や脂肪，タンパク質などの栄養分を分解して吸収されやすい状態に変化させることを[1](　　　　　)という。

□(2) とり入れられた食物は，口，食道，胃，小腸，大腸，肛門とつながる[2](　　　　　)とよばれる長い管を通っていく。

□(3) 食物を分解する液を[3](　　　　　)という。

□(4) 胆汁以外の消化液にふくまれ，食物を分解して吸収しやすい物質に変えるものを[4](　　　　　)という。

□(5) 消化管や消化液を分泌する器官をまとめて[5](　　　　　)という。

□(6) 図の⑥～⑩

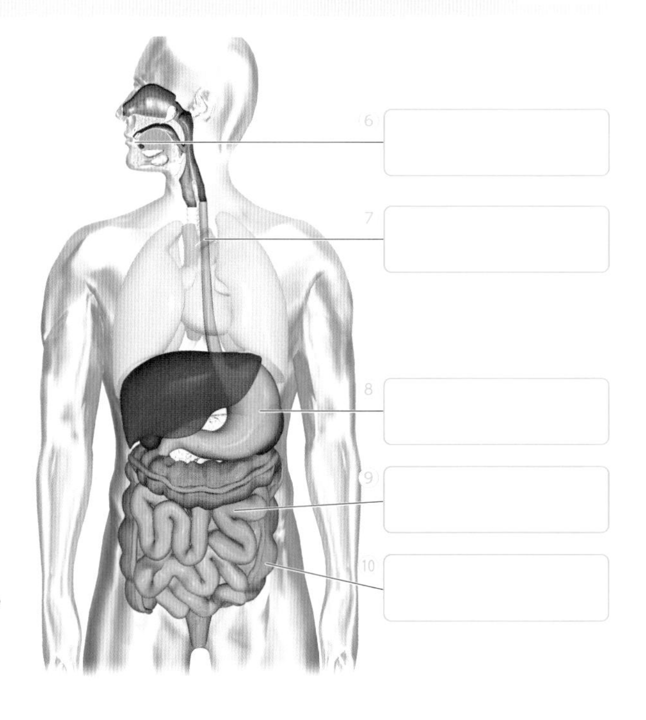

要点
- 唾液のはたらきで，デンプンが麦芽糖などに分解される。
- 消化液にふくまれる消化酵素が，食物を分解して吸収されやすい物質に変える。

3章　動物の体のつくりとはたらき(1)

時間 15分　解答 p.5

1 図のような手順で，唾液のはたらきを調べる実験を行った。 ▶▶ 1

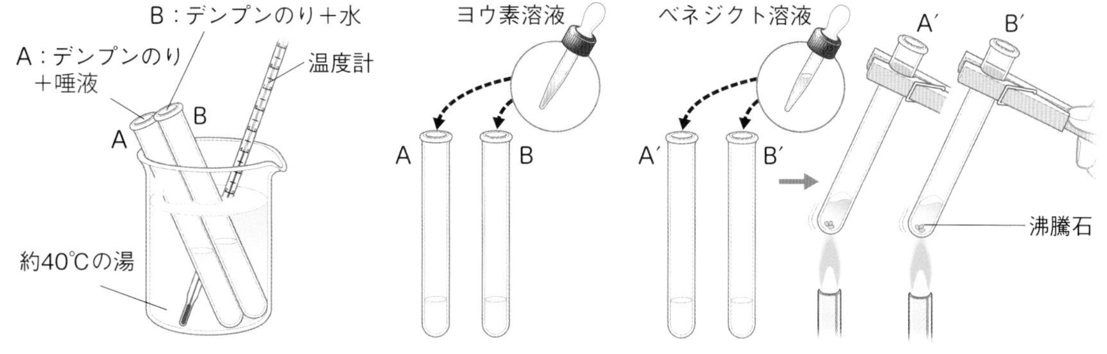

❶A,Bの試験管を約40℃の湯に5〜10分間入れる。

❷試験管A,Bの液を別の試験管A′,B′に半分ずつ分ける。A,Bの試験管にヨウ素溶液を加える。

❸A′,B′の試験管にベネジクト溶液を加え，軽く振りながら加熱する。

□(1) 記述 ❸で，加熱する試験管の中に沸騰石を入れる理由を，「沸騰」という語句を使って簡潔に書きなさい。（　　　）

□(2) 表は，実験の結果をまとめたものである。空欄にそれぞれの結果を簡潔に書きなさい。

	ヨウ素溶液に対する反応	ベネジクト溶液に対する反応
デンプンのり＋唾液	A	A′
デンプンのり＋水	B	B′

□(3) ①，②は，試験管A，A′，B，B′のどれとどれの結果を比べることでわかるか。

① デンプンが分解されたかどうか。（　　と　　）

② 麦芽糖などができたかどうか。（　　と　　）

2 図はヒトの消化器官を表したものである。 ▶▶ 2

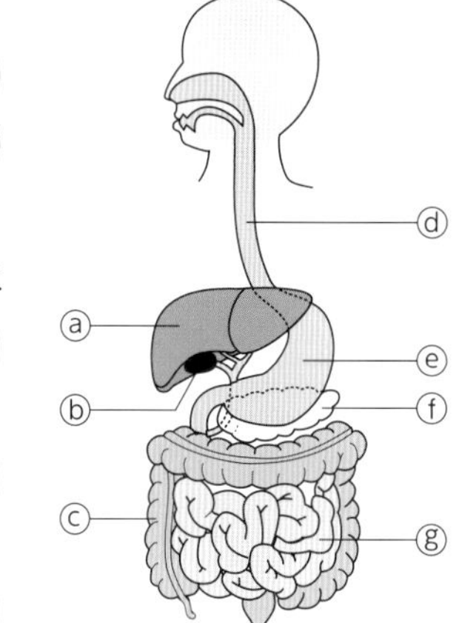

□(1) 器官ⓐ〜ⓖを，それぞれ何というか。

ⓐ（　　）　ⓑ（　　）　ⓒ（　　）

ⓓ（　　）　ⓔ（　　）　ⓕ（　　）

ⓖ（　　）

□(2) 口から入った食物の通り道は，肛門につながる1本の長い管になっている。この管を何というか。（　　）

□(3) 唾液や胃液，胆汁，すい液などの液を何というか。（　　）

□(4) (2)の管や(3)の液を分泌する器官をまとめて何というか。（　　）

ミスに注意　1 (1) 理由を問われているので，「〜ため。」や「〜から。」のように答える。

ヒント　1 (3) ヨウ素溶液はデンプン，ベネジクト溶液は麦芽糖などの検出に使われる。

ぴたトレ 1 要点チェック

3章　動物の体のつくりとはたらき(2)

時間 10分　解答 p.5

(　)と□にあてはまる語句を答えよう。

1 食物の消化

教科書 p.38～39 ▸▸1

□(1) デンプンは，唾液やすい液中の①(　　　)，さらに②(　　　)の壁にある消化酵素などのはたらきで，最終的に③(　　　)に分解される。

□(2) タンパク質は，胃液中の④(　　　)やすい液中の⑤(　　　)，さらに小腸の壁にある消化酵素などのはたらきで，⑥(　　　)に分解される。

□(3) 脂肪は，⑦(　　　)のはたらきで水に混ざりやすい状態になる。さらに，すい液にふくまれる⑧(　　　)のはたらきで，⑨(　　　)と⑩(　　　)に分解される。

□(4) 図の⑪～⑰

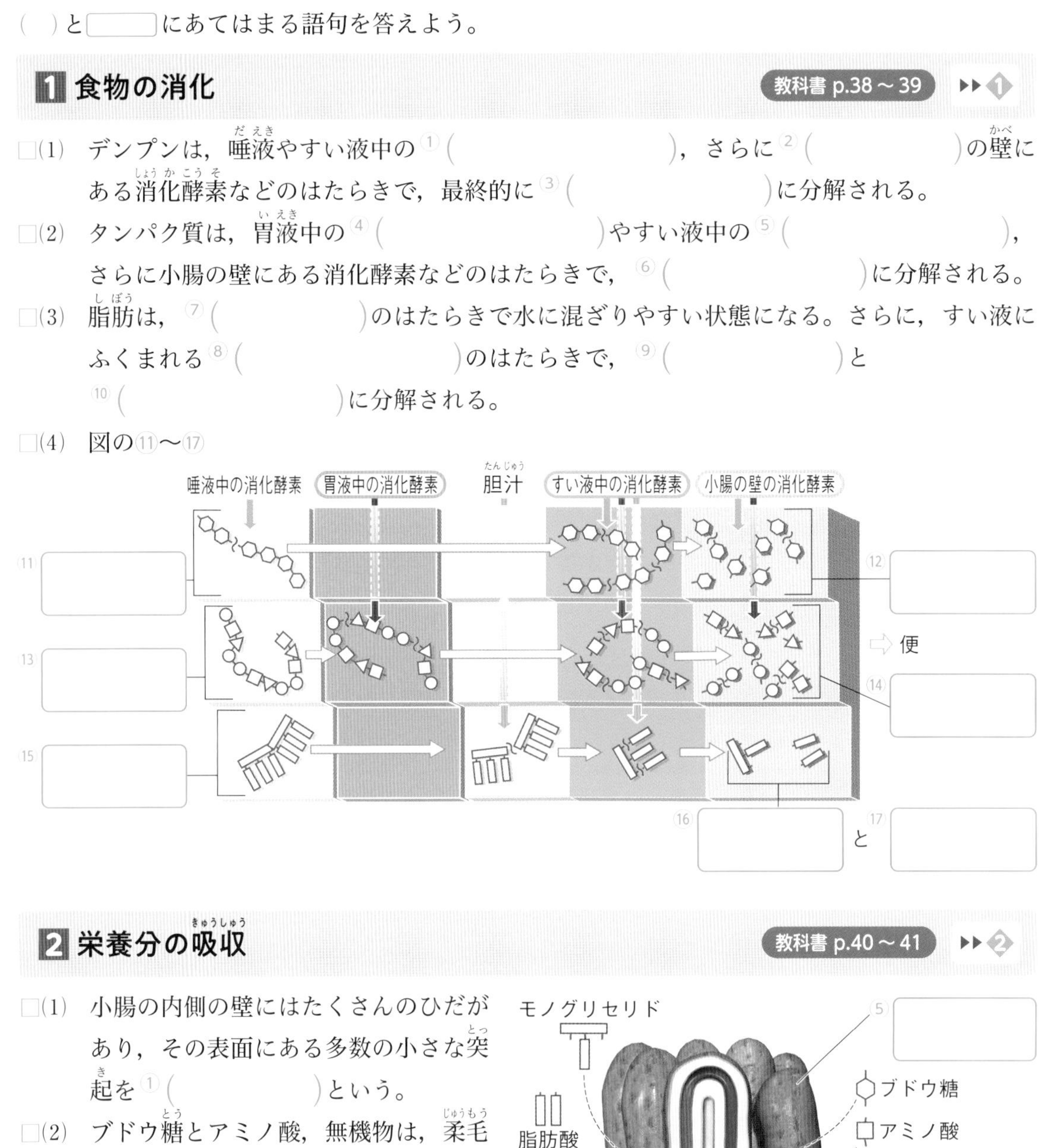

2 栄養分の吸収

教科書 p.40～41 ▸▸2

□(1) 小腸の内側の壁にはたくさんのひだがあり，その表面にある多数の小さな突起を①(　　　)という。

□(2) ブドウ糖とアミノ酸，無機物は，柔毛から吸収されて②(　　　)に入り，③(　　　)を通って全身に運ばれる。

□(3) 脂肪酸とモノグリセリドは，柔毛から吸収された後，再び脂肪となって，④(　　　)に入る。

□(4) 図の⑤～⑦

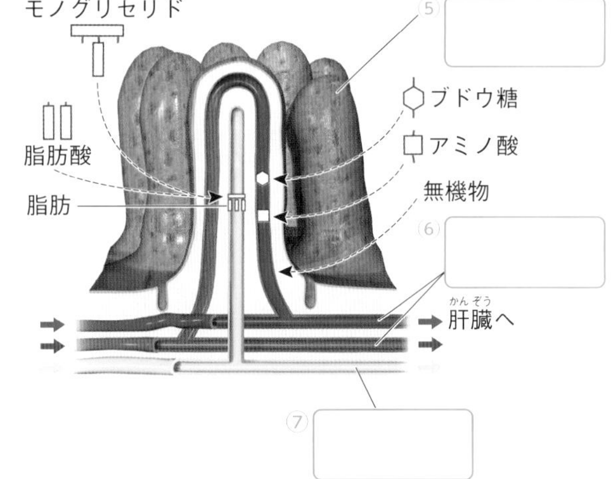

要点
- デンプンはブドウ糖，タンパク質はアミノ酸になり，柔毛の毛細血管から吸収。
- 脂肪は脂肪酸とモノグリセリドに分解され，再び脂肪となってリンパ管から吸収。

3章　動物の体のつくりとはたらき(2)

時間 15分　解答 p.5

1 表は，おもな消化液と消化酵素をまとめたものである。 ▶▶1

	唾液	胃液	胆汁	すい液
消化系	唾液腺	胃	Aでつくられ，Bにたくわえられ，十二指腸に出される。	Cでつくられ，十二指腸に出される。
ふくまれる消化酵素	ⓐ デンプンを分解。	ⓑ タンパク質を分解。	消化酵素はふくまないが，脂肪を分解しやすくする。	ⓒデンプンを分解。ⓓタンパク質を分解。ⓔ脂肪を分解。

□(1) A～Cにあてはまる器官の名前をそれぞれ書きなさい。

A(　　　　)　B(　　　　)　C(　　　　)

□(2) ⓐ～ⓔにあてはまる消化酵素の名前をそれぞれ書きなさい。

ⓐ(　　　　)　ⓑ(　　　　)
ⓒ(　　　　)　ⓓ(　　　　)
ⓔ(　　　　)

タンパク質を分解するⓑとⓓは，別の消化酵素だよ。

□(3) 口から入った食物にふくまれる①デンプン，②タンパク質，③脂肪は，消化されて最終的にどの物質に分解されるか。㋐～㋓からすべて選びなさい。

①(　　　　)　②(　　　　)　③(　　　　)

㋐ 脂肪酸　㋑ ブドウ糖　㋒ アミノ酸　㋓ モノグリセリド

2 図は，小腸の壁にあるひだの表面の小さな突起のようすを模式的に表したものである。 ▶▶2

□(1) 突起Aを何というか。(　　　　)

□(2) 突起Aの内部の管B，Cを，それぞれ何というか。

B(　　　　)　C(　　　　)

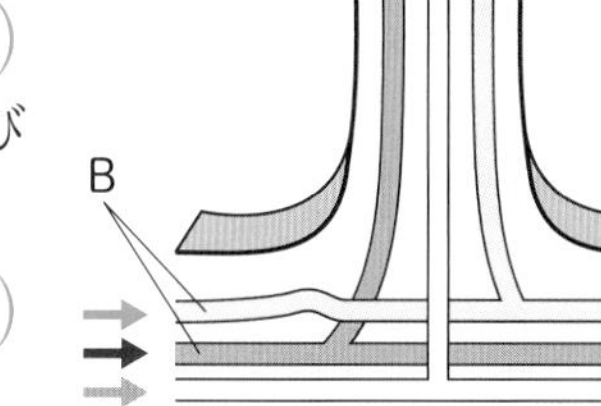

□(3) 管B，Cから吸収される物質を，㋐～㋓からすべて選びなさい。

B(　　　　)　C(　　　　)

㋐ 脂肪　㋑ アミノ酸
㋒ ブドウ糖　㋓ 無機物

□(4) 管Bに入った物質はある器官Xに送られた後，全身に運ばれる。器官Xでは，栄養分をたくわえたり，別の物質につくりかえたりする。器官Xは何か。(　　　　)

□(5) 小腸は，栄養分を吸収するだけでなく，ある器官Yとともに水分も吸収している。器官Yは何か。(　　　　)

ヒント 2 (3) 脂肪は，柔毛(じゅうもう)に入った脂肪酸とモノグリセリドが結びついたものである。

ぴたトレ 3 確認テスト

3章 動物の体のつくりとはたらき①

解答 p.6

1 図は，食物にふくまれるデンプン，タンパク質，脂肪が消化されていくようすを表したものである。

52点

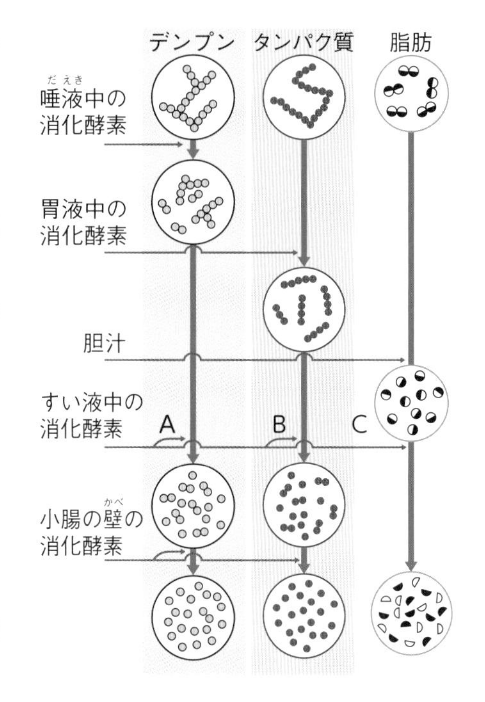

□(1) 消化酵素の性質について適当なものを，㋐～㋒から選びなさい。

㋐ すべての物質にはたらく。

㋑ 決まった物質だけにはたらく。

㋒ １種類の物質にしかはたらかないものと複数の種類の物質にはたらくものがある。

□(2) 胃液にふくまれ，タンパク質にはたらく消化酵素は何か。

□(3) 胆汁をつくる器官は何か。

□(4) 記述 胆汁のはたらきを簡潔に書きなさい。

□(5) すい液にふくまれている消化酵素A，B，Cはそれぞれ何か。

□(6) ①デンプン，②タンパク質，③脂肪が消化されて最終的にできる物質はそれぞれ何か。ただし，脂肪については２つ答えなさい。

2 図は，ヒトの小腸のつくりを表したものである。

24点

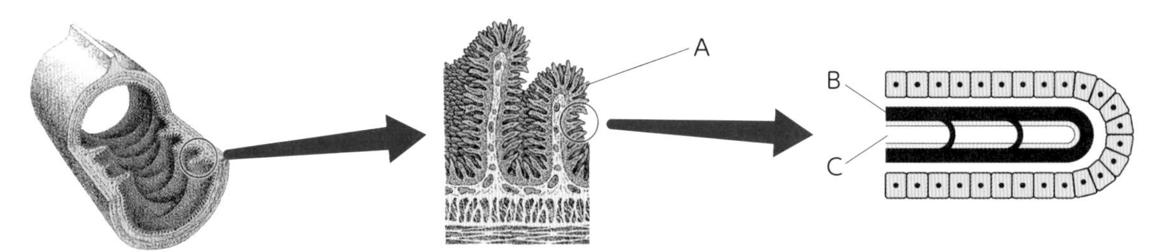

よく出る □(1) 記述 小腸のひだの表面に見られる小さな突起Aがあることは，栄養分を吸収するうえでどのように都合がよいか。簡潔に書きなさい。思

□(2) 突起Aから吸収された脂肪酸とモノグリセリドは，再び脂肪になってA～Cのどこに入るか。また，その名前を書きなさい。

□(3) ブドウ糖やアミノ酸，無機物は，小腸で吸収された後，㋐～㋓のどの器官に運ばれるか。１つ選びなさい。また，ブドウ糖の一部はここで何という物質に変えられるか。

㋐ 胃　㋑ 大腸　㋒ 肝臓　㋓ すい臓

成績評価の観点　技…観察・実験の技能　思…科学的な思考・判断・表現

③ 唾液のはたらきを調べる実験を行った。　24点

実験 1．試験管Aにデンプンのりと唾液，試験管Bにデンプンのりと水を入れ，約40℃の湯に5～10分間つけた。

2．A，Bの液を別の試験管A′，B′に半分ずつ分けた。

3．A，Bの液にはヨウ素溶液(ようえき)を加え，A′，B′の液にはベネジクト溶液を加えて加熱した。

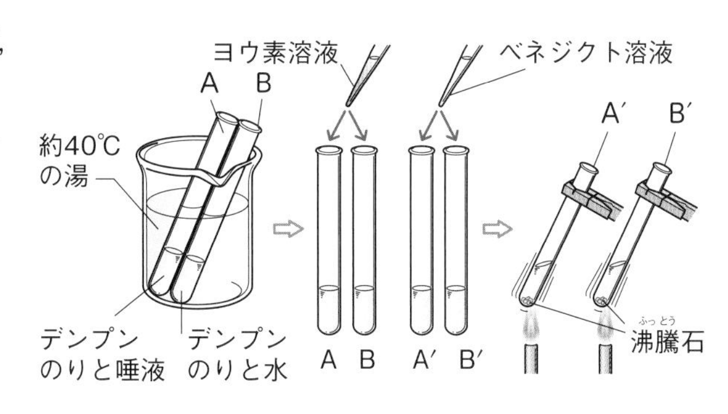

□(1) ベネジクト溶液は，ある物質をふくむ液体に反応する。

① 下線部のある物質とは何か。

② ①を多くふくむ液体にベネジクト溶液を加えて加熱すると，何色に変化するか。

□(2) ヨウ素溶液，ベネジクト溶液との反応で，色の変化が見られた試験管の組み合わせはどれか。㋐～㋓から1つ選びなさい。思

㋐ A，B　㋑ A，B′　㋒ A′，B　㋓ A′，B′

□(3) **記述** この実験の結果から，唾液にはどのようなはたらきがあると考えられるか。簡潔に書きなさい。思

□(4) 唾液のはたらきは，唾液にふくまれる何とよばれる消化酵素によるものか。

❶	(1) 4点		(2) 5点	(3) 5点
	(4) 8点			
	(5)	A 5点	B 5点	C 5点
	(6)	① 5点	② 5点	
		③ 5点		
❷	(1) 8点			
	(2)	記号 4点	名前 4点	
	(3)	記号 4点	物質 4点	
❸	(1)	① 4点	② 4点	(2) 4点
	(3) 8点			
	(4) 4点			

定期テスト予報　唾液のはたらきを調べる実験がよく問われます。
結果だけでなく，操作(そうさ)の方法や操作を行う理由をふくめてまとめておきましょう。

ぴたトレ 1 要点チェック

3章　動物の体のつくりとはたらき(3)

時間 10分　解答 p.6

(　　)と□にあてはまる語句を答えよう。

1 動物の呼吸

教科書 p.42～43 ▶▶1

□(1) 肺は，ろっ骨とろっ骨の間の筋肉と①(　　　　)に囲まれた胸こうの中にある。

□(2) 鼻や口から吸いこまれた空気は，②(　　　　)を通って肺に入る。

□(3) 肺は，枝分かれした③(　　　　)と，その先につながる多数の④(　　　　)という小さな袋が集まってできている。

□(4) 肺などの呼吸にかかわる器官をまとめて⑤(　　　　)という。

□(5) 肺胞のまわりを，⑥(　　　　)が網の目のようにとり囲んでいる。

□(6) 図の⑦～⑩

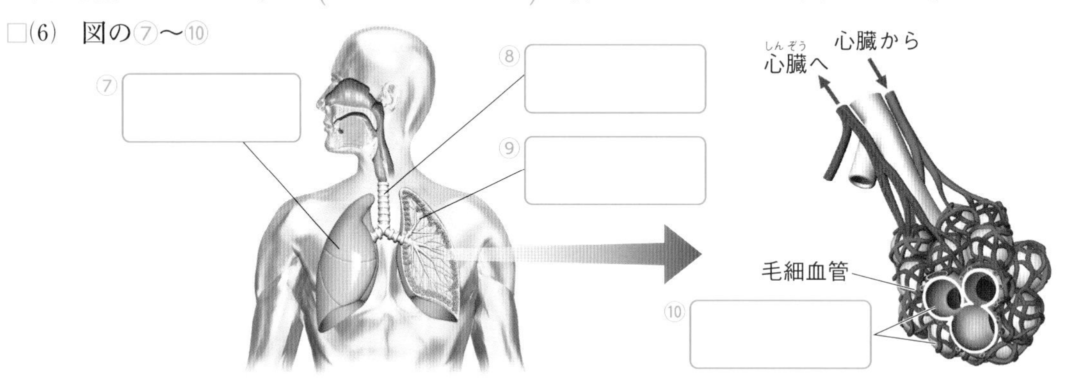

2 不要な物質のゆくえ

教科書 p.44 ▶▶2

□(1) 体内に生じる不要な物質を体外に出すはたらきを①(　　　　)という。

□(2) アミノ酸には②(　　　　)がふくまれていて，分解されると，二酸化炭素と水以外に，③(　　　　)ができる。

□(3) アンモニアは血液によって④(　　　　)に運ばれ，害の少ない⑤(　　　　)に変えられ，さらに⑥(　　　　)へ送られる。

□(4) 腎臓では，尿素などの不要な物質は，余分な水分や塩分とともに血液中からこし出されて⑦(　　　　)となる。

□(5) 腎臓やぼうこうなど，排出にかかわる器官をまとめて⑧(　　　　)という。

□(6) 図の⑨～⑪

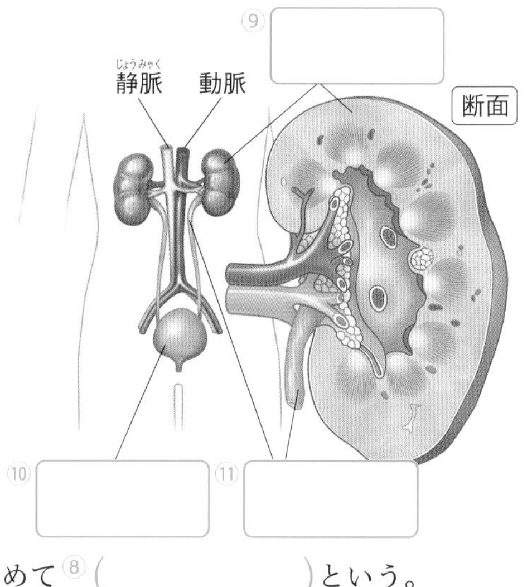

要点
- 肺は，枝分かれした気管支とその先につながる多数の肺胞からできている。
- アンモニアは，肝臓で害の少ない尿素に変えられる。

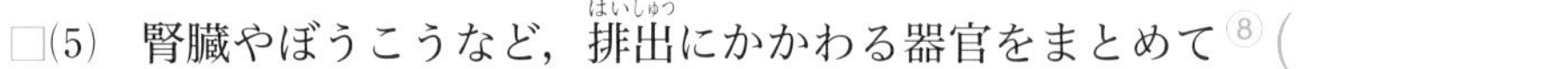

3章　動物の体のつくりとはたらき(3)

時間 15分　解答 p.6

1 図は，肺における気体のやりとりを模式的に表したものである。 ▸▸ 1

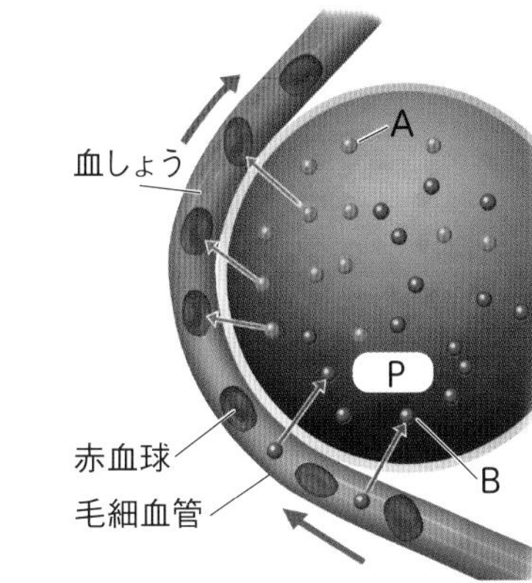

□(1) 次の文の(　)にあてはまる語句を書きなさい。
　鼻や口から吸いこまれた空気は，①(　　　　)を通って肺に入る。肺は，細かく枝分かれした②(　　　　)と，その先につながる多数の小さな袋Pが集まってできている。

□(2) 小さな袋Pを何というか。　(　　　　)

□(3) 記述 小さな袋Pが多数あることで，ガス交換の効率がよくなる。その理由を，「表面積」という語句を使って簡潔に書きなさい。
(　　　　)

□(4) A，Bが表している気体はそれぞれ何か。
A(　　　　)　B(　　　　)

□(5) 肺は胸こうとよばれる空間の中にある。胸こうは，ろっ骨とろっ骨の間の筋肉と何に囲まれた空間か。　(　　　　)

2 細胞のはたらきによって，二酸化炭素やアンモニアなどの不要な物質ができる。 ▸▸ 2

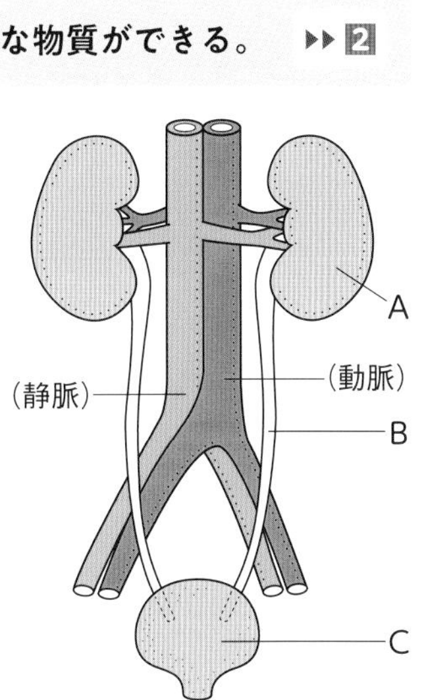

□(1) 二酸化炭素を体外に排出している器官は何か。
(　　　　)

□(2) 図は，不要な物質を血液中からこし出し，体外に排出する器官などを表したものである。A～Cをそれぞれ何というか。
A(　　　　)　B(　　　　)
C(　　　　)

□(3) 分解されるとアンモニアができる物質を，㋐～㋓から1つ選びなさい。　(　　　　)
㋐ 脂肪　㋑ ブドウ糖　㋒ アミノ酸　㋓ 無機物

□(4) アンモニアはどこで何に変えられるか。㋐～㋓から1つ選びなさい。　(　　　　)
㋐ 腎臓で尿素に変えられる。　㋑ 腎臓で尿に変えられる。
㋒ 肝臓で尿素に変えられる。　㋓ 肝臓で尿に変えられる。

□(5) 血液中の不要な物質の一部は，皮膚から汗として排出される。皮膚にある，不要な物質を水とともにこし出すつくりを何というか。　(　　　　)

ミスに注意 1 (3) 理由を問われているので，文末は「～から。」や「～ため。」とする。

ヒント 2 (3) 窒素(ちっそ)がふくまれている物質が分解すると，アンモニアが生じる。

3章　動物の体のつくりとはたらき(4)

時間 10分　解答 p.6

(　)と□にあてはまる語句を答えよう。

1 物質を運ぶ

教科書 p.45～46 ▶▶1

□(1) 赤血球には，①(　　　　)という赤い物質がふくまれる。

□(2) 毛細血管の壁は非常にうすく，②(　　　　)の一部は毛細血管からしみ出して③(　　　　)となり，細胞のまわりを満たしている。

□(3) ④(　　　　)をなかだちとして，毛細血管と細胞の間の物質のやりとりが行われる。

□(4) 組織液の一部は⑤(　　　　)に入り，首の下で静脈と合流する。

□(5) 表の⑥～⑨

⑥□		酸素を運ぶ。
⑦□		ウイルスや細菌などの病原体を分解する。
⑧□	小さくて形は不規則	出血したとき，血液を固める。
⑨□	液体の成分	栄養分や不要な物質をとかしている。

※写真は見やすいように染色してある。

2 血液の循環

教科書 p.47～48 

□(1) 心臓から送り出された血液が流れる血管を①(　　　　)といい，壁が②(　　　　)，弾力がある。

□(2) 心臓にもどる血液が流れる血管を③(　　　　)といい，ところどころに血液の逆流を防ぐための④(　　　　)がある。

□(3) 心臓の周期的な動きのことを⑤(　　　　)という。

□(4) 血液やリンパ液の循環にかかわる器官を⑥(　　　　)という。

□(5) 心臓から肺に送られた血液が，再び心臓にもどる道すじを⑦(　　　　)という。

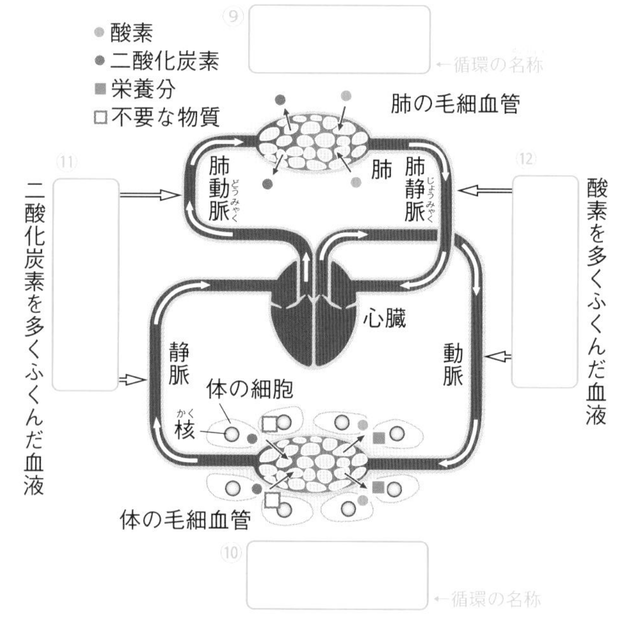

□(6) 心臓から全身に送られた血液が，再び心臓にもどる道すじを⑧(　　　　)という。

□(7) 図の⑨～⑫

要点
●血液の固形成分は赤血球，白血球，血小板，液体成分は血しょうである。
●血液の循環には，肺をめぐる肺循環と全身をめぐる体循環がある。

3章　動物の体のつくりとはたらき(4)

時間 15分　解答 p.7

1 図は，血液を顕微鏡で観察し，その成分を模式的に表したものである。 ▸▸ 1

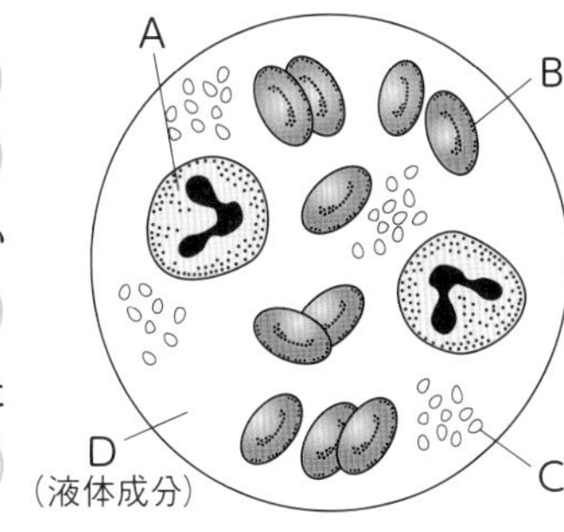

□(1) 固形成分A～C，液体成分Dをそれぞれ何というか。

A(　　　　)　B(　　　　)
C(　　　　)　D(　　　　)

□(2) Bにふくまれ，酸素を運ぶはたらきをしている物質を何というか。(　　　　)

□(3) Dの一部は，毛細血管からしみ出して，細胞のまわりを満たす液体になる。この液体を何というか。(　　　　)

2 図は，ヒトの血管を表している。 ▸▸ 2

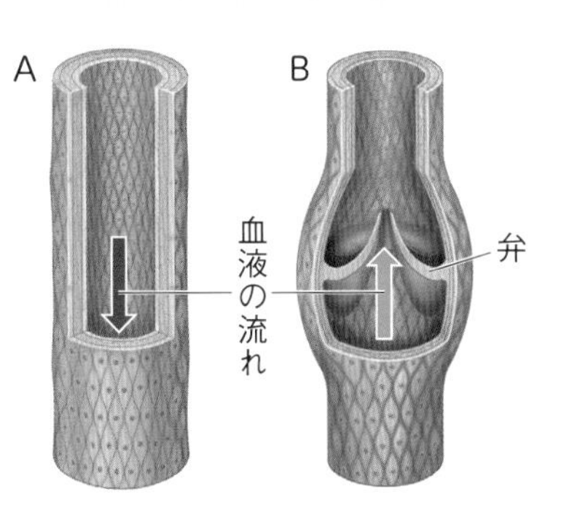

□(1) 血管A，Bをそれぞれ何というか。

A(　　　　)　B(　　　　)

□(2) 心臓から送り出された血液が流れるのは，A，Bのどちらか。(　　　　)

□(3) 壁が厚くて弾力があるのは，A，Bのどちらか。(　　　　)

□(4) 血管A，Bの末端は細い血管でつながっている。A，Bをつなぐ細い血管を何というか。(　　　　)

3 図は，ヒトの心臓のつくりを正面から見たときの模式図で，図中の矢印は血液の流れを表している。 ▸▸ 2

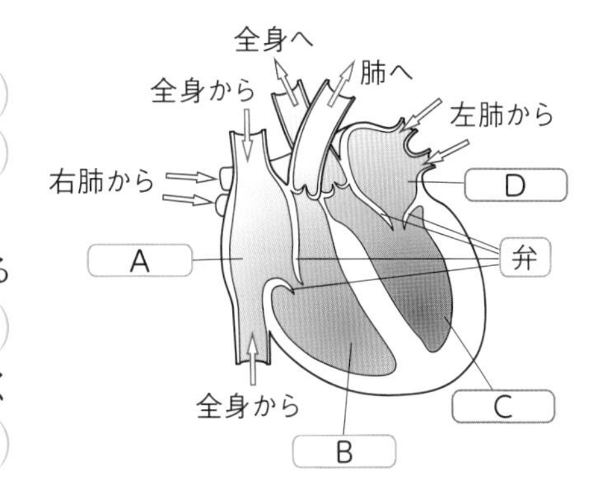

□(1) A～Dの部分をそれぞれ何というか。

A(　　　　)　B(　　　　)
C(　　　　)　D(　　　　)

□(2) ①，②の血液の循環をそれぞれ何というか。

① Bから出た血液が肺を通ってDにもどってくる血液の循環。(　　　　)

② Cから出た血液が全身を通ってAにもどってくる血液の循環。(　　　　)

□(3) ①，②の血液をそれぞれ何というか。

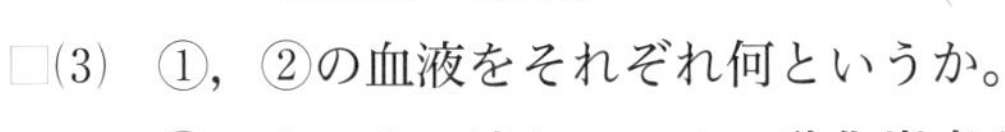

① A，Bに流れている二酸化炭素を多くふくむ血液。(　　　　)

② C，Dに流れている酸素を多くふくむ血液。(　　　　)

ヒント 2 (3) 血液の流れが強いほど大きな力が血管の壁に加わる。

3章　動物の体のつくりとはたらき②

解答 p.7

❶ 図1のような装置で，肺が空気を出し入れするしくみを調べた。ゴム膜を下に引くと，図2のようにゴム風船がふくらんだ。

20点

図1　図2

ガラス管
ゴム栓
プラスチックの容器
ゴム風船
ゴム膜
引く

□(1) ①～④は，それぞれ体のどの部分に対応しているか。㋐～㋓から1つずつ選びなさい。思

①　ゴム膜　　②　ガラス管

③　ゴム風船

④　ゴム膜と容器で囲まれた空間

㋐　肺　　㋑　気管

㋒　胸こう　　㋓　横隔膜

□(2) 図3は，呼吸するときの体内のようすを表したものである。図2，3について説明した文として適当なものを，㋐～㋓から1つ選びなさい。思

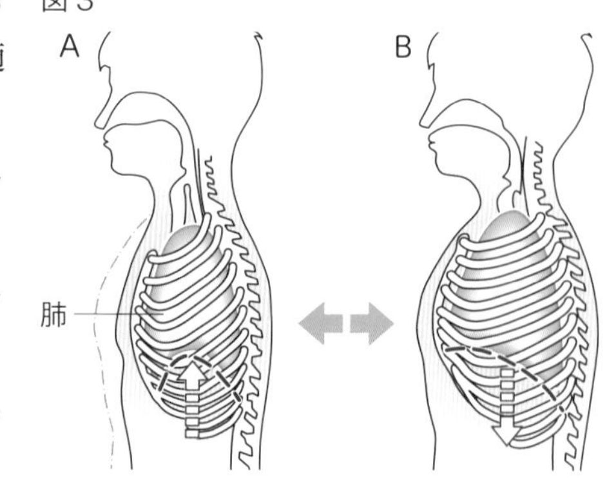

㋐　図2は図3のAにあたり，息を吸うときのしくみを表している。

㋑　図2は図3のBにあたり，息を吸うときのしくみを表している。

㋒　図2は図3のAにあたり，息をはくときのしくみを表している。

㋓　図2は図3のBにあたり，息をはくときのしくみを表している。

❷ 図は，ヒトの体の細胞と血液の間の物質のやりとりを模式的に表している。

31点

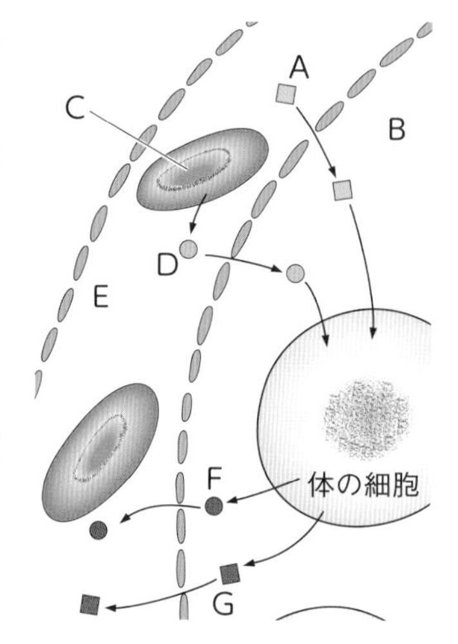

□(1) Aは，血液中の栄養分を表している。細胞がAとDからエネルギーをとり出すはたらきを何というか。

□(2) Bは，血液中のEが毛細血管からしみ出したもので，細胞のまわりをとり囲んでいる。Eは，何を表しているか。

□(3) Bの一部は，ある管に入り，首の下で静脈と合流する。Bの一部が入るある管とは何か。

□(4) 記述 Cは赤い物質をふくみ，Dを全身に運ぶ。Dを運ぶことができるのは，赤い物質にどのような性質があるからか。簡潔に書きなさい。

□(5) Fは，肺から体外に排出される。Fは，何を表しているか。

□(6) Gは，アミノ酸が分解されたものである。Gは，血液によって肝臓に運ばれ，何とよばれる物質に変えられるか。

成績評価の観点　技…観察・実験の技能　思…科学的な思考・判断・表現

❸ 図は，ヒトの血液の循環(じゅんかん)を模式的に表したものである。　49点

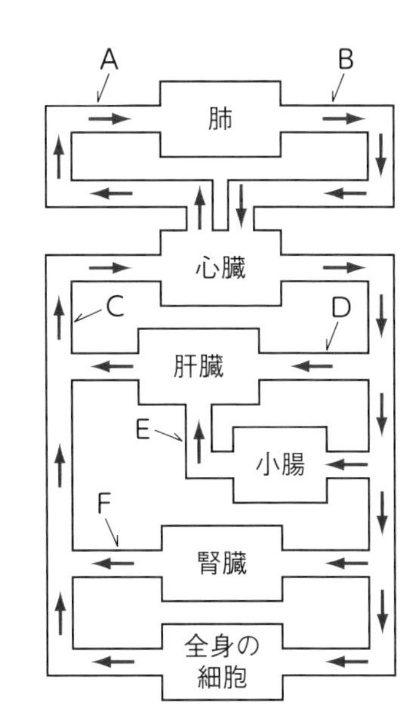

□(1) ①～④のような血液が流れている血管を，A～Fから1つずつ選びなさい。思

① ブドウ糖(とう)やアミノ酸をもっとも多くふくむ血液。

② 酸素をもっとも多くふくみ，静脈を流れる血液。

③ 二酸化炭素をもっとも多くふくむ血液。

④ 尿素(にょうそ)がもっとも少ない血液。

□(2) 動脈とよばれる血管を，A～Dからすべて選びなさい。

□(3) 動脈血(どうみゃくけつ)が流れている血管を，A～Dからすべて選びなさい。

□(4) 心臓(しんぞう)から出た血液が全身の細胞に送られて，再び心臓にもどる循環を何というか。

□(5) 心臓の周期的な動きを何というか。

□(6) 心臓や血管，リンパ管などをまとめて何というか。

□(7) 記述 腎臓(じんぞう)は，不要な物質をこし出して排出する以外に，どのようなはたらきがあるか。「塩分」という語句を使って簡潔に書きなさい。思

□(8) 肝臓のはたらきとして適当なものを，㋐～㋓からすべて選びなさい。

㋐ 有害物質を無害化する。　㋑ 吸収(きゅうしゅう)した栄養分を別の物質につくり変える。

㋒ つくられた胆汁(たんじゅう)をたくわえる。　㋓ 吸収した栄養分をたくわえる。

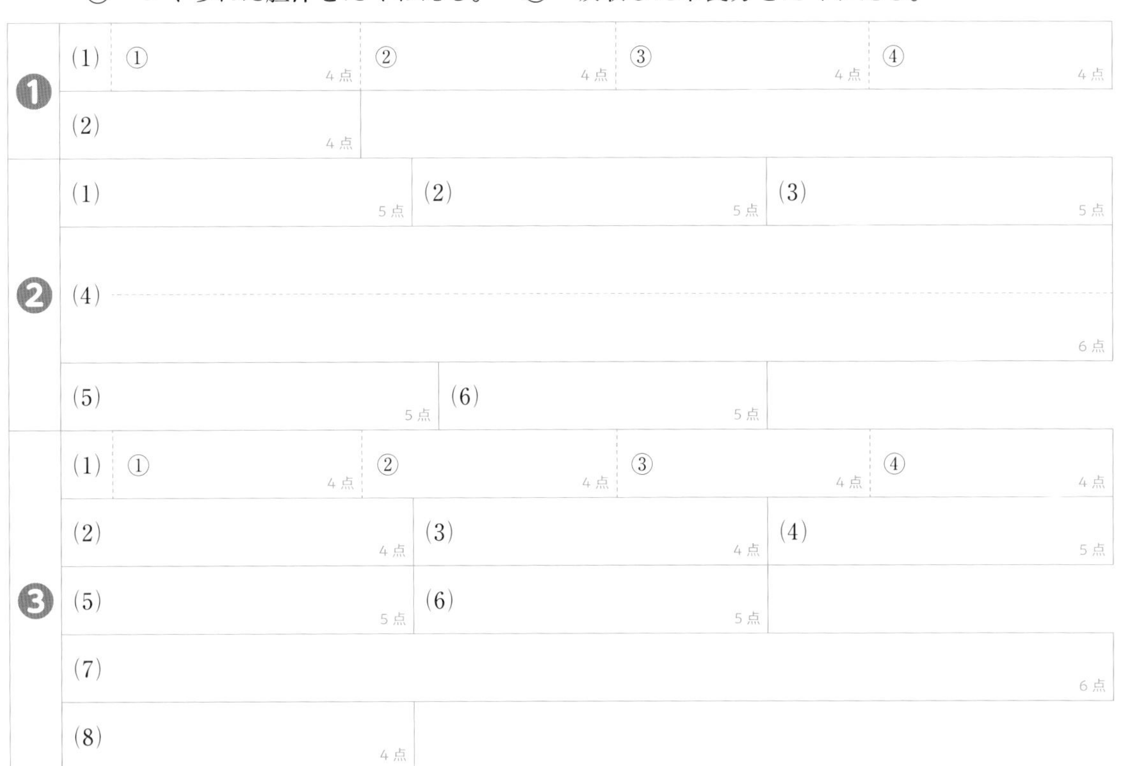

❶	(1) ① 4点	② 4点	③ 4点	④ 4点
	(2) 4点			
❷	(1) 5点	(2) 5点	(3) 5点	
	(4) 6点			
	(5) 5点	(6) 5点		
❸	(1) ① 4点	② 4点	③ 4点	④ 4点
	(2) 4点	(3) 4点	(4) 5点	
	(5) 5点	(6) 5点		
	(7) 6点			
	(8) 4点			

定期テスト予報
血液の循環に関する出題がよく見られます。
血液の循環とそれぞれの器官のはたらきを結びつけて考えましょう。

ぴたトレ 1 要点チェック

4章　動物の行動のしくみ(1)

時間 10分　解答 p.8

(　)と［　　］にあてはまる語句を答えよう。

1 感じとるしくみ

教科書 p.51～53 ▶▶ 1 2 3

□(1) 生物にはたらきかけて，なんらかの反応を起こさせるものを①(　　　　　)という。

□(2) 外界からの刺激を受けとる器官を②(　　　　　)という。

□(3) 感覚器官には，光・音・におい・味・あたたかさや冷たさ，痛み，圧力などの刺激を受けとる③(　　　　　)が集まっている。

□(4) ヒトの目は，物体からの光を④(　　　　　)によって屈折させ，⑤(　　　　　)の上に像を結ぶつくりになっている。網膜には，感覚細胞が多数あり，受けとった光の刺激を信号に変える。信号は⑥(　　　　　)を通って脳に送られ，視覚が生じる。

□(5) ヒトの耳は，空気の振動を⑦(　　　　　)でとらえ，耳小骨を通して，⑧(　　　　　)内の液体に振動を伝える。うずまき管の感覚細胞は，振動の刺激を信号に変える。信号は⑨(　　　　　)を通して脳に送られ，聴覚が生じる。

□(6) 図の⑩～⑲

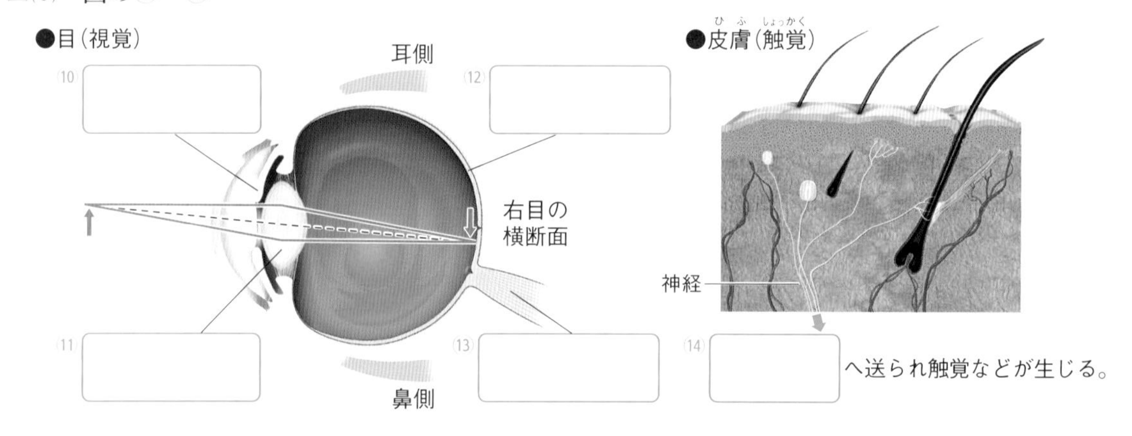

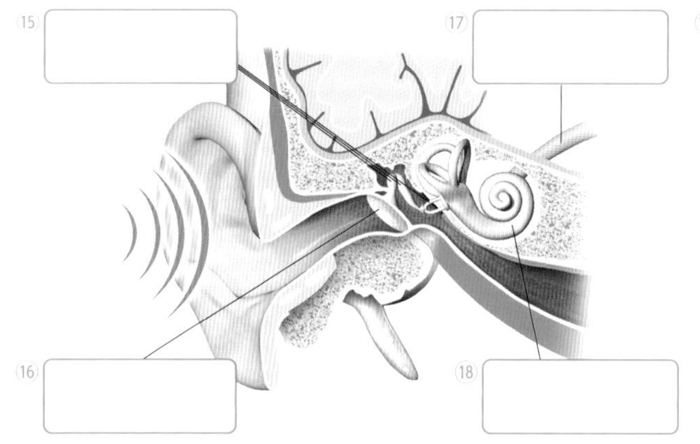

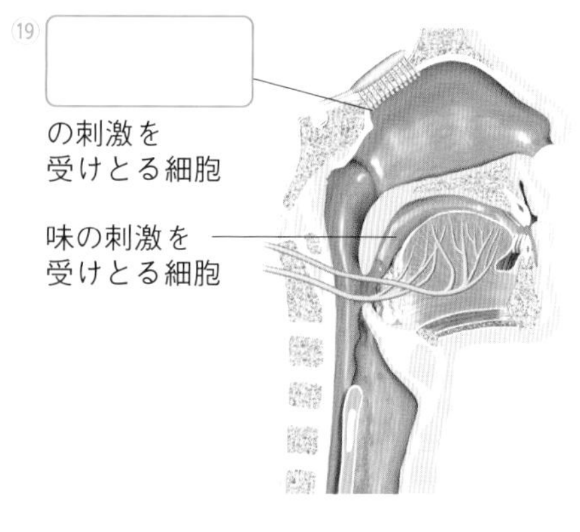

要点
- 刺激を受けとる器官を感覚器官といい，目・耳・鼻・舌・皮膚などがある。
- 目は網膜，耳はうずまき管に感覚細胞がある。

4章　動物の行動のしくみ(1)

時間 15分　解答 p.8

❶ 表は，刺激(しげき)と刺激を受けとる器官，生じる感覚をまとめたものである。 ▸▸ 1

□(1) 外界からの刺激を受けとる器官を，何というか。 (　　　)

□(2) 受けとった刺激を信号に変える細胞(さいぼう)を，何というか。 (　　　)

□(3) A，Bにあてはまる器官の名前を書きなさい。
A(　　　)　B(　　　)

□(4) C～Eにあてはまる感覚の名前を書きなさい。
C(　　　)　D(　　　)
E(　　　)

刺激	刺激を受けとる器官	感覚
光	目	C
音	耳	D
におい	鼻	E
味	A	味覚(みかく)
あたたかさ・冷たさ・痛(いた)みなど	B	触覚(しょっかく)など

❷ 図は，ヒトの目のつくりを模式的(もしきてき)に表したものである。 ▸▸ 1

□(1) ①～③にあてはまるのは，ⓐ～ⓔのどれか。また，その部分を何というか。
① 目に入る光の量を調節する。
記号(　　　)　名前(　　　)
② 物体からの光を屈折(くっせつ)させ，像を結ばせる。
記号(　　　)　名前(　　　)
③ 感覚細胞が多数ある。
記号(　　　)　名前(　　　)

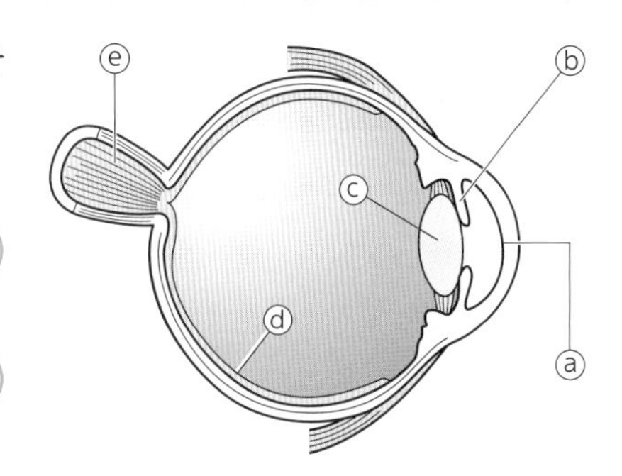

□(2) 刺激の信号がどこに伝わると，感覚が生じるか。 (　　　)

❸ 図は，ヒトの耳のつくりを模式的に表したものである。 ▸▸ 1

□(1) ⓐ～ⓓのつくりを，それぞれ何というか。
ⓐ(　　　)　ⓑ(　　　)
ⓒ(　　　)　ⓓ(　　　)

□(2) 音をとらえて振動(しんどう)するのは，ⓐ～ⓓのどの部分か。
(　　　)

□(3) 感覚細胞があるのは，ⓐ～ⓓのどの部分か。
(　　　)

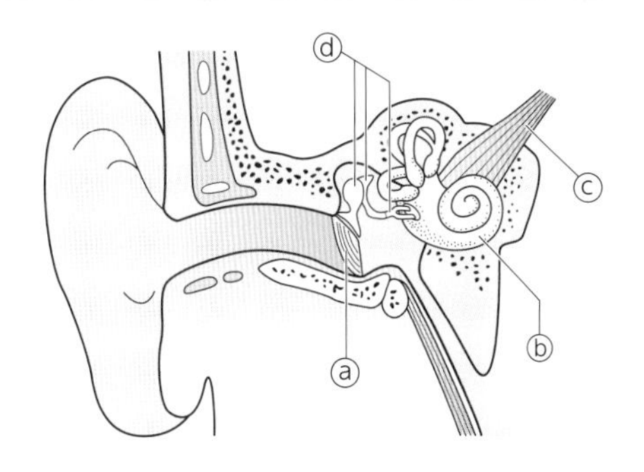

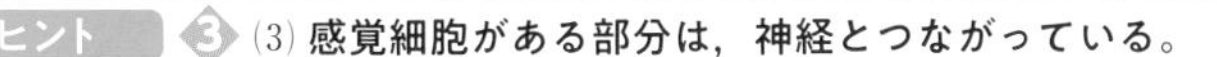
ヒント ❸ (3) 感覚細胞がある部分は，神経とつながっている。

ぴたトレ 1 要点チェック

4章　動物の行動のしくみ(2)

時間 10分　解答 p.8

(　)と□にあてはまる語句を答えよう。

1 刺激を伝えたり反応したりするしくみ

教科書 p.54～57 

□(1) 脳と脊髄は①(　　　)とよばれる。

□(2) 中枢神経から枝分かれした神経を②(　　　)という。

□(3) 感覚器官からの信号を中枢神経に伝える神経を③(　　　)という。

□(4) 中枢神経からの命令の信号を手や足などの運動器官や内臓に伝える神経を④(　　　)という。

□(5) 刺激に対して無意識に起こる，生まれつきもっている反応を⑤(　　　)という。

□(6) 図の⑥～⑨

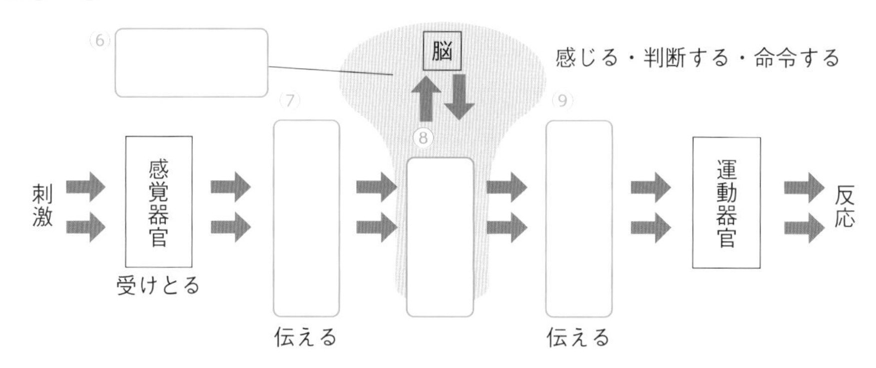

2 運動のしくみ

教科書 p.58～59 

□(1) ヒトの体には，①(　　　)を中心とした多数の骨がある。

□(2) 骨格は，体を支えるとともに，脳などの神経や内臓を②(　　　)する役目をもつ。

□(3) 骨格と③(　　　)がはたらき合うことで，さまざまな運動が可能になる。

□(4) 骨についている筋肉の両端は④(　　　)となっている。

□(5) 骨についている筋肉は⑤(　　　)をへだてた2つの骨についている。
これらの筋肉は骨の両側にあり，一方が⑥(　　　)するときに他方がゆるむ。

□(6) ヒトの骨格のように，体の内部にある骨格を⑦(　　　)という。

□(7) 図の⑧～⑩

要点
●脳と脊髄は中枢神経，感覚神経と運動神経などは末しょう神経とよばれる。
●骨の両側についている筋肉は，一方が収縮するときは，他方はゆるむ。

4章　動物の行動のしくみ(2)

時間 15分　解答 p.8

1 図1のように，熱いものにふれ，思わず手を引っこめた。図2は，図1の反応のしくみを表したものである。 ▶▶ 1

□(1) 図1のように，刺激に対して無意識に起こる，生まれつきもっている反応を何というか。（　　　）

図1

□(2) (1)の例を，㋐～㋓からすべて選び，記号で答えなさい。（　　　）

㋐ ボールが飛んできたので，あわててボールをつかんだ。

㋑ 口の中に食物が入ると，自然に唾液が出た。

㋒ 瞳の大きさが光の強さによって変化した。

㋓ 名前をよばれたので，すぐに返事をした。

□(3) ⓐ，ⓑは，それぞれ何とよばれる神経を表しているか。

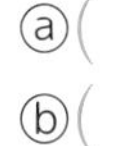

ⓐ（　　　）

ⓑ（　　　）

図2

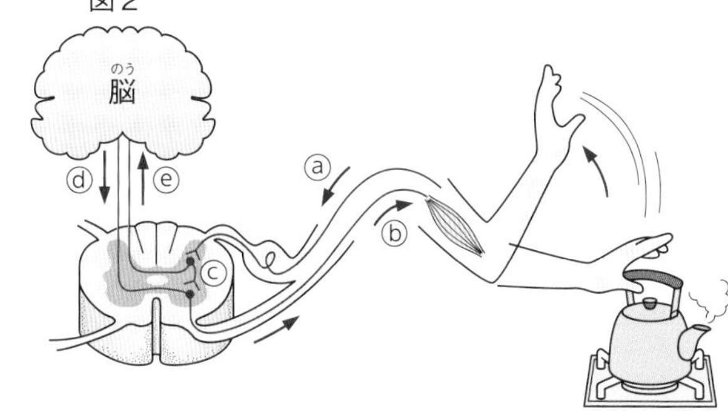

□(4) 図1で，刺激を受けてから反応が起こるまでに信号が伝わる神経を，ⓐ～ⓔから選び，順に並べなさい。

（　　　）

□(5) 記述 (1)の反応は，どのようなことに役立っているか。「危険」「体のはたらき」という語句を使って簡潔に書きなさい。

（　　　）

2 図は，ヒトのうでのようすを表したものである。 ▶▶ 2

□(1) 図のように，体の内部にある骨格を何というか。（　　　）

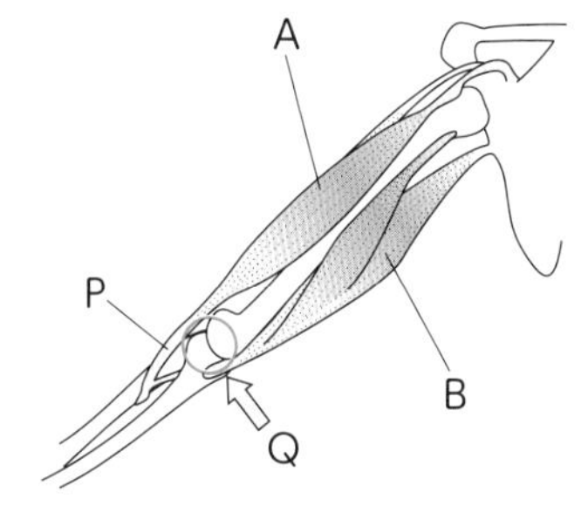

□(2) 筋肉の両端にあるPと骨と骨のつなぎ目Qをそれぞれ何というか。　P（　　　）　Q（　　　）

□(3) うでを曲げるとき，筋肉A，Bはどうなるか。㋐～㋓から1つ選びなさい。（　　　）

㋐ A，Bの両方が収縮する。

㋑ Aが収縮し，Bがゆるむ。

㋒ A，Bの両方がゆるむ。

㋓ Aがゆるみ，Bが収縮する。

わからなかったら実際にうでを曲げて，筋肉のようすを調べよう。

ヒント　1 (2) 意識しないで，反応が起こるものをさがす。

ミスに注意　1 (5) 危険に関すること，体のはたらきに関することの2点について説明する。

4章　動物の行動のしくみ

解答 p.9

1 ヒメダカが刺激をどこで感じているかを調べる実験を行った。

31点

実験 1．円形の水そうにヒメダカを数ひき入れて，ヒメダカの動きが落ち着いてから，図1のようにガラス棒で矢印の方向に水をかき回して水流をつくると，ほとんどのヒメダカが水流と逆向きに泳いだ。

2．図2のように，水そうの外側で縦じま模様の紙を矢印の方向にゆっくり回すと，ほとんどが紙の回転と同じ向きに泳いだ。

図1

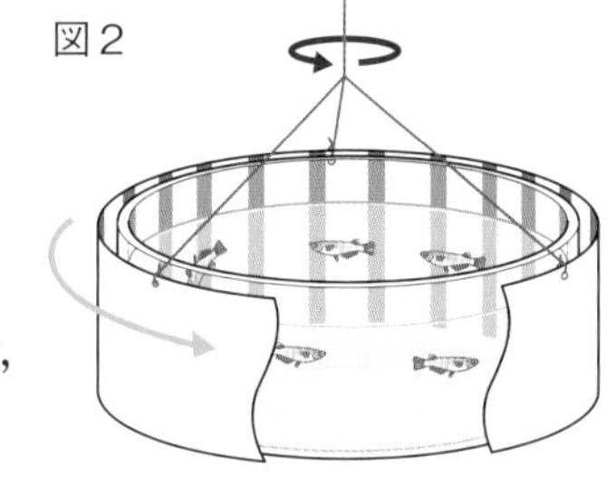

図2

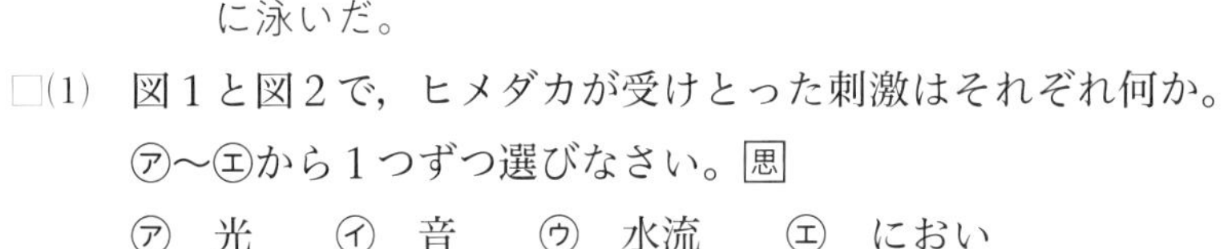

□(1) 図1と図2で，ヒメダカが受けとった刺激はそれぞれ何か。㋐〜㋓から1つずつ選びなさい。思

㋐ 光　㋑ 音　㋒ 水流　㋓ におい

□(2) 図1と図2で，ヒメダカはそれぞれ㋐〜㋓のどの感覚器官で，刺激を受けとっているか。1つずつ選びなさい。

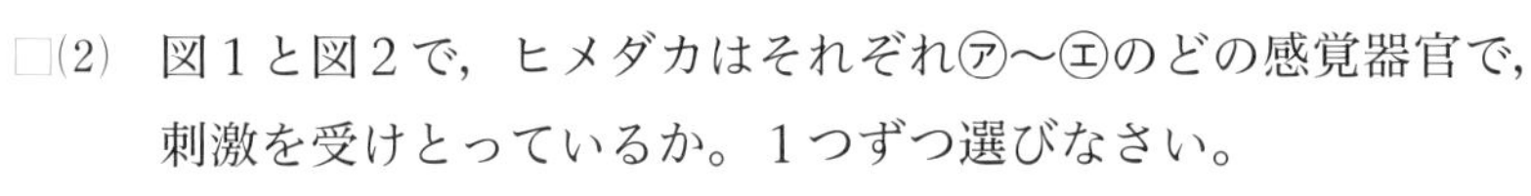

㋐ 耳　㋑ 目　㋒ 鼻　㋓ 側線

□(3) 次の文は，ヒメダカが刺激を受けとってから反応が起こるまでの経路を説明したものである。［　］に入る適当な語句を書きなさい。

ヒメダカが刺激を受けとると，その信号は［①］神経を通って，脳や［②］に伝えられる。脳などからの命令の信号は［③］神経を通って，ひれや筋肉などに伝わり，反応が起こる。

よく出る 2 図1はヒトの目のようすを表している。また，図2，図3は明るいところと暗いところでの瞳のようすを表したものである。

41点

□(1) 物体の像が結ばれるのは，A〜Dのどの部分か。また，その部分を何というか。

□(2) 「見える」という視覚が生じるのは，光の刺激の信号がどこに送られたときか。

□(3) 瞳の大きさを変えるのは，A〜Dのどの部分か。また，その部分を何というか。

図1

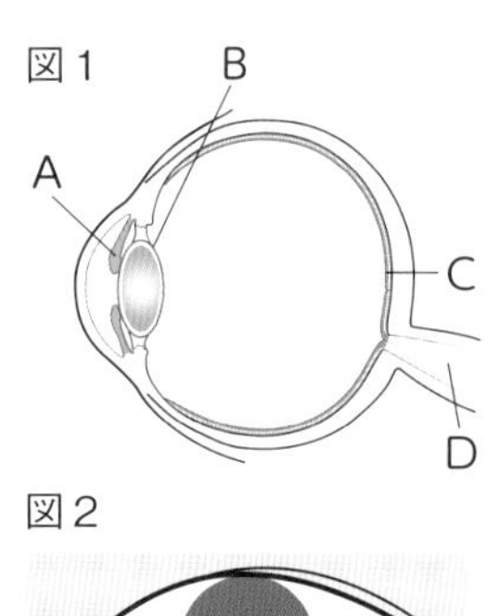

図2

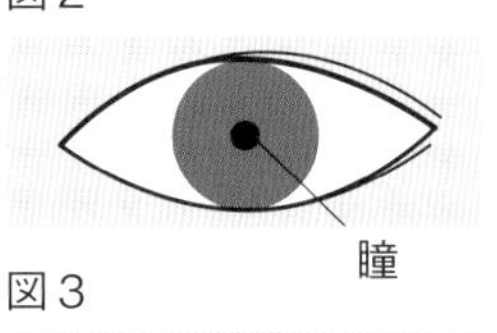

□(4) 暗いところでの瞳のようすを表しているのは，図2，図3のどちらか。

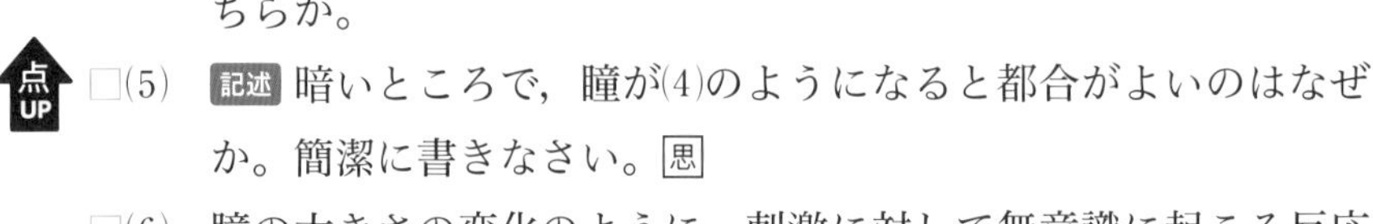

点UP □(5) 記述 暗いところで，瞳が(4)のようになると都合がよいのはなぜか。簡潔に書きなさい。思

図3

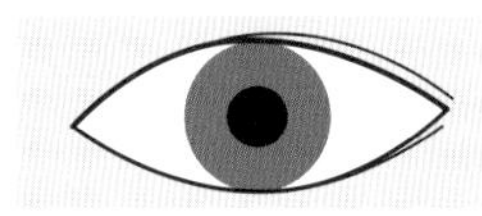

□(6) 瞳の大きさの変化のように，刺激に対して無意識に起こる反応を何というか。

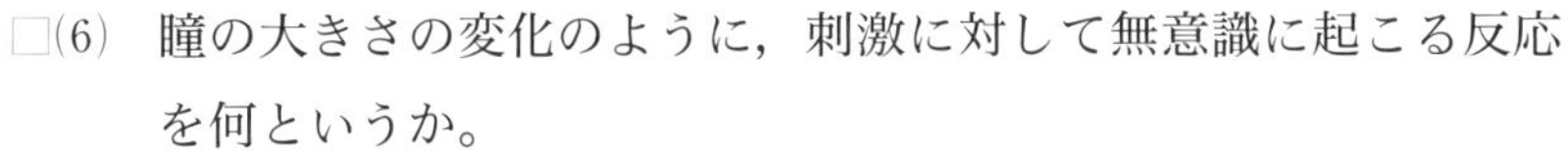

成績評価の観点　技…観察・実験の技能　思…科学的な思考・判断・表現

❸ 刺激を受けとってから，反応が起こるまでの時間を調べた。 28点

実験 1．図1のように，Aがものさしの上を支え，Bはものさしの0の目盛り（めもり）の位置でものさしにふれないように指をそえた。

2．合図なしに，Aがものさしを落とす。Bはそれを見て，すぐにものさしをつかみ，ものさしが何cm落ちたところでつかめたかを読みとった。

実験を3回くり返した。表はその結果をまとめたものである。

図1

A　B

図2

回	1	2	3
測定結果〔cm〕	15.6	14.8	14.6

□(1) Bは何という感覚器官で刺激を受けとったか。

□(2) **計算** Aがものさしを落としてからBがつかむまでに，ものさしが落下した距離（きょり）は何cmか。表の結果を平均して求めなさい。

□(3) 図3は，ものさしが落ちた距離とものさしが落ちるのに要する時間の関係を表したグラフである。Aがものさしを落としてからBがつかむまでにかかった時間は何秒か。

図3

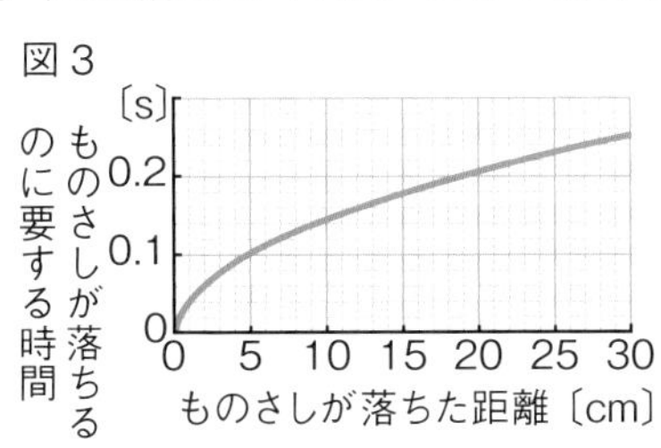

図4

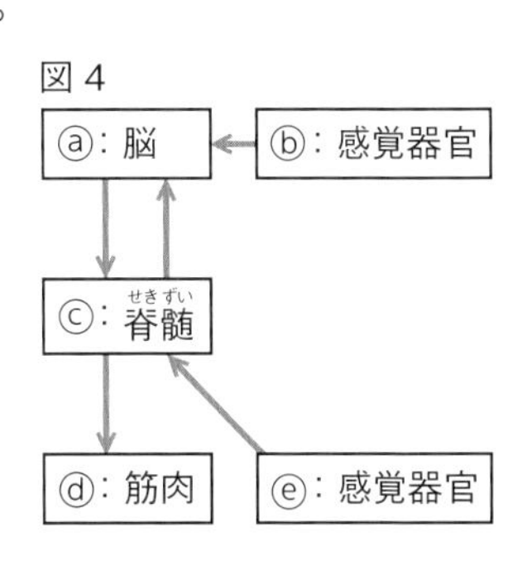

□(4) Aが落としたものさしをBがつかむ反応は，刺激の信号や命令の信号がどのような順に伝わって起こったと考えられるか。例にならって，図4のⓐ～ⓔの記号と矢印を書きなさい。

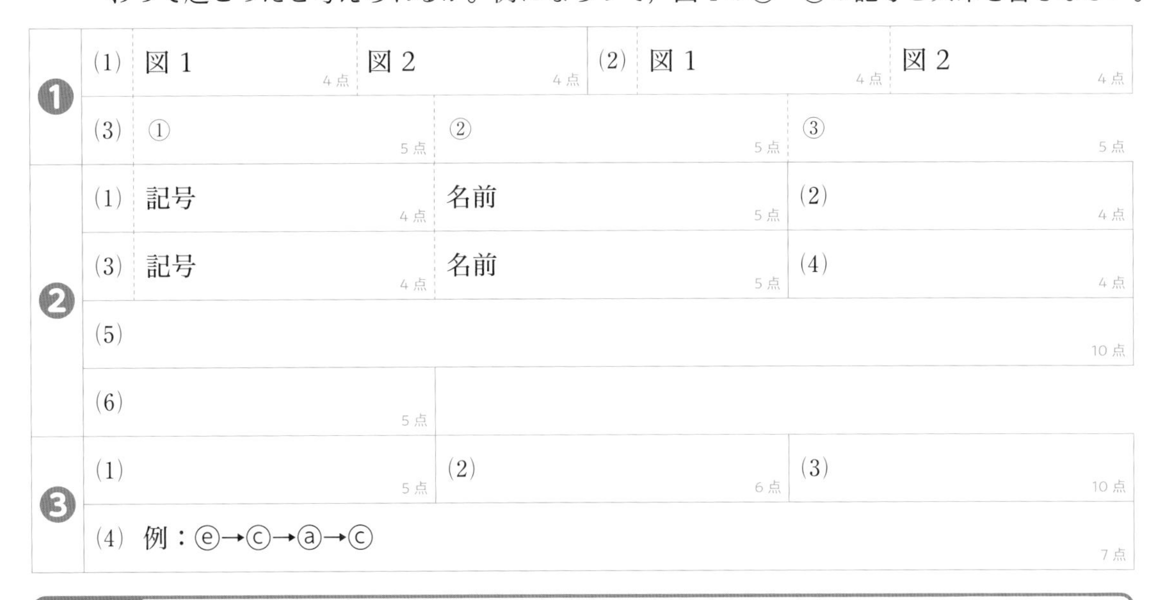

❶	(1) 図1　4点	図2　4点	(2) 図1　4点	図2　4点
	(3) ①　5点	②　5点	③　5点	
❷	(1) 記号　4点	名前　5点	(2)　4点	
	(3) 記号　4点	名前　5点	(4)　4点	
	(5)　10点			
	(6)　5点			
❸	(1)　5点	(2)　6点	(3)　10点	
	(4) 例：ⓔ→ⓒ→ⓐ→ⓒ　7点			

定期テスト予報 目のつくりとはたらきや神経系などがよく出題されます。それぞれの部分の名前やはたらきをまとめておきましょう。

1章　地球をとり巻く大気のようす(1)

時間 10分　解答 p.9

(　)と□にあてはまる語句を答えよう。

1 大気の重さによって生じる力

教科書 p.72～73 ▶▶ 2

□(1) 地球を包む気体の層を①(　　　)という。

□(2) 地表にあるものすべてには，大気の②(　　　)による力がかかっている。

□(3) 大気の重さによって生じる力は，③(　　　)向きから，物体の表面に④(　　　)にはたらいている。

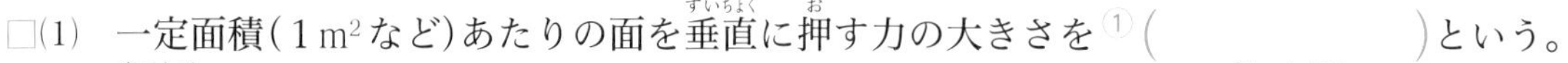

2 面に加わる力とそのはたらき

教科書 p.74 ▶▶ 1

□(1) 一定面積($1\,m^2$など)あたりの面を垂直に押す力の大きさを①(　　　)という。

□(2) 圧力の単位には，②(　　　)(記号 Pa)やニュートン毎平方メートル(記号③(　　　))が使われる。

$$\text{圧力}〔\text{Pa}〕=\frac{\text{力の④(　　　)}〔\text{N}〕}{\text{力がはたらく⑤(　　　)}〔\text{m}^2〕}$$

□(3) 図の⑥～⑦(100 g の物体にはたらく重力の大きさを 1 N とする。)

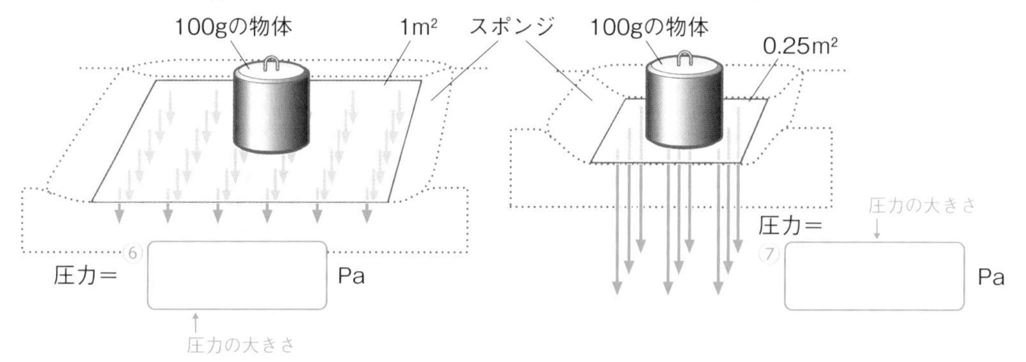

3 高さと大気圧の関係

教科書 p.75 ▶▶ 2

□(1) 大気による圧力を①(　　　)，または単に気圧という。

□(2) 大気圧の単位は，②(　　　)(記号 hPa)で表す。

□(3) 1 hPa＝③(　　　) Pa＝④(　　　)N/m^2

□(4) 上空にいくほど，その上にある大気の重さが⑤(　　　)なるので，大気圧は⑥(　　　)なる。

□(5) 大気圧の大きさは，海面と同じ高さのところで，平均約 1013 hPa で，この大きさを⑦(　　　)とよぶ。

要点
- 一定面積あたりの面を垂直に押す力を圧力という。
- 上空にいくほど，大気圧は小さくなる。

1章　地球をとり巻く大気のようす(1)

時間 15分　解答 p.9

1 **図のように，水を入れてゴム栓をした三角フラスコをスポンジの上に置いた。ただし，100 g の物体にはたらく重力の大きさを 1 N とする。** ▶▶ **2**

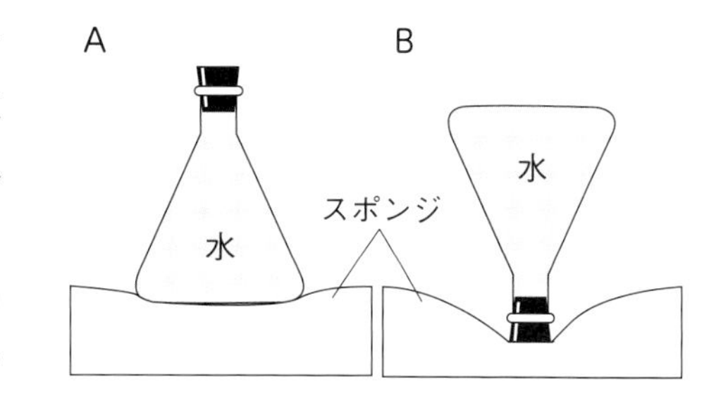

□(1) 水を入れてゴム栓をした三角フラスコの質量をはかると，400 g であった。A，Bの場合，三角フラスコがスポンジを押す力の大きさはそれぞれ何Nか。

A(　　　　)　B(　　　　)

□(2) 一定面積あたりの面を垂直に押す力の大きさを何というか。(　　　　)

□(3) **計算** 三角フラスコとスポンジがふれ合う面積は，Aが 80 cm²，Bが 8 cm² である。

① Aでは，(2)の大きさは何 Pa か。(　　　　)

② Bでは，(2)の大きさは何 N/m² か。(　　　　)

□(4) **記述** 三角フラスコとスポンジがふれ合う面積と，(2)の大きさの間にはどのような関係があるか。「比例」「反比例」のどちらかの語句を使って，簡潔に書きなさい。

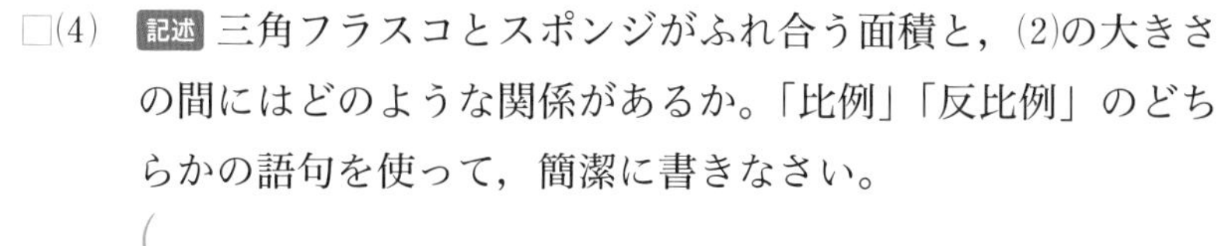

(　　　　　　　　　　　　　　　　　　　　)

2 **菓子袋を高い山の麓から山頂まで持って上がると，袋がふくらんだ。** ▶▶ **1** **3**

□(1) 地表にあるものには，大気の重さによる圧力がはたらいている。この圧力を何というか。

(　　　　)

□(2) (1)の圧力は，物体の表面に対してどのようにはたらくか。㋐～㋓から1つ選びなさい。(　　　　)

㋐ 下向きにはたらく。　㋑ 上向きにはたらく。

㋒ 横向きにはたらく。　㋓ あらゆる向きからはたらく。

□(3) 菓子袋がふくらんだことから，(1)の大きさは，麓と山頂のどちらのほうが大きいことがわかるか。(　　　　)

□(4) **記述** (1)の大きさは，高さによって変化する。その理由を，「大気の重さ」という語句を使って簡潔に書きなさい。

(　　　　　　　　　　　　　　　　　　　　)

ヒント **1** (3)(2)の大きさを求めるとき，面積の単位は「cm²」ではなく，「m²」である。

ミスに注意 **2** (4) 理由を問われているので，文末は「～から。」や「～ため。」とする。

ぴたトレ **1** 要点チェック

1章　地球をとり巻く大気のようす(2)

時間 10分　解答 p.10

(　　)と［　　］にあてはまる語句を答えよう。

1 天気図記号

教科書 p.76～77　▶▶ 1

風向　北北東
風力３
天気　くもり

□(1)　空全体を 10 としたときに雲が空をしめる割合(わりあい)を ①(　　　　) という。

□(2)　天気は雲量(うんりょう)で決まり，雲量０～１のときを ②(　　　　)，２～８のときを ③(　　　　)，９～10 のときを ④(　　　　)という。

□(3)　風向(ふうこう)は，風が ⑤(　　　　)方向を 16 方位で表す。

□(4)　表の⑥～⑩

天気	⑥［　　］	⑦［　　］	⑧［　　］	⑨［　　］
記号	○	⦶	◎	●
天気	雷(かみなり)	⑩［　　］	あられ	霧(きり)
記号	◒	⊛		⦿

2 気象要素(きしょうようそ)の観測

教科書 p.76～79　▶▶ 2

□(1)　空気の湿(しめ)りけの度合いを ①(　　　　)という。

□(2)　気温や気圧，湿度(しつど)，風向・風速(ふうそく)，雲量，雨量(うりょう)などをまとめて ②(　　　　)という。

□(3)　乾湿計(かんしつけい)は，地上 ③(　　　　)m ぐらいの風通しのよい直射(ちょくしゃ)日光の ④(　　　　)場所に置く。

□(4)　気温は，乾湿計の ⑤(　　　　)温度計の示度(しど)を読みとる。

□(5)　湿度は，乾球温度計と湿球温度計の示度を読みとり，⑥(　　　　)を用いて求める。

□(6)　ふつう，気圧が ⑦(　　　　)なると，くもりや雨になる。

□(7)　ふつう，晴れた日では，気温が上昇(じょうしょう)すると，湿度は ⑧(　　　　)なる。

□(8)　図の⑨～⑪

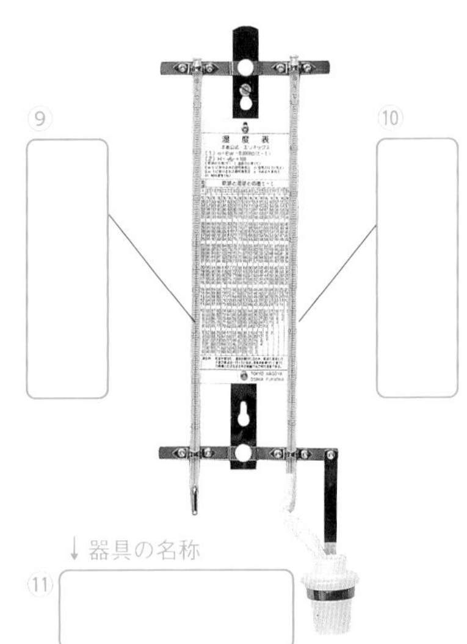

要点
●天気は，雲量によって決まっている。
●湿度は，乾湿計と湿度表を使って求めることができる。

1章　地球をとり巻く大気のようす(2)

時間 15分　解答 p.10

1 天気図記号を用いて，天気や風のようすなどを表すことができる。 ▶▶ 1

□(1) 雨や雪が降(ふ)っていないときの天気は，空全体を 10 としたときの雲が空をしめる割合(わりあい)で決めることができる。雲が空をしめる割合を何というか。（　　　）

□(2) 雨や雪が降っていないとき，①～③の天気と，その天気記号をそれぞれ書きなさい。

① (1)が 1　　天気（　　　）　天気記号（　　　）

② (1)が 7　　天気（　　　）　天気記号（　　　）

③ (1)が 9　　天気（　　　）　天気記号（　　　）

□(3) 図は，ある地点の天気図記号である。

① この地点の天気と風力を答えなさい。

天気（　　　）　風力（　　　）

② この地点の風向として適当なものを，㋐～㋓から 1 つ選びなさい。（　　　）

㋐ 北東から南西へふく北東の風
㋑ 北東から南西へふく南西の風
㋒ 南西から北東へふく北東の風
㋓ 南西から北東へふく南西の風

矢の先のほうから，天気記号に向かう向きに風がふくんだね。

2 図は，ある地点で観測された 2 日間の天気・気温・気圧・湿度(しつど)の記録である。 ▶▶ 2

風向 風力 天気
〔hPa〕 気圧 1010 1005 1000 995 気圧
〔℃〕 気温 20 15 10 A B
〔%〕 湿度 80 60 40
0 2 4 6 8 10 12 14 16 18 20 22 0 2 4 6 8 10 12 14 16 18 20 22 24
10月24日　10月25日　〔時〕

□(1) 気温の変化を表したグラフは，A，B のどちらか。（　　　）

□(2) 天気が晴れからくもりや雨に変わると，気圧はどうなるか。㋐～㋒から 1 つ選びなさい。（　　　）

㋐ 高くなる。
㋑ 低くなる。
㋒ 変わらない。

□(3) 1 日の気温の変化が大きいのは，晴れの日，くもりや雨の日のどちらか。（　　　）

□(4) 記述 晴れの日の気温の変化と湿度の変化にはどのような関係があるか。
（　　　　　　　　　　　　　　　　）

ヒント 1 (3) ②風向は，風のふいてくる方向である。

ぴたトレ 3

確認テスト

1章　地球をとり巻く大気のようす

解答 p.10

❶ 図1のような直方体の物体の質量をはかると，1600 g であった。ただし，質量100 g の物体にはたらく重力の大きさを1Nとする。 30点

□(1) この物体を，A，B，Cの面をそれぞれ下になるようにして，水平な床の上に置いた。

① 物体が床を押す力の大きさについて適当なものを，㋐〜㋒から1つ選びなさい。

㋐ 床と接する面の面積が大きいほど大きい。

㋑ 床と接する面の面積が小さいほど大きい。

㋒ 床と接する面の面積と関係なく一定である。

② 計算 Aの面を下にして物体を置いたとき，物体が面を押す力の大きさは何Nか。

③ 床が受ける圧力がもっとも大きくなるのは，A，B，Cのどの面を下にしたときか。

□(2) 計算 Aの面を下にして物体を置いたとき，床が受ける圧力は何 N/m^2 か。

□(3) 計算 図2のように，Aの面を下にして，同じ物体を2個重ねたとき，床が受ける圧力は何 Pa か。思

□(4) 計算 図3のように，床の上に縦10 cm，横8 cm の長方形の板をしき，板の上にCの面を下にして置いた。このときの圧力は，板をしかずにCの面を下にして置いたときの何倍になるか。ただし，板の重さは考えなくてもよいものとする。思

図1

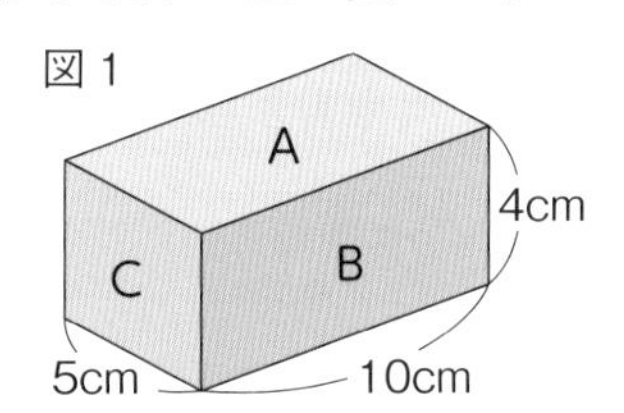

図2

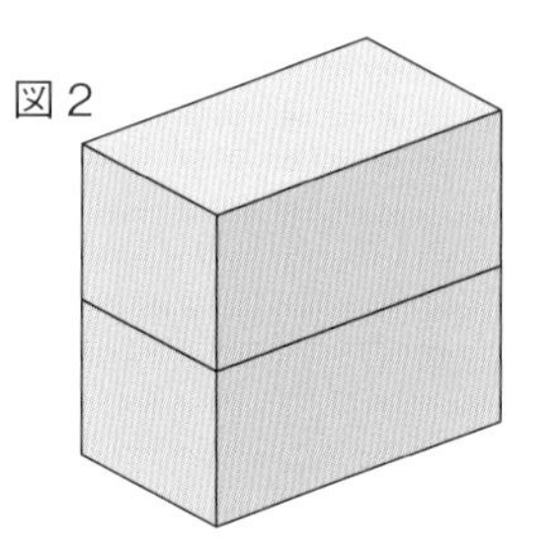

図3

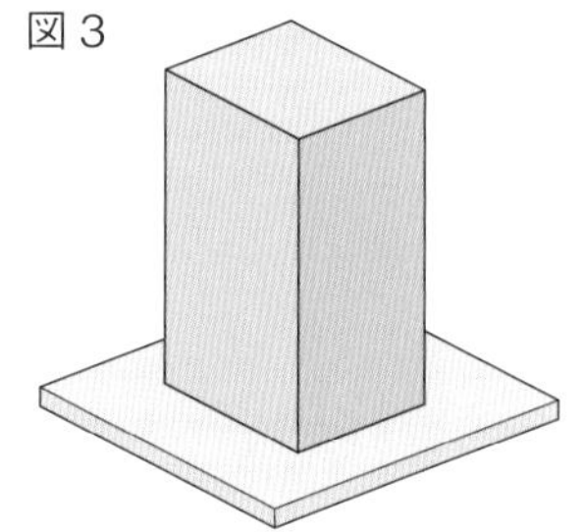

よく出る **❷ 図は，乾湿計の一部と湿度表を表している。** 22点

□(1) 乾湿計は，どのような場所に置くか。㋐〜㋓から1つ選びなさい。

㋐ 風通しの悪い日なた

㋑ 風通しの悪い日かげ

㋒ 風通しのよい日なた

㋓ 風通しのよい日かげ

□(2) このときの気温は何℃か。

□(3) 乾湿計の示度が図のようになったとき，湿度は何%か。

A　B

湿度表

乾球の示度〔℃〕	乾球と湿球の示度の差〔℃〕 0.0	0.5	1.0	1.5	2.0
16	100	95	89	84	79
15	100	94	89	84	78
14	100	94	89	83	78
13	100	94	88	83	77
12	100	94	88	82	76
11	100	94	87	81	75
10	100	93	87	81	74
9	100	93	86	80	73

□(4) 記述 乾球温度計(乾球)の示度と湿球温度計(湿球)の示度の差が大きいほど，湿度はどうなっているか。

成績評価の観点　技…観察・実験の技能　思…科学的な思考・判断・表現

❸ 図は，ある地点で観測された３日間の気温・気圧・湿度の記録である。　48点

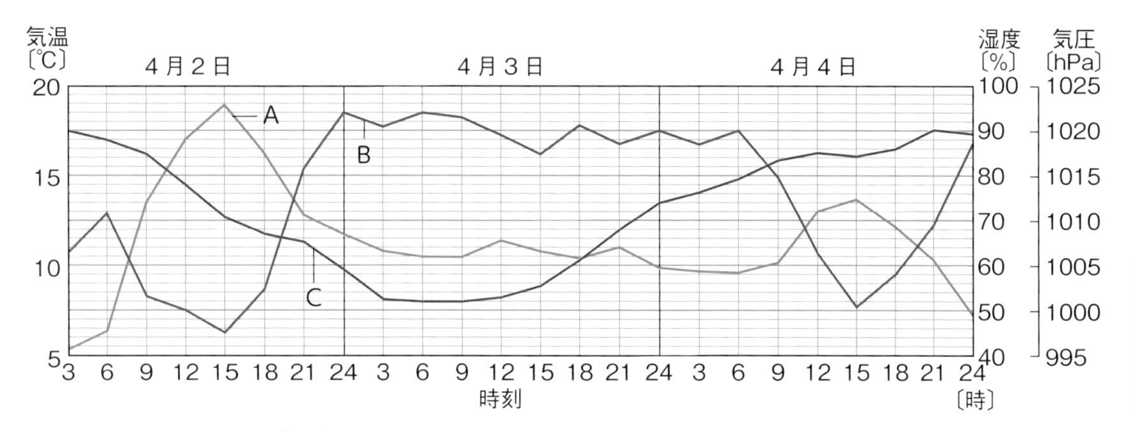

□(1)　A～Cは，それぞれ気温，気圧，湿度のどれを表しているか。

□(2)　気温は，地面からおよそ何mの高さのところではかるか。

□(3)　気圧の単位hPaの読み方を書きなさい。

□(4)　1hPaは何N/m^2か。

□(5)　くもりや雨だったと考えられるのは，４月何日か。思

□(6)　記述 (5)のように答えた理由を，気温と湿度の変化の関係に注目して，簡潔に書きなさい。

□(7)　作図 ４月５日の６時の雲量は７で，風向は南東，風力は３であった。この観測結果を，天気図記号で表しなさい。技

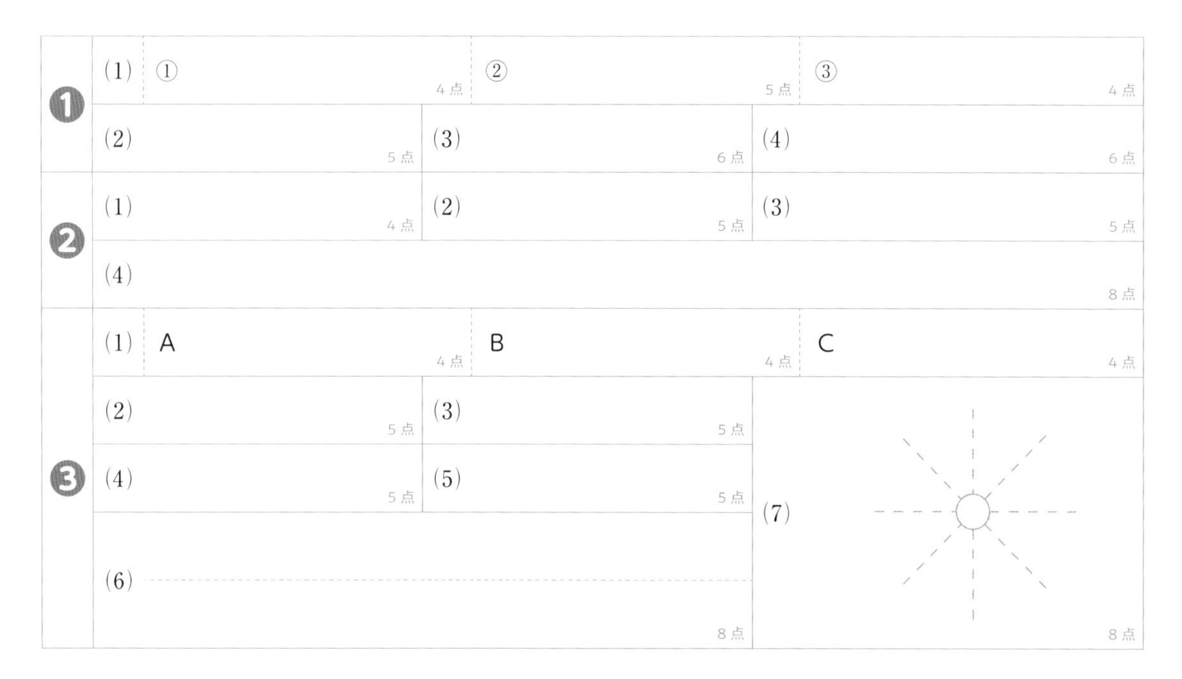

❶	(1) ① 4点	② 5点	③ 4点
	(2) 5点	(3) 6点	(4) 6点
❷	(1) 4点	(2) 5点	(3) 5点
	(4) 8点		
❸	(1) A 4点	B 4点	C 4点
	(2) 5点	(3) 5点	(7) 8点
	(4) 5点	(5) 5点	
	(6) 8点		

定期テスト予報　圧力の計算や，気温や湿度，気圧などの気象要素などについてよく出題されます。天気図記号の表し方などもおさえておきましょう。

地球　地球の大気と天気の変化 ― 教科書72～80ページ

2章　大気中の水の変化(1)

時間 10分　解答 p.11

（　）と□にあてはまる語句を答えよう。

1 霧のでき方

教科書 p.82～83　▶▶1

□(1) 大気中の水蒸気は見えないが，冷やされて小さな[1]（　　　　）になると，見えるようになる。

□(2) 霧は，[2]（　　　　）を多くふくんだ空気が冷やされて発生する。

□(3) 風がない[3]（　　　　）夜は，地面から熱が逃げて，地表の温度が下がる。

□(4) 地表付近の空気が冷やされて，[4]（　　　　）が水滴になると，霧が発生する。

□(5) 太陽が出て気温が上がると，霧は再び[5]（　　　　）になって消える。

2 雲のでき方

教科書 p.84～89　▶▶2

□(1) 上昇する空気の動きを[1]（　　　　），下降する空気の動きを[2]（　　　　）という。

□(2) 地表付近の空気は上昇すると，まわりの気圧が[3]（　　　　）くなるため，[4]（　　　　）する。そのため，空気の温度が[5]（　　　　）がり，空気中の水蒸気の一部が小さな水滴や氷の粒になる。

□(3) [6]（　　　　）気流があるところは雲が発生してくもりや雨になりやすく，[7]（　　　　）気流があるところは晴れになりやすい。

□(4) 雨や雪などをまとめて[8]（　　　　）とよぶ。

□(5) 降水をもたらす雲は，おもに[9]（　　　　）と積乱雲である。

□(6) 図の[10]～[14]

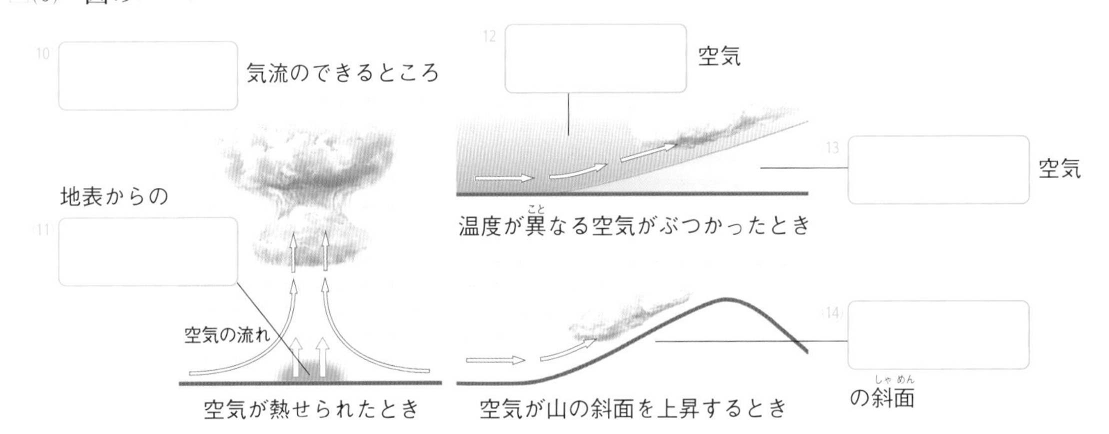

要点

- 地表付近の空気が冷やされて，水蒸気が水滴になると，霧が発生する。
- 上昇する空気は膨張して温度が下がり，雲ができる。

ぴたトレ **2** 練習

2章　大気中の水の変化(1)

時間 15分　解答 p.11

1 内側をぬるま湯でぬらしたビーカーA，Bを用意し，Aにだけぬるま湯を入れ，A，B両方に線香のけむりを少量入れてじゅうぶんに冷やした保冷剤(ほれいざい)でおおった。 ▶▶1

保冷剤
A　B
ぬるま湯50cm³　線香のけむり

□(1) ビーカーに入れた線香のけむりは，空気中の何にあたるか。㋐〜㋓から1つ選びなさい。（　　）
㋐ 水滴(すいてき)　㋑ ちり　㋒ 酸素　㋓ 水蒸気(すいじょうき)

□(2) 記述 ビーカーAにぬるま湯を入れる理由を,「水蒸気」という語句を使って簡潔に書きなさい。

（　　　　　　　　）

□(3) 保冷剤をのせた後，ビーカー内にはどのような変化が見られるか。㋐〜㋒から1つ選びなさい。（　　）
㋐ Aだけがくもった。　㋑ Bだけがくもった。　㋒ どちらもくもった。

□(4) 観察されたくもりは何か。㋐〜㋓から1つ選びなさい。（　　）
㋐ 水滴　㋑ 水蒸気　㋒ けむりが集まったもの　㋓ 水蒸気とけむりの混合物

□(5) この実験は何のでき方を調べる実験か。（　　）

2 図は，雲のでき方を模式的(もしきてき)に表したものである。 ▶▶2

□(1) 図のように，上昇(じょうしょう)する空気の動きを何というか。

（　　　　）

○A
●B
✳C
上昇する。
上昇する。
上昇する。
空気のかたまり

□(2) 空気のかたまりが上昇するときとして正しいものを，㋐〜㋒から1つ選びなさい。（　　）
㋐ 空気が冷やされたとき。
㋑ 空気が山の斜面(しゃめん)を下降(かこう)するとき。
㋒ あたたかい空気(暖気(だんき))と冷たい空気(寒気)がぶつかったとき。

□(3) 空気が上昇すると，①まわりの気圧と②上昇する空気の温度はどうなるか。それぞれ㋐〜㋒から1つずつ選びなさい。

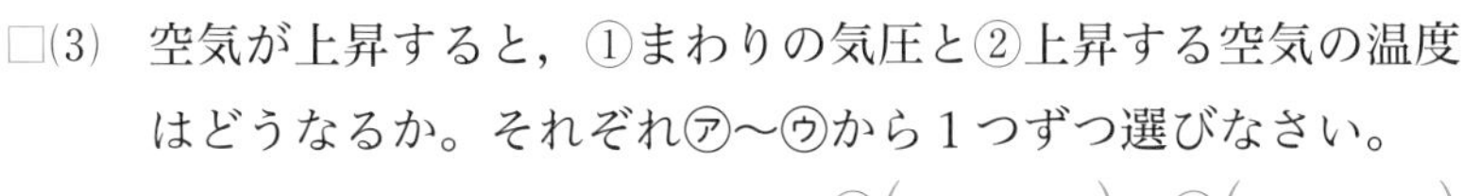

①（　　）②（　　）
㋐ 高くなる。　㋑ 低くなる。　㋒ 変わらない。

□(4) A〜Cはそれぞれ何を表しているか。㋐〜㋒から1つずつ選びなさい。
A（　　）B（　　）C（　　）
㋐ 水滴　㋑ 水蒸気　㋒ 氷の粒(つぶ)

ミスに注意 1(2) 理由を問われているので，文末は「〜から。」や「〜ため。」とする。

ヒント 2(4) 冷やされると，水蒸気→水滴→氷と状態変化する。

地球
地球の大気と天気の変化 ― 教科書82〜89ページ

ぴたトレ 1 要点チェック

2章　大気中の水の変化(2)

時間 10分　解答 p.11

(　)と[　　]にあてはまる語句を答えよう。

1 地球をめぐる水

教科書 p.89 

□(1) 地球上の水は，①(　　　)(氷)，②(　　　)，③(　　　)(水蒸気)と状態変化しながら循環している。

□(2) 水の循環を支えているのは，④(　　　)のエネルギーである。

□(3) 図の⑤〜⑧

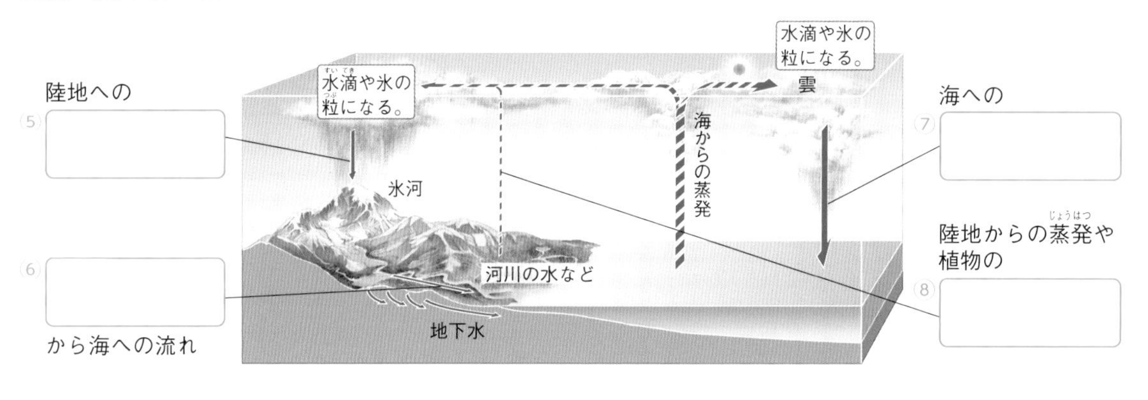

2 空気にふくまれる水蒸気の量

教科書 p.90〜93 

□(1) 1 m^3 中にふくむことのできる水蒸気の最大量を，①(　　　)という。

□(2) 飽和水蒸気量は，温度が高くなるにしたがって②(　　　)なり，温度が低くなるにしたがって③(　　　)なる。

□(3) 空気が冷やされて，水蒸気が水滴に変わりはじめるときの温度を④(　　　)という。

□(4) 空気 1 m^3 中にふくまれる⑤(　　　)が，その温度での⑥(　　　)に対してどのくらいの割合になるかを百分率で示したものを⑦(　　　)という。

□(5) 湿度〔%〕= $\dfrac{\text{空気 1 m}^3\text{中にふくまれる⑤〔g/m}^3\text{〕}}{\text{その温度での⑥〔g/m}^3\text{〕}} \times 100$

□(6) 図の⑧〜⑩

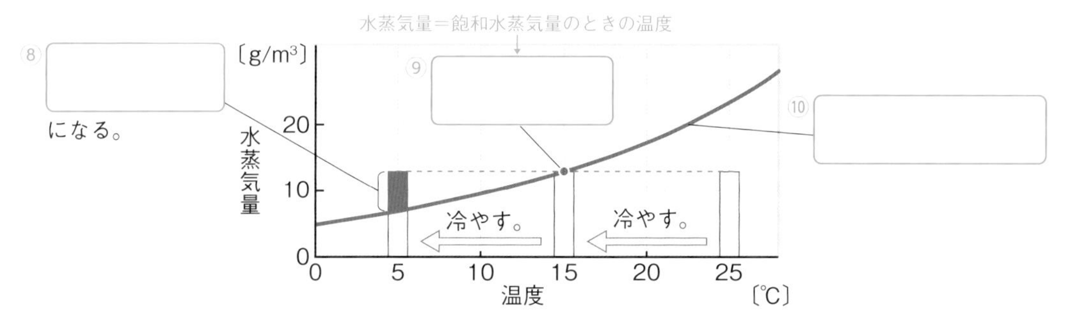

要点
- 水の循環は，太陽光のエネルギーによって支えられている。
- 空気 1 m^3 中の水蒸気量が飽和水蒸気量と等しくなる温度を露点という。

2章　大気中の水の変化(2)

時間 15分　解答 p.12

1 図は，地球上の水の分布を表している。 ▸▸ 1

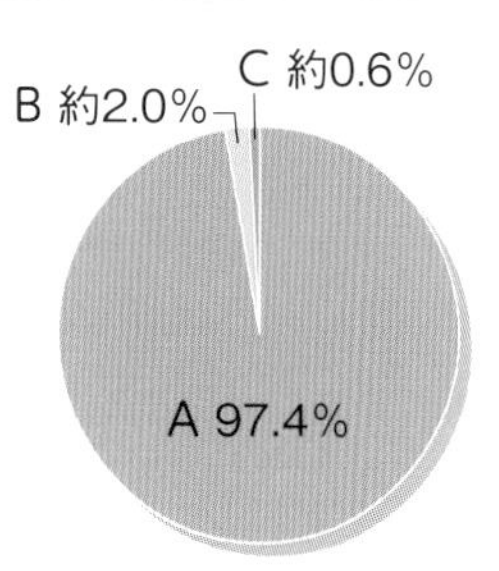

□(1) A，B，Cにあてはまるものはそれぞれ何か。㋐～㋒から1つずつ選びなさい。

A(　　　) B(　　　) C(　　　)

㋐ 海　㋑ 地下水　㋒ 陸上の水

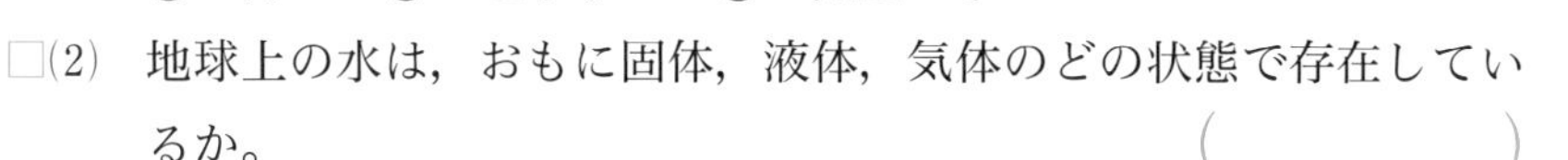

□(2) 地球上の水は，おもに固体，液体，気体のどの状態で存在しているか。(　　　)

□(3) 地球上の水の循環(じゅんかん)を支えているのは，何のエネルギーか。(　　　)

2 表は，空気1 m³にふくむことができる水蒸気(すいじょうき)の最大量と，空気の温度の関係を表したものである。 ▸▸ 2

温度〔℃〕	0	2	4	6	8	10	12	14	16	18	20	22
水蒸気量〔g/m³〕	4.8	5.6	6.4	7.3	8.3	9.4	10.7	12.1	13.6	15.4	17.3	19.4

□(1) 空気1 m³にふくむことができる水蒸気の最大量を何というか。(　　　)

□(2) (1)について適当なものを，㋐～㋓から1つ選びなさい。(　　　)

㋐ 空気の温度に比例する。　㋑ 空気の温度に反比例する。

㋒ 空気の温度が高いほど小さい。　㋓ 空気の温度が高いほど大きい。

□(3) 空気1 m³に9.4 gの水蒸気をふくんでいる20 ℃の空気がある。

① 計算 この空気の湿度(しつど)は何%か。小数第2位を四捨五入して求めなさい。(　　　)

② 空気が冷やされて，水蒸気が水滴(すいてき)に変わりはじめるときの温度を何というか。(　　　)

③ この空気の②の温度は何℃か。(　　　)

3 図のように，空気1 m³中に6 gの水蒸気をふくんだ空気AをB，Cと冷やしていった。 ▸▸ 2

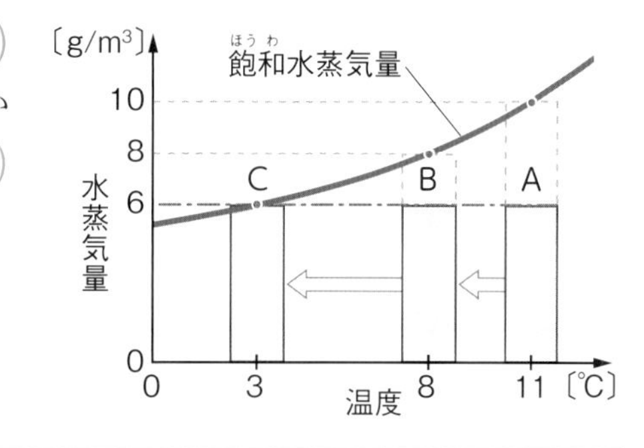

□(1) この空気の露点(ろてん)は何℃か。(　　　)

□(2) A～Cの湿度の大小関係はどうなるか。㋐～㋖から1つ選びなさい(　　　)

㋐ A＞B＞C　㋑ A＞B＝C

㋒ A＝B＞C　㋓ A＜B＜C

㋔ A＜B＝C　㋕ A＝B＜C

㋖ A＝B＝C

ヒント 3 (2) 空気中の水蒸気量は同じなので，飽和水蒸気量が大きいほど，湿度は小さくなる。

ぴたトレ **3** 確認テスト

2章　大気中の水の変化

時間30分　／100点　合格70点　解答 p.12

❶ 次のような実験を行って，雲のでき方を調べた。　30点

実験 1．ペットボトルにぬるま湯と線香のけむりを入れた。
2．ペットボトルを少しへこませ，温度計をさしこんだゴム栓（せん）をした。
3．図のように，ペットボトルを強くへこませたり，はなしたりして，中のようすを観察しながら，温度変化を調べた。

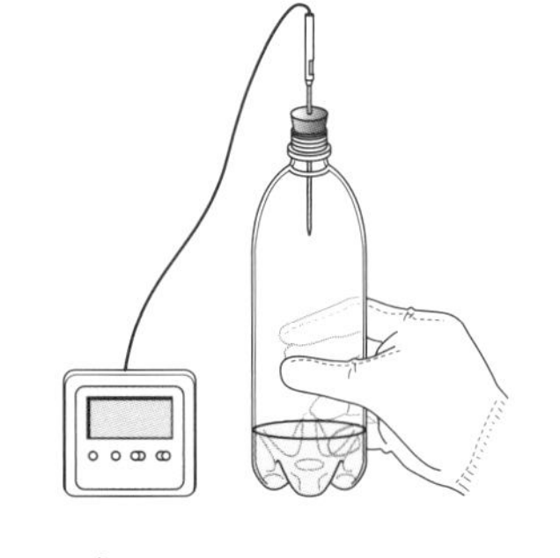

点UP □(1) **記述** ペットボトルに線香のけむりを入れたのはなぜか。簡潔に書きなさい。技

□(2) ペットボトル内がくもるのはどのようなときか。㋐～㋒から1つ選びなさい。
㋐ ペットボトルを強くへこませたとき　㋑ ペットボトルから手をはなしたとき
㋒ ペットボトルを強くへこませたりはなしたりしたときの両方

□(3) くもりができた理由を説明した次の文の□にあてはまる語句を書きなさい。
ペットボトル内の空気の体積が（①）なるため，空気の温度が（②）がり，飽和水蒸気量（ほうわすいじょうきりょう）が（③）なるから。

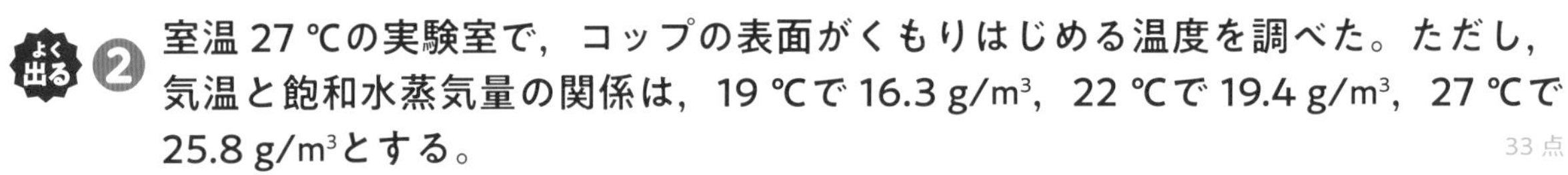

よく出る ❷ 室温27℃の実験室で，コップの表面がくもりはじめる温度を調べた。ただし，気温と飽和水蒸気量の関係は，19℃で16.3 g/m³，22℃で19.4 g/m³，27℃で25.8 g/m³とする。　33点

実験 1．金属製のコップに22℃の水を入れた。
2．図のように，氷片（ひょうへん）を入れた試験管をコップの中に入れて水温を下げていくと，水温が19℃のときにコップの表面がくもりはじめた。

□(1) **記述** コップにセロハンテープをはる理由を簡潔に書きなさい。

□(2) コップの表面にくもりがつきはじめた温度を何というか。

□(3) **計算** この実験室の空間を200 m³とするとき，実験室の空気はあと何gの水蒸気をふくむことができるか。思

□(4) この実験室の空気の温度と湿度（しつど）の関係を表したグラフとして適当なものを，ⓐ～ⓓから1つ選びなさい。思

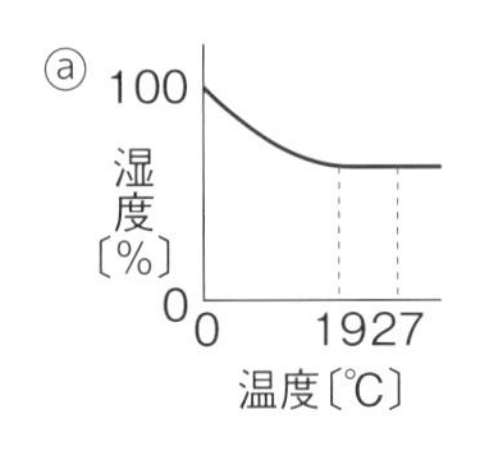

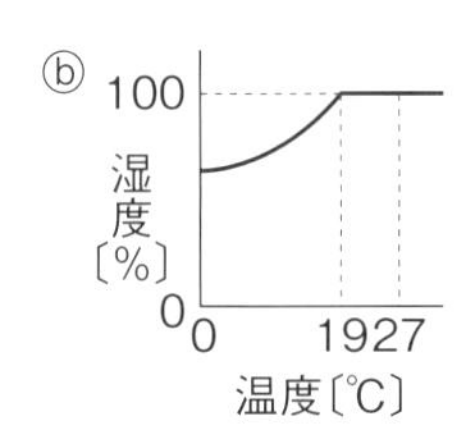

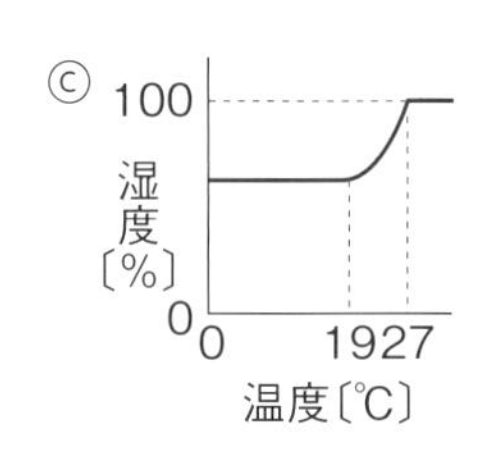

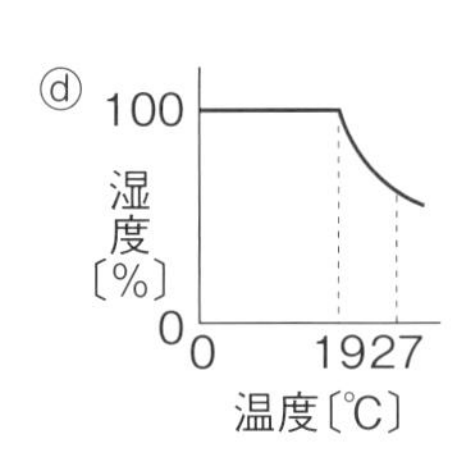

□(5) **計算** この実験を行ったときの実験室の湿度は約何%か。もっとも近いものを，㋐～㋓から1つ選びなさい。
㋐ 約63%　㋑ 約70%　㋒ 約84%　㋓ 約86%

成績評価の観点　技…観察・実験の技能　思…科学的な思考・判断・表現

❸ 図は，気温と飽和水蒸気量の関係を表したもので，A～Dは別の状態の空気である。

23点

□(1) 露点（ろてん）が等しいものはA～Dのどれとどれか。思

□(2) 同じように冷やしていったとき，もっともはやく水滴（すいてき）が出はじめるのは，A～Dのどれか。思

□(3) 計算 空気Cの湿度は何％か。小数第１位を四捨五入して整数で求めなさい。

□(4) 計算 空気Dの温度を10℃まで下げたとき，生じる水滴は$1 m^3$あたり約何gか。もっとも近いものを，㋐～㋓から１つ選びなさい。思

㋐ 約7g　㋑ 約9g　㋒ 約16g　㋓ 約25g

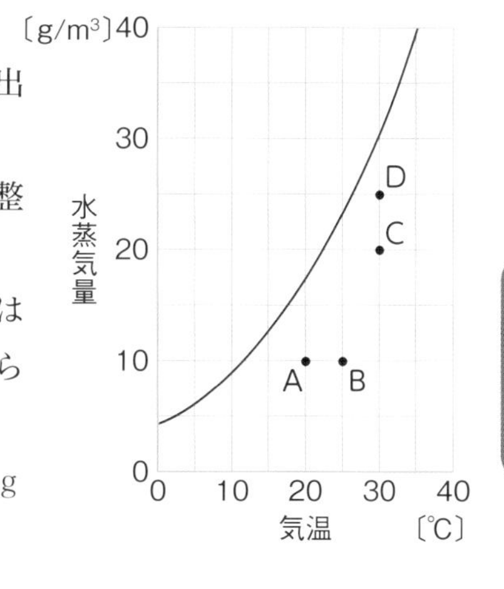

❹ 地球上の水は，そのすがたを変えながら循環（じゅんかん）している。

14点

□(1) 地球上の水がもっとも多く存在しているのはどこか。㋐～㋓から１つ選びなさい。

㋐ 陸上　㋑ 海

㋒ 地下　㋓ 大気中

□(2) 水は水蒸気となって，海や陸地から大気中に移動する。

① 海などから水を蒸発（じょうはつ）させるのは，何のエネルギーか。

② 植物は，水を気孔（きこう）から水蒸気として放出する。このはたらきを何というか。

❶	(1) 8点		
	(2) 4点		
	(3) ① 6点	② 6点	③ 6点
❷	(1) 8点	(2) 6点	
	(3) 8点	(4) 5点	(5) 6点
❸	(1) 5点	(2) 5点	(3) 8点
	(4) 5点		
❹	(1) 4点	(2) ① 5点	② 5点

定期テスト予報 雲のでき方や気温と飽和水蒸気の関係などがよく出題されます。
湿度や露点，出てくる水蒸気の量の求め方などをおさえておきましょう。

ぴたトレ 1 要点チェック

3章　天気の変化と大気の動き(1)

時間 10分　解答 p.12

（　）と□にあてはまる語句を答えよう。

1 風がふくしくみ

教科書 p.96～98 ▶▶1

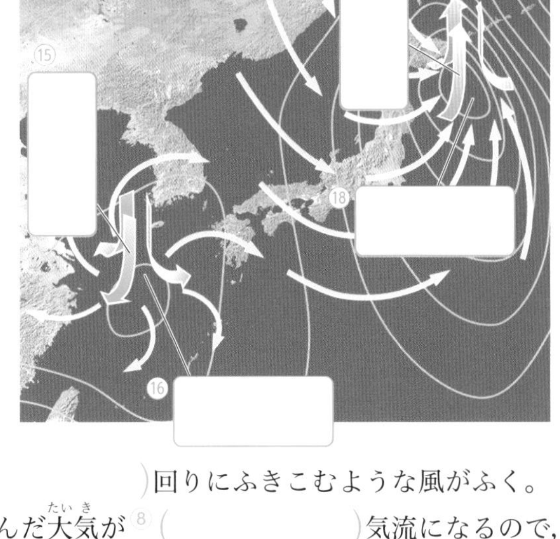

□(1) 気圧が等しいところを結んだ曲線を①(　　　　)といい，気圧の分布のようすを②(　　　　)という。

□(2) 等圧線(とうあつせん)が丸く閉(と)じていて，まわりより気圧が高いところを③(　　　　)，低いところを④(　　　　)という。

□(3) 気圧配置(きあつはいち)を表した地図に，各地の天気や風などの記録を，天気図記号を用いて記入したものを⑤(　　　　)という。

□(4) 北半球の高気圧(こうきあつ)のまわりでは中心から⑥(　　　　)回りにふき出すような風がふく。

□(5) 低気圧(ていきあつ)のまわりでは中心に向かって⑦(　　　　)回りにふきこむような風がふく。

□(6) 低気圧の中心付近では，まわりからふきこんだ大気(たいき)が⑧(　　　　)気流になるので，雲が発生し⑨(　　　　)，天気は⑩(　　　　)や雨になりやすい。

□(7) 高気圧の中心付近では，ふき出した大気を補(おぎな)うように⑪(　　　　)気流が生じるため，雲が発生し⑫(　　　　)，天気は⑬(　　　　)になることが多い。

□(8) 等圧線の間隔(かんかく)がせまいところほど，風が⑭(　　　　)なる。

□(9) 図の⑮～⑱

2 低気圧や高気圧の移動と天気の変化

教科書 p.99～102 ▶▶2

□(1) 日本付近の低気圧や高気圧は，およそ①(　　　　)から②(　　　　)へと移動することが多い。

□(2) 日本付近の天気は，③(　　　　)のほうから変わっていくことが多い。

要点

- 下降(かこう)気流のある高気圧から上昇(じょうしょう)気流のある低気圧に向かって，風がふく。
- 日本付近の低気圧や高気圧は西から東へと移動し，天気も西から変わる。

3章　天気の変化と大気の動き(1)

時間 15分　解答 p.13

1 図は，日本付近の気圧のようすを表したものである。 ▸▸ 1

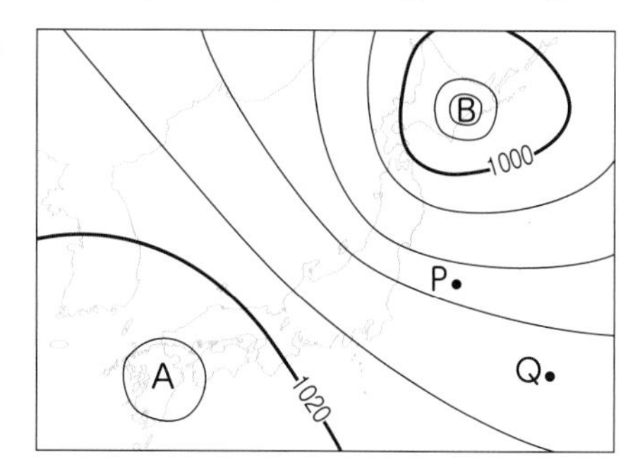

□(1) 図の曲線は，気圧が等しいところをなめらかに結んだものである。

① この曲線を何というか。(　　　　)

② この曲線は何 hPa ごとに引かれているか。(　　　　)

③ この曲線が表す，気圧の分布のようすを何というか。(　　　　)

□(2) A，Bは，それぞれ低気圧，高気圧のどちらを表しているか。

A(　　　　)　B(　　　　)

□(3) 雲が発生しやすいのは，A，Bのどちらか。(　　　　)

□(4) 風が強いと考えられるのは，P，Qのどちらの地点か。(　　　　)

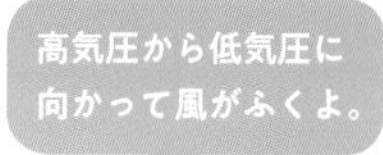

□(5) A，B付近の大気(たいき)の動きとしてそれぞれ適当なものを，ⓐ～ⓓから1つずつ選びなさい。

A(　　　　)　B(　　　　)

ⓐ
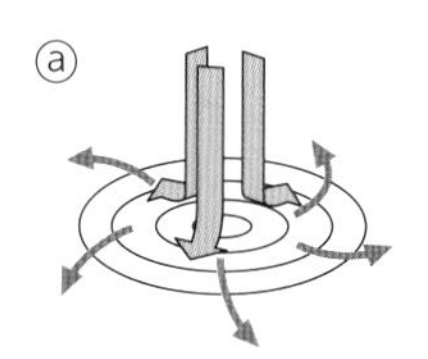

ⓑ
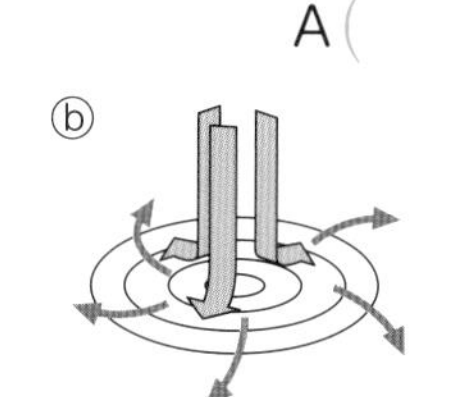

ⓒ
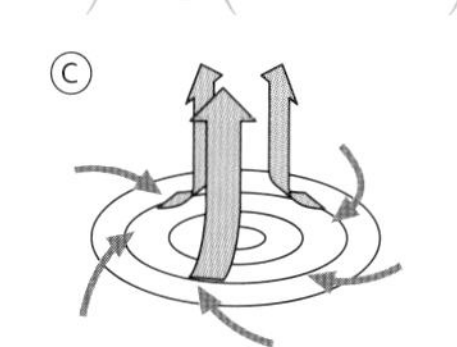

ⓓ
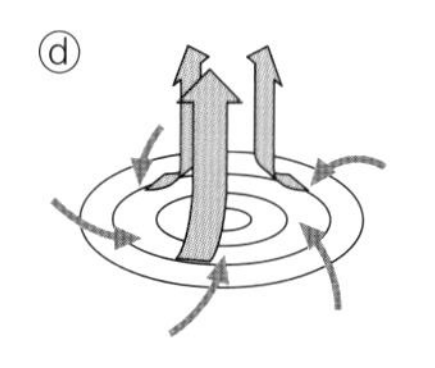

2 図は，連続した3日間の24時間ごとの天気図を表している。 ▸▸ 2

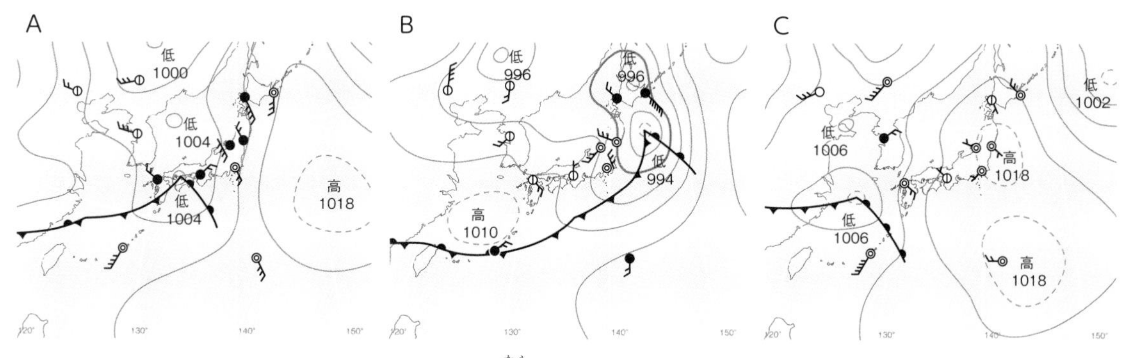

□(1) A～Cを日付がはやいものから順に並(なら)べなさい。(　　　→　　　→　　　)

□(2) 記述 低気圧が近づくと，どのような天気になりやすいといえるか。

(　　　　　　　　　　)

ヒント 1 (3) 上昇(じょうしょう)気流があるところでは雲が生じやすい。

ミスに注意 2 (2) 「天気がよい」「天気が悪い」ではなく，具体的な天気をあげて説明する。

3章　天気の変化と大気の動き(2)

時間 10分　解答 p.13

(　)と□にあてはまる語句を答えよう。

1 気団と前線

教科書 p.102 

□(1) 大陸や海洋などの影響を受けてできる，気温や湿度などの性質が一様で大規模な大気のかたまりを①(　　　)という。

□(2) 冬になると，冷えた大陸上に，冷たくて②(　　　)した気団ができる。

□(3) 夏になると，日本列島の南の海上に，あたたかくて③(　　　)気団ができる。

□(4) 冷たい気団の寒気とあたたかい気団の暖気が接すると，気団の間に④(　　　)とよばれる境界面ができる。

□(5) 前線面が地面と交わってできる線を⑤(　　　)という。

□(6) 図の⑥～⑨

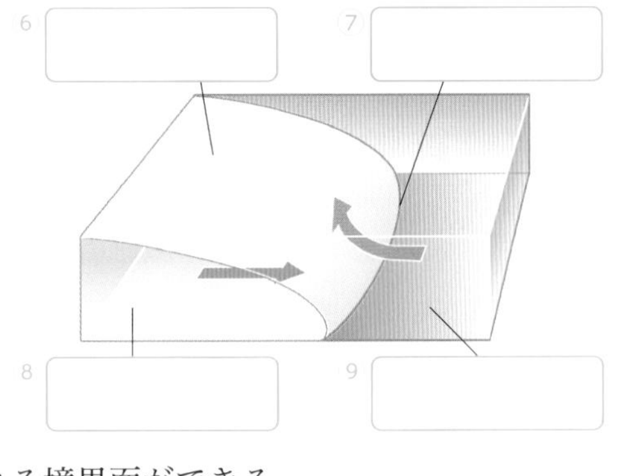

2 日本付近の低気圧と前線

教科書 p.103～105 

□(1) 寒気と暖気の勢力が同じぐらいのときにできる，あまり動かず，ほとんど同じ場所に停滞する前線を①(　　　)という。

□(2) 寒気が暖気を押し上げながら進む前線を②(　　　)という。

□(3) 暖気が寒気の上にはい上がって進む前線を③(　　　)という。

□(4) 日本付近の低気圧の西側には④(　　　)前線，東側には⑤(　　　)前線ができることが多く，このような中緯度で発生する低気圧を⑥(　　　)という。

□(5) 寒冷前線の進み方は温暖前線よりも⑦(　　　)ことが多いため，寒冷前線は温暖前線に追いつき，⑧(　　　)前線ができる。この前線ができると，地表付近は⑨(　　　)におおわれ，低気圧は消滅してしまうことが多い。

□(6) 図の⑩～⑬

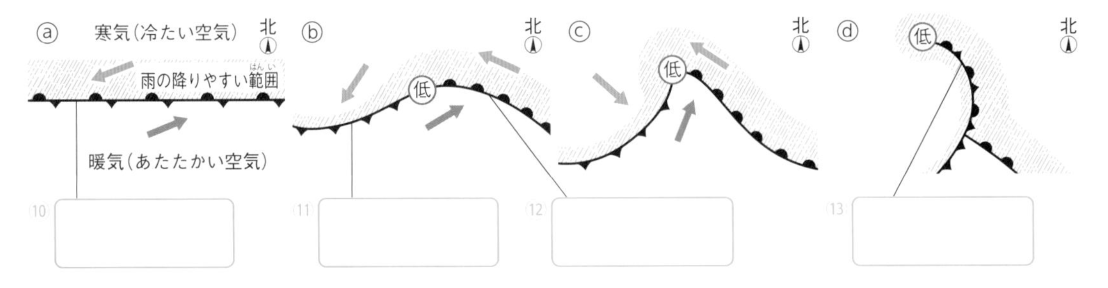

要点

- ●前線面が地面と交わってできる線を前線という。
- ●温帯低気圧の西側に寒冷前線，東側に温暖前線ができることが多い。

3章　天気の変化と大気の動き(2)

時間 15分　解答 p.13

❶ 図は，性質の異(こと)なる２つの気団A，Bが面Pで接しているようすを表したものである。 ▸▸1

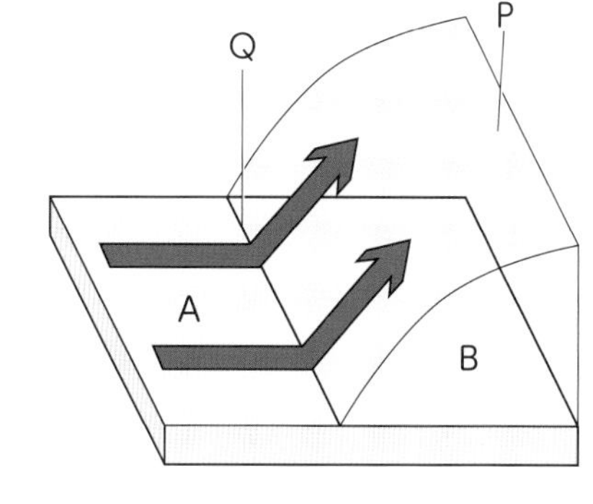

□(1) 気団A，Bは，それぞれ寒気，暖気(だんき)のどちらを表しているか。

A(　　　　) B(　　　　)

□(2) 気団A，Bの境界面Pと，面Pが地面と交わってできる線Qをそれぞれ何というか。

P(　　　　) Q(　　　　)

□(3) 面Pでは，上昇(じょうしょう)気流，下降(かこう)気流のどちらが生じるか。

(　　　　)

□(4) 記述 地表付近での天気の変化は，線Qの付近で起こりやすい。その理由を，「雲」という語句を使って簡潔に書きなさい。

(　　　　　　　　　　)

❷ 図は，日本付近を通過する低気圧を模式的(もしきてき)に表したもので，Aは低気圧の中心，AB，ACは２種類の前線を表したものである。 ▸▸2

□(1) このように，中緯度(ちゅういど)で発生する低気圧を何というか。

(　　　　)

□(2) ①前線 AB，②前線 AC をそれぞれ何というか。

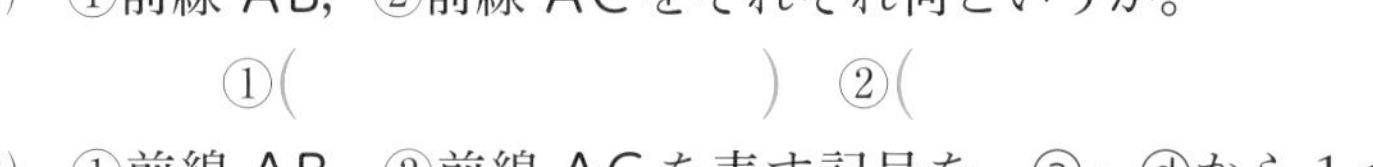

①(　　　　) ②(　　　　)

□(3) ①前線 AB，②前線 AC を表す記号を，ⓐ〜ⓓから１つずつ選びなさい。　①(　　) ②(　　)

ⓐ 　ⓑ 　ⓒ 　ⓓ 

□(4) XYでの地表に垂直(すいちょく)な断面を南から見たときのようすとして適当なものを，ⓐ〜ⓓから１つ選びなさい。　(　　)

ⓐ 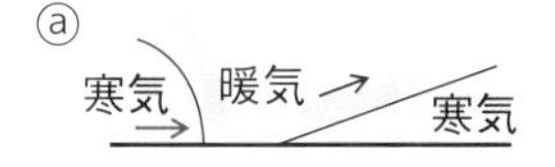

ⓑ 

ⓒ 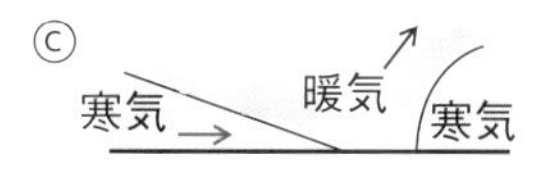

ⓓ 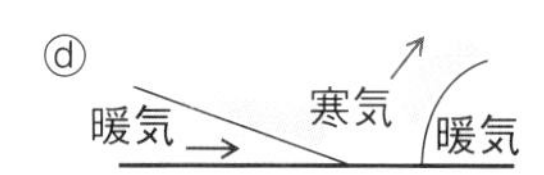

□(5) 前線 AB が前線 AC に追いついたときにできる前線を何というか。　(　　　　)

□(6) (5)の前線の記号として適切なものを，(3)のⓐ〜ⓓから１つ選びなさい。　(　　)

□(7) (5)の前線ができると，地表は寒気，暖気のどちらにおおわれるか。　(　　)

□(8) 寒気と暖気の勢力が同じぐらいのときにできる前線を何というか。　(　　　　)

ミスに注意 ❶(4) 理由を問われているので，文末は「〜から。」や「〜ため。」とする。

ヒント ❷(4) 寒気のほうが暖気よりも密度(みつど)が大きいので，重い。

3章　天気の変化と大気の動き(3)

時間 10分　解答 p.13

(　)と［　］にあてはまる語句を答えよう。

1 前線の通過と天気の変化

教科書 p.106

□(1) 寒冷前線付近では，①(　　　)が②(　　　)を押し上げるように進むため，前線面の傾きが③(　　　)で，④(　　　)上昇気流を生じる。

□(2) 寒冷前線付近では，⑤(　　　)雲が発達して，強いにわか雨になることが多い。

□(3) (2)では，雲のできる範囲は⑥(　　　)，雨の降る時間は⑦(　　　)。

□(4) 寒冷前線の通過後は，⑧(　　　)よりの風に変わり，気温が急に⑨(　　　)。

□(5) 温暖前線付近では，⑩(　　　)が⑪(　　　)の上にはい上がるように進むので，前線面の傾きが⑫(　　　)で，⑬(　　　)範囲に雲ができる。そのため雨の降る範囲は⑭(　　　)，降る時間も⑮(　　　)。

□(6) 温暖前線の通過後は，⑯(　　　)よりの風に変わり，気温が⑰(　　　)。

□(7) 図の⑱〜⑳

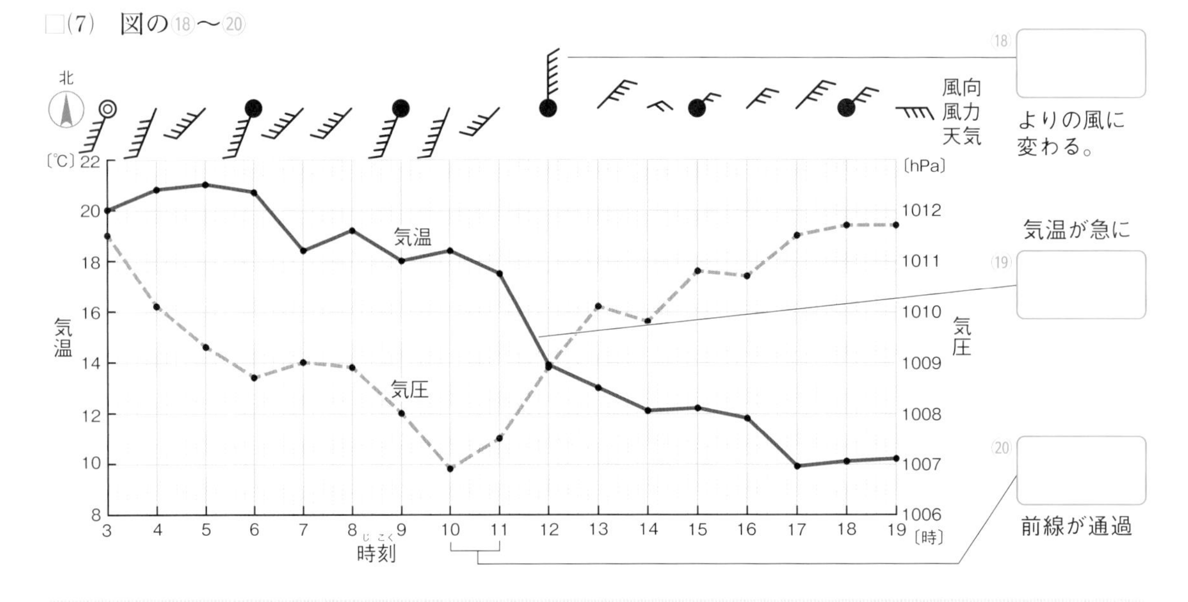

2 地球規模での大気の動き

教科書 p.107〜108

□(1) 日本付近の高気圧のように，西から東へ移動する高気圧を①(　　　)という。

□(2) 日本付近の低気圧や移動性高気圧が西から東へ移動するのは，1年中，上空に西よりの風がふいていて，この風に押し流されるためである。この風を②(　　　)という。

□(3) 地球規模で見ると，地表が太陽から受ける光の量は，同じ面積では③(　　　)緯度地方のほうが多くなる。そのため，④(　　　)によって気温のちがいが生じ，地球規模での大気の動きが起こる原因になる。

要点
- 寒冷前線の通過後は気温が下がり，温暖前線の通過後は気温が上がる。
- 偏西風によって，温帯低気圧や移動性高気圧は西から東へ移動する。

3章　天気の変化と大気の動き(3)

時間 15分　解答 p.14

◆1 図は，ある前線が通過したときの天気や気温，気圧の変化を表したものである。 ▸▸ 1

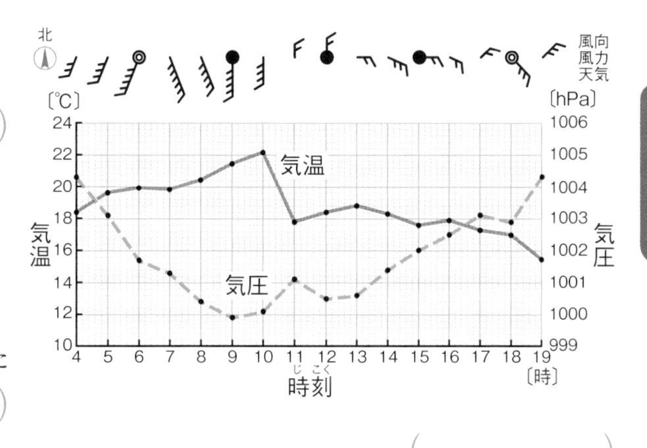

□(1) 気温が急に下がったのは何時ごろか。㋐〜㋓から1つ選びなさい。 (　　　)

㋐　8時〜9時
㋑　9時〜10時
㋒　10時〜11時
㋓　11時〜12時

□(2) (1)のとき，風向はどのように変化したか。 (　　　)

□(3) (1)のときに通過した前線は何か。 (　　　)

□(4) (3)の前線付近で発達する雲は何か。 (　　　)

□(5) (3)の前線の通過にともなって降(ふ)る雨について適当なものを，㋐〜㋓から1つ選びなさい。 (　　　)

㋐　雷(かみなり)や突風(とっぷう)をともなう強い雨が短い時間降る。
㋑　雷や突風をともなう強い雨が長い時間降る。
㋒　弱い雨が短い時間降る。
㋓　弱い雨が長い時間降る。

雲ができる範囲(はんい)はせまいね。

◆2 図は，地球規模(きぼ)での大気(たいき)の動きを表している。 ▸▸ 2

□(1) 中緯度帯(ちゅういどたい)の上空にふいている風Xを何というか。 (　　　)

□(2) ①，②では，それぞれ上昇気流(じょうしょう)，下降気流(かこう)のどちらが生じているか。

①　赤道付近 (　　　)
②　極付近 (　　　)

□(3) 同じ面積の地表が太陽から受ける光の量は，低緯度地方，高緯度地方のどちらが多くなっているか。 (　　　)

□(4) 地球規模の大気の動きに関係しているのは，何のエネルギーか。 (　　　)

上空の風
地表付近の風
北極
高緯度
中緯度
低緯度
赤道
低緯度
中緯度
高緯度
南極
X
X

ヒント ◆2 (3) 太陽の光が当たる角度が90°に近いほど，受ける光の量が多い。

3章　天気の変化と大気の動き

❶ 図は，ある日の日本付近の各地点の気圧と風向・風力を表したものである。　34点

□(1) 作図 図1に，1020 hPaの等圧線をかき加えなさい。技

□(2) 高気圧を表しているのは，A，Bのどちらか。

□(3) a地点，b地点の風向，風力を，記号を使って表すと，それぞれどのようになるか。図2のⓐ～ⓓから1つずつ選びなさい。思

□(4) 高気圧，低気圧と天気について適当なものを，㋐～㋓から1つ選びなさい。

㋐　高気圧の中心付近には上昇（じょうしょう）気流が生じるため，くもりや雨になりやすい。

㋑　高気圧の中心付近には下降（かこう）気流が生じるため，くもりや雨になりやすい。

㋒　低気圧の中心付近には上昇気流が生じるため，くもりや雨になりやすい。

㋓　低気圧の中心付近には下降気流が生じるため，くもりや雨になりやすい。

□(5) 天気図上の等圧線の間隔（かんかく）と風の強さの間には，どのような関係があるか。□にあてはまる語句を書きなさい。

等圧線の間隔がせまいほど，一定区間における気圧の差が ① なり，風が ② なる。

図1

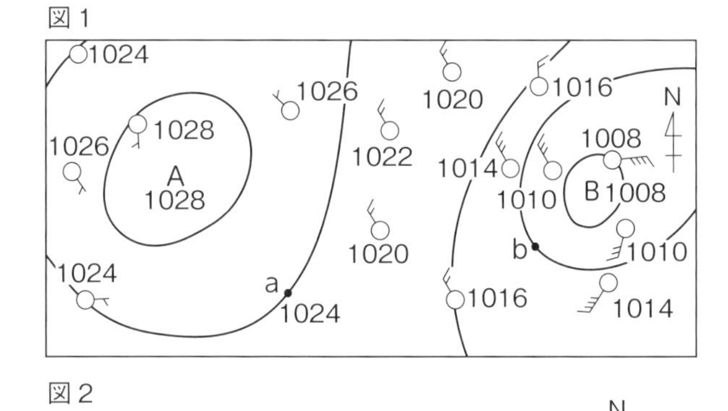

図2

ⓐ　ⓑ　ⓒ　ⓓ　N

❷ A～Cは，連続した3日間の24時間ごとの天気図を表している。　35点

A

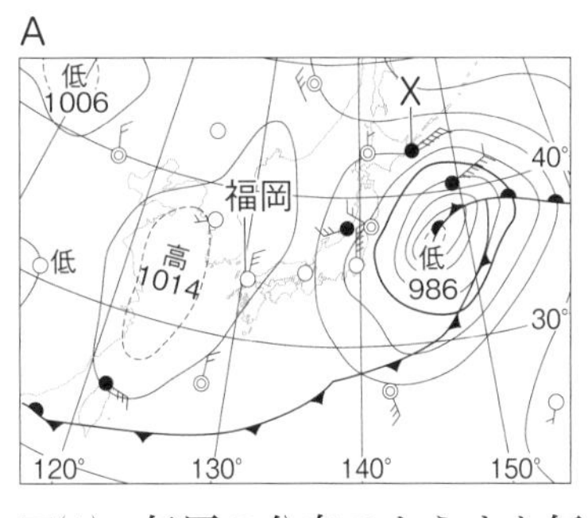

B

C

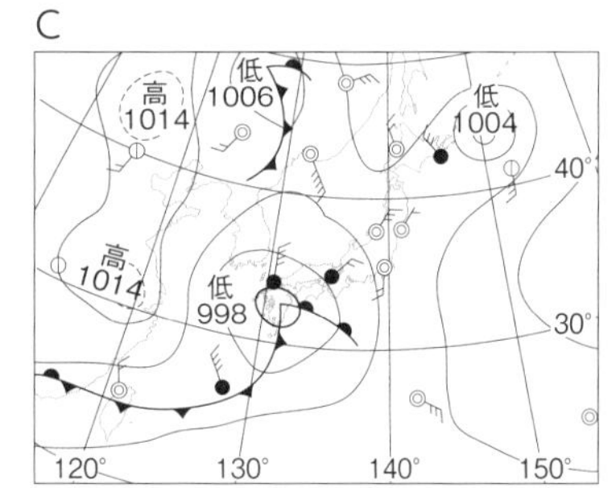

□(1) 気圧の分布のようすを何というか。

□(2) X地点の気圧は何 hPa か。技

□(3) A～Cの福岡（ふくおか）の天気をそれぞれ答えなさい。

□(4) A～Cを日付のはやいものから順に並（なら）べなさい。思

□(5) 記述 日本付近で低気圧が移動する理由を，簡潔に書きなさい。

成績評価の観点　技…観察・実験の技能　思…科学的な思考・判断・表現

❸ 図は，日本付近を通過する低気圧と前線を表したものである。 31点

□(1) 図のX，Yをそれぞれ何というか。

□(2) 図の低気圧を何というか。

□(3) 図の低気圧は，この後どの向きに進んでいくと考えられるか。㋐～㋓から1つ選びなさい。

㋐ 東　㋑ 西　㋒ 南　㋓ 北

□(4) 図の低気圧を線分AEで垂直（すいちょく）方向に切り，その断面を南側から見ると，どのようになるか。ⓐ～ⓓから1つ選びなさい。

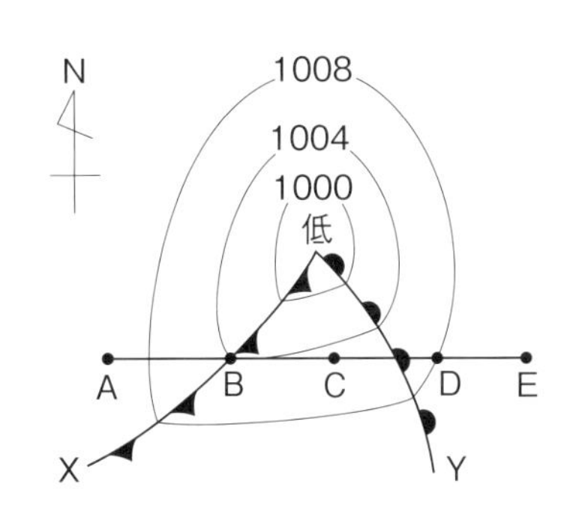

ⓐ
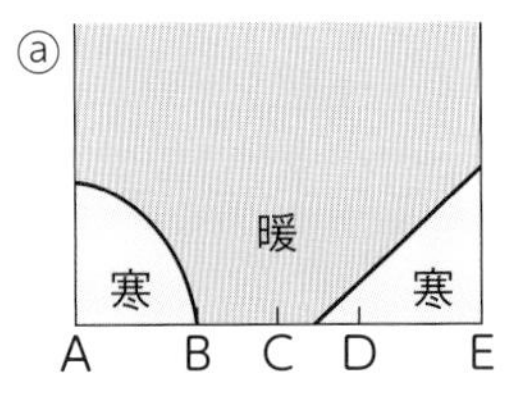

ⓑ
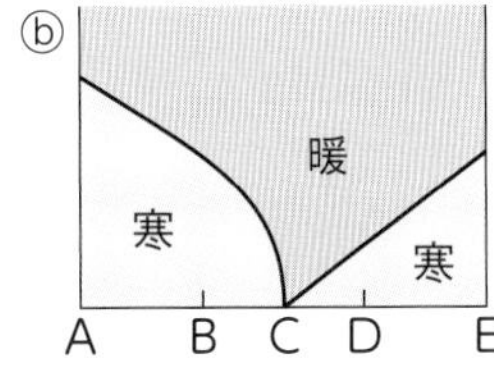

ⓒ
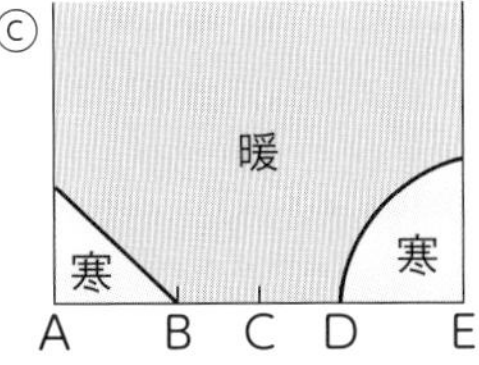

ⓓ
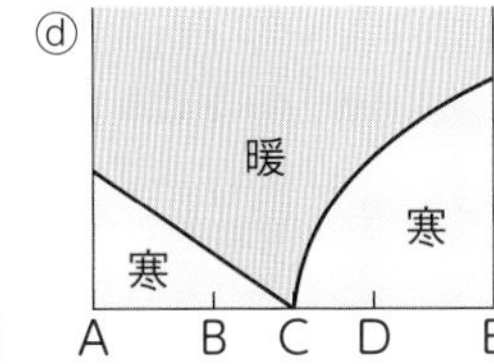

□(5) 図で，地表付近にはどのように風がふいているか。ⓐ～ⓓから1つ選びなさい。

ⓐ
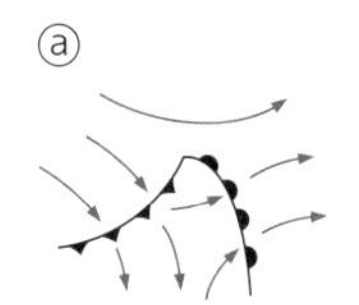

ⓑ
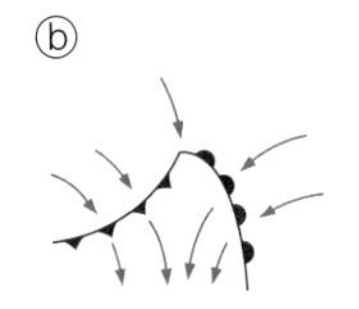

ⓒ
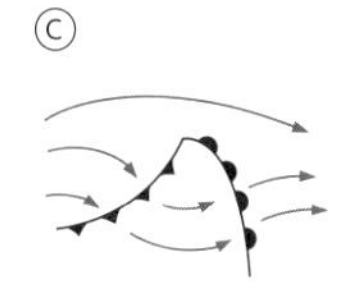

ⓓ
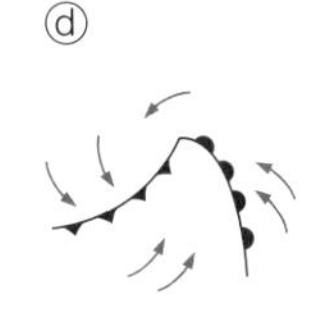

□(6) 強い雨が降（ふ）り，突風（とっぷう）がふいていると考えられるのは，A～Eのどの地点の付近か。思

□(7) この後，前線X，Yはどうなるか。㋐～㋓から1つ選びなさい。

㋐ XがYに追いつき，停滞前線（ていたいぜんせん）になる。　㋑ XがYに追いつき，閉塞前線（へいそくぜんせん）になる。

㋒ YがXに追いつき，停滞前線になる。　㋓ YがXに追いつき，閉塞前線になる。

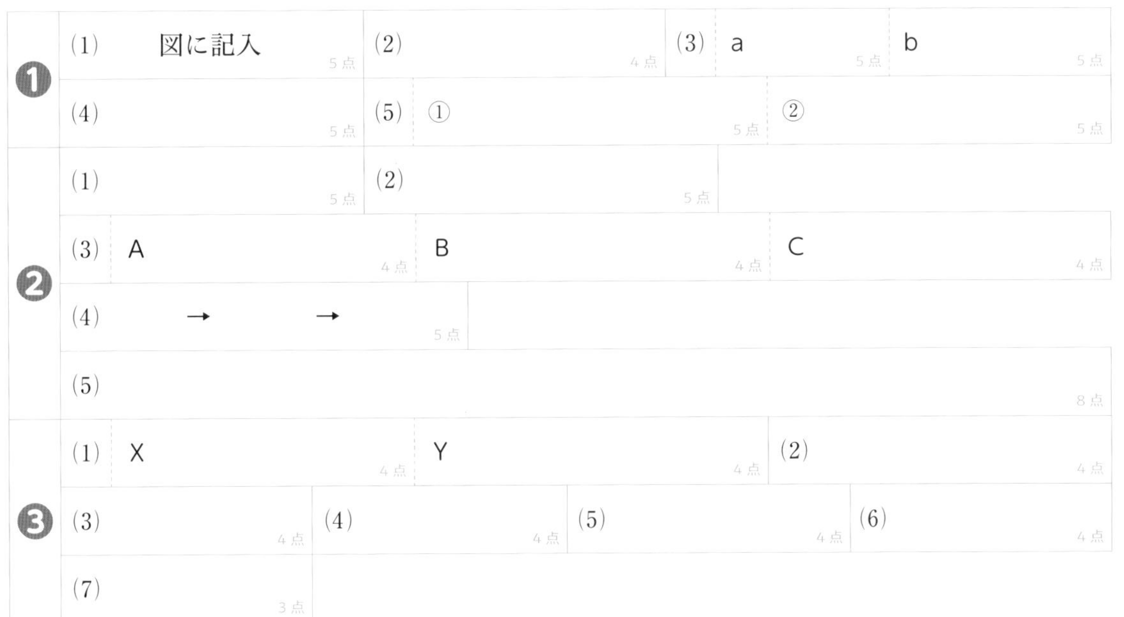

❶	(1) 図に記入 5点	(2) 4点	(3) a 5点	b 5点
	(4) 5点	(5) ① 5点	② 5点	
❷	(1) 5点	(2) 5点		
	(3) A 4点	B 4点	C 4点	
	(4) → → 5点			
	(5) 8点			
❸	(1) X 4点	Y 4点	(2) 4点	
	(3) 4点	(4) 4点	(5) 4点	(6) 4点
	(7) 3点			

定期テスト予報　高気圧・低気圧と天気の関係や前線の通過などがよく出ます。
また，連続した天気図から天気の変化などを読みとれるようにしておきましょう。

ぴたトレ 1 要点チェック

4章　大気の動きと日本の四季(1)

時間 10分　解答 p.14

(　)と□にあてはまる語句を答えよう。

1 陸と海の間の大気の動き

教科書 p.111～112 ▶▶1

□(1) 陸は海よりもあたたまり①(　　　)，冷め②(　　　)。

□(2) 海風は，陸上のほうの気温が高くなり，大気の密度が③(　　　)なることで④(　　　)気流が生じ，地表の気圧が⑤(　　　)なることでふく。

□(3) 陸風は，陸上のほうの気温が低くなり，大気の密度が⑥(　　　)なることで⑦(　　　)気流が生じ，地表の気圧が⑧(　　　)なることでふく。

□(4) 図の⑨～⑩

昼
上昇気流
下降気流
⑨
陸
海
高い　温度　低い
低い　気圧　高い

夜
下降気流
上昇気流
⑩
陸
海
低い　温度　高い
高い　気圧　低い

□(5) ⑪(　　　)になると，シベリア付近に⑫(　　　)高気圧が現れ，高気圧から冷たい風がふき出し，日本を通って海洋に向かう。

□(6) ⑬(　　　)になると，太平洋上に⑭(　　　)高気圧が現れ，海洋から日本を通って大陸に向かうあたたかい風がふく。

□(7) 季節に特徴的な風を⑮(　　　)という。

2 日本付近で発達する気団

教科書 p.113 ▶▶2

□(1) 日本付近では，冬になると大陸に①(　　　)高気圧が発達し，冷たく乾燥した②(　　　)気団が形成される。

□(2) 日本付近では，夏になると太平洋に③(　　　)高気圧が発達し，あたたかく湿った④(　　　)気団が形成される。

□(3) 図の⑤～⑦

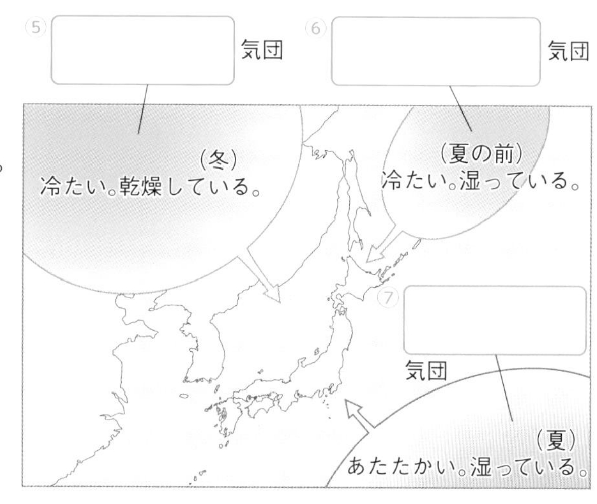

要点
●昼間，海から陸へ向かう風を海風，夜，陸から海へ向かう風を陸風という。
●冬にはシベリア気団，夏には小笠原気団が形成される。

4章　大気の動きと日本の四季(1)

時間 15分　解答 p.14

❶ 図は，晴れた日の地面と海面の温度変化を表したものである。 ▶▶ 1

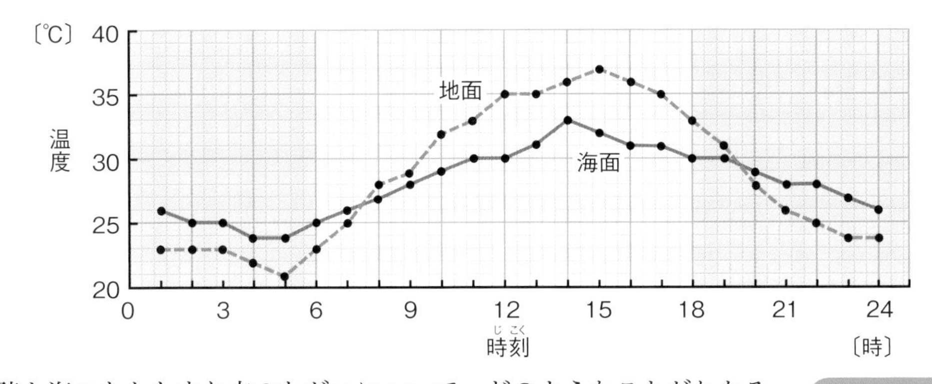

□(1) 陸と海のあたたまり方のちがいについて，どのようなことがわかるか。㋐～㋓から1つ選びなさい。（　　）

㋐ 陸のほうがあたたまりやすく冷めやすい。

㋑ 陸のほうがあたたまりやすく冷めにくい。

㋒ 陸のほうがあたたまりにくく冷めやすい。

㋓ 陸のほうがあたたまりにくく冷めにくい。

昼は地面，夜は海面のほうが温度が高いね。

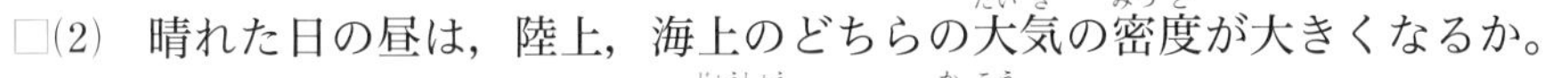

□(2) 晴れた日の昼は，陸上，海上のどちらの大気の密度が大きくなるか。（　　）

□(3) 晴れた日の昼には，陸上に上昇気流，下降気流のどちらが生じるか。（　　）

□(4) 晴れた日の昼，海岸付近では，陸と海のどちらからどちらに向かって風がふくか。（　　から　　）

□(5) (4)の風を何というか。（　　）

❷ A～Cは，日本付近で発達する気団を表したものである。 ▶▶ 2

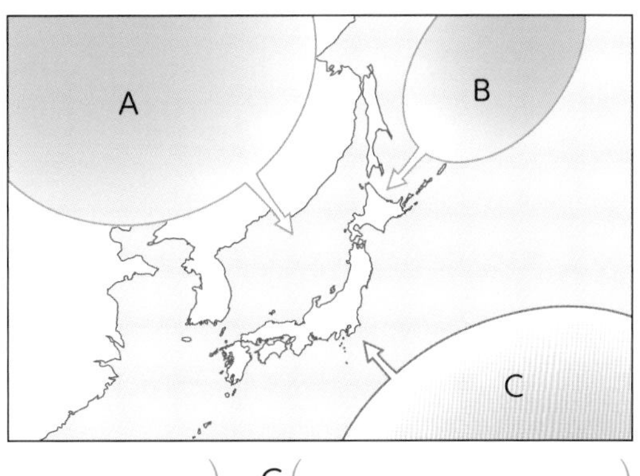

□(1) もっともあたたかい気団は，A～Cのどれか。（　　）

□(2) もっとも乾燥した気団は，A～Cのどれか。（　　）

□(3) ①冬，②夏に形成される気団は，それぞれA～Cのどれか。①（　　）②（　　）

□(4) A～Cの気団をそれぞれ何というか。

A（　　）　B（　　）　C（　　）

ヒント ❶ (2) 気温が高いほど，空気が膨張(ぼうちょう)するため，密度が小さくなる。

ぴたトレ 1
要点チェック

4章　大気の動きと日本の四季(2)

時間 10分　解答 p.15

（　）と［　］にあてはまる語句を答えよう。

1 日本の四季の天気

教科書 p.113～118

□(1) 冬のシベリアではシベリア高気圧が発達し，冷たくて乾燥した[1]（　　　　）気団ができる。典型的な冬型の気圧配置は[2]（　　　　）である。シベリア高気圧からふき出した風は[3]（　　　　）の季節風になる。

□(2) シベリア高気圧からふき出す大気は冷たく乾燥しているが，あたたかい海流の流れる日本海を通過する間に多量の[4]（　　　　）をふくむようになり，すじ状の雲をつくる。大気が日本列島の山脈にぶつかって上昇すると，雲はさらに発達して日本海側の各地に[5]（　　　　）を降らせる。山脈をこえ，冷たく[6]（　　　　）した風になってふき下りるため，太平洋側の各地では乾燥し，天気は[7]（　　　　）であることが多い。

□(3) 3月下旬になると，[8]（　　　　）風の影響を受け，日本付近を移動性高気圧と低気圧が交互に通過するようになり，4～7日の周期で天気が変わることが多い。

□(4) 6月ごろには，日本付近で[9]（　　　　）気団と小笠原気団がぶつかり合い，間に[10]（　　　　）前線（梅雨前線）が発生し，雨の多いぐずついた天気が続く。

□(5) 夏になると，[11]（　　　　）高気圧が発達し，あたたかく湿った[12]（　　　　）気団が南から大きくはり出してきて，[13]（　　　　）の気圧配置になりやすい。

□(6) 熱帯地方の[14]（　　　　）上で発生した熱帯低気圧のうち，最大風速が 17.2 m/s 以上に発達したものを台風という。台風は，前線を[15]（　　　　）。

□(7) 図の[16]～[18]

冬の天気

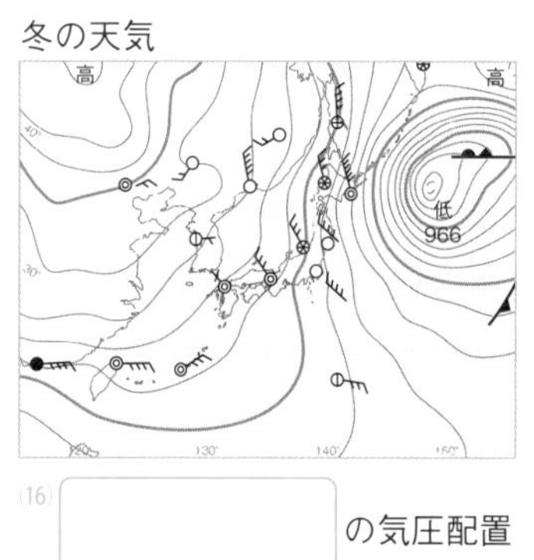

[16]［　　　　］の気圧配置

夏の天気

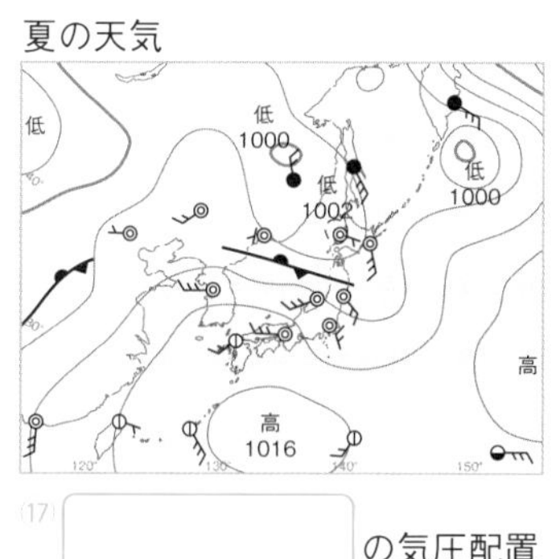

[17]［　　　　］の気圧配置

梅雨・秋雨

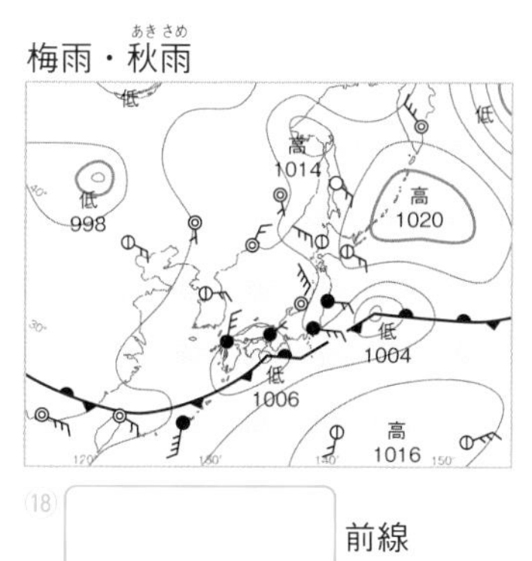

[18]［　　　　］前線

2 天気の変化がもたらす恵みと災害

教科書 p.122～124

□(1) 台風は，強風による被害だけでなく，海面が異常に上昇する[1]（　　　　）や河川の氾濫，土砂災害などさまざまな災害をもたらす。

□(2) 積乱雲の急激な発達は短時間にせまい範囲に多量の雨を降らせる[2]（　　　　）を生じて被害をおよぼしたり，突風による災害を起こしたりすることがある。

要点
- 冬型の気圧配置は**西高東低**，夏型の気圧配置は**南高北低**である。
- **オホーツク海気団**と**小笠原気団**がぶつかり合って，**停滞前線**ができる。

4章　大気の動きと日本の四季(2)

時間 15分　解答 p.15

1 図は，冬の季節風と日本の天気のようすを表したものである。 ▸▸ 1

□(1) 冬の季節風の風向を答えなさい。（　　　）

□(2) 冬に大陸で発達する高気圧は何か。（　　　）

□(3) 冬の季節風からふき出される大気（たいき）は，もともとどのような性質があるか。㋐～㋓から1つ選びなさい。（　　　）

㋐ あたたかく乾燥（かんそう）している。　㋑ あたたかく湿（しめ）っている。

㋒ 冷たく乾燥している。　㋓ 冷たく湿っている。

□(4) 記述 冬の季節風が日本海側に大雪を降（ふ）らせる理由を，「日本海」「山脈」という語句を使って簡潔に書きなさい。

（　　　　　　　　　　　　　　　　）

2 図は，いろいろな季節の天気図である。 ▸▸ 1 2

A

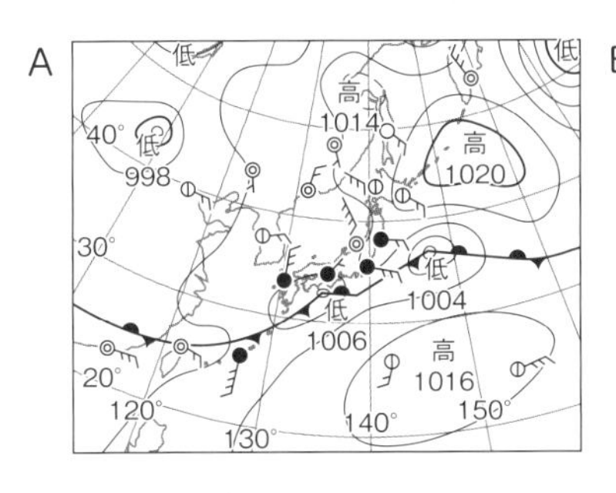

B

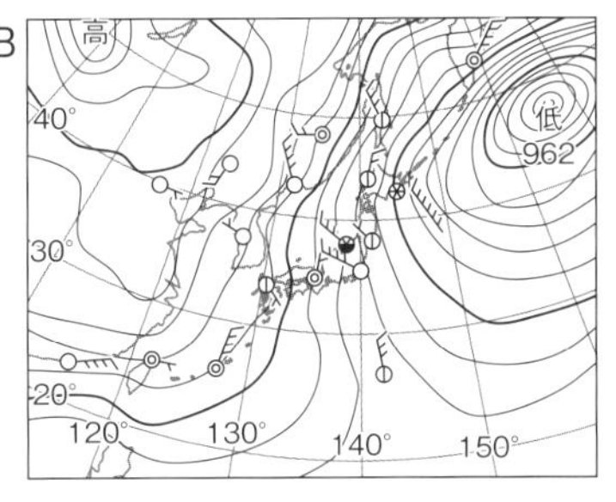

C

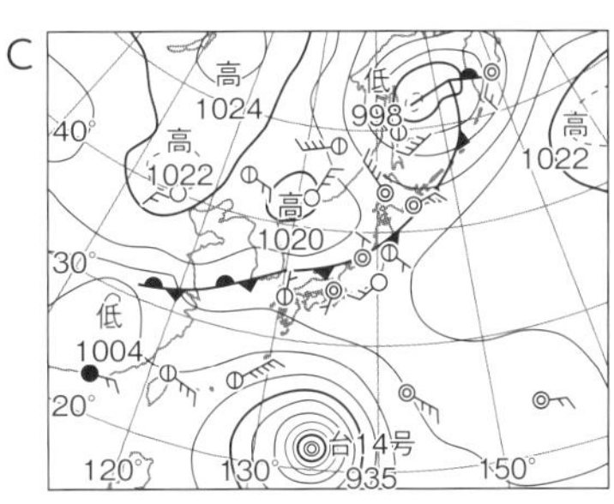

□(1) Aは梅雨（ばいう）の時期の天気図である。①東西に長くのびた前線を何というか。㋐～㋓から1つ選びなさい。また，②前線の北側と南側にある気団の名前をそれぞれ答えなさい。

①（　　　）②北側（　　　）南側（　　　）

㋐ 寒冷前線　㋑ 温暖（おんだん）前線　㋒ 停滞（ていたい）前線　㋓ 閉塞（へいそく）前線

□(2) Bのような気圧配置を何というか。（　　　）

□(3) Bの季節は，春・夏・秋・冬のいつか。（　　　）

□(4) Cの天気図には，台風が見られる。

① 台風付近に分布している雲は何か。（　　　）

② 台風による災害を，㋐～㋓からすべて選びなさい。（　　　）

㋐ 津波（つなみ）　㋑ 高潮（たかしお）　㋒ 干（かん）ばつ　㋓ 土砂（どしゃ）災害

ミスに注意 1 (4) 理由が問われているので，「～から。」「～ため。」のように答える。

ヒント 2 (4) 鉛直（えんちょく）方向に発達する雲が分布する。

4章　大気の動きと日本の四季

時間30分　合格70点　／100点　解答 p.15

❶ 図は，晴れた日の海岸付近における風のふき方を表したものである。　24点

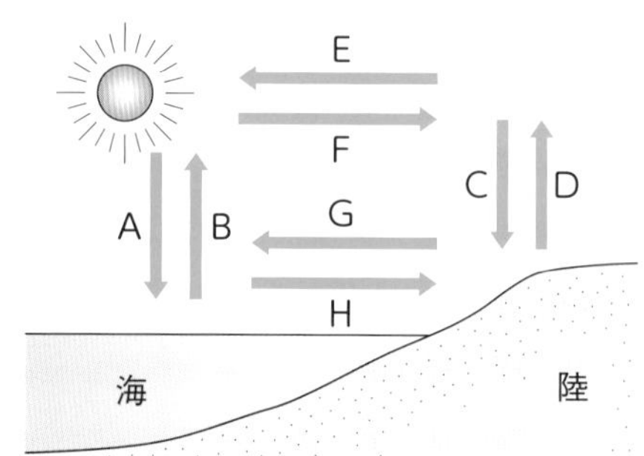

□(1) 次の文は，海風（うみかぜ）と陸風（りくかぜ）がふく理由を説明したものである。　にあてはまる語句を書きなさい。
　陸は海に比べてあたたまり ① ，冷め ② ので，陸上と海上で温度差が生じて風がふく。

□(2) 昼は，海上，陸上のどちらの気温が高くなるか。

□(3) 昼に生じる空気の動きを，A～Dからすべて選びなさい。

□(4) 昼に気圧が高くなるのは，海上，陸上のどちらか。

□(5) 昼に海岸付近にふく風の向きを，E～Hからすべて選びなさい。

よく出る ❷ A～Dは，いろいろな季節の日本付近の気圧配置を表したものである。　50点

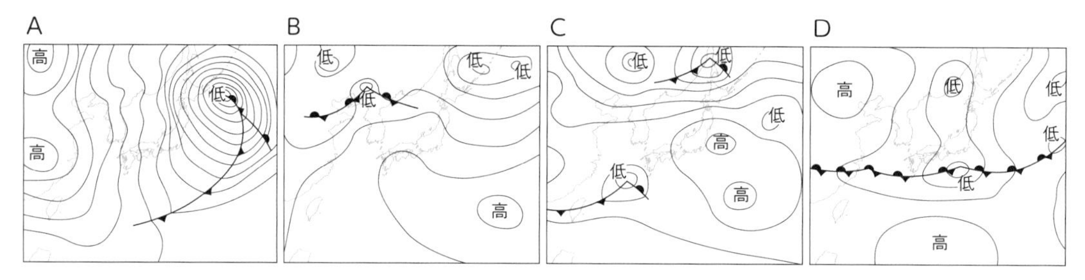

□(1) A，Bのような気圧配置をそれぞれ何というか。

□(2) A，Bの気圧配置のときにふく季節風の風向を，㋐～㋓から1つずつ選びなさい。
㋐ 北東　㋑ 北西　㋒ 南東　㋓ 南西

□(3) A，Bの気圧配置のときに形成されている気団を，㋐～㋒から1つずつ選びなさい。
㋐ 小笠原（おがさわら）気団　㋑ シベリア気団　㋒ オホーツク海気団

□(4) Cのような気圧配置が現れる季節は，低気圧と高気圧が日本付近を交互（こうご）に通過し，天気が周期的に変わる。
① 下線部のような高気圧を何というか。
② 高気圧や低気圧が日本付近を通過するのは，何とよばれる風の影響（えいきょう）か。

□(5) Dでは，東西方向に長くのびた前線が見られる。
① 長くのびた前線を何というか。
② このような前線が見られるのはいつか。㋐～㋓から2つ選びなさい。
㋐ 3月　㋑ 6月　㋒ 9月　㋓ 12月

③ 記述 長くのびた前線は，どのようなときにできるか。気団の名前を使って簡潔に書きなさい。思

成績評価の観点　技…観察・実験の技能　思…科学的な思考・判断・表現

❸ 図は，冬の季節風が日本付近を通過するようすを示している。　26点

□(1) 冬に発達し，シベリア気団を形成する高気圧の名前を書きなさい。

□(2) 記述 シベリア気団とは，どのような特徴(とくちょう)をもつ気団か。気団の大気(たいき)の温度と湿度(しつど)について，簡潔に書きなさい。思

□(3) 記述 Aの部分の大気は，大量の水蒸気(すいじょうき)をふくむ。その理由を簡潔に書きなさい。思

□(4) Bの部分の大気について適当なものを，㋐～㋓から1つ選びなさい。

㋐ 冷たく乾燥(かんそう)している。　㋑ 冷たく湿(しめ)っている。
㋒ あたたかく乾燥している。　㋓ あたたかく湿っている。

□(5) ⓐ，ⓑの地点の天気は，それぞれどのようになることが多いか。㋐～㋓から1つずつ選びなさい。

㋐ 雪が降(ふ)ることが多い。　㋑ 雨が降ることが多い。
㋒ 晴れて乾燥することが多い。　㋓ 晴れて湿っていることが多い。

❶	(1) ① 5点	② 5点	(2) 3点	
	(3) 4点	(4) 3点	(5) 4点	
❷	(1) A 5点	B 5点		
	(2) A 4点	B 4点	(3) A 4点	B 4点
	(4) ① 5点	② 4点		
	(5) ① 5点	② 4点		
	(5) ③ 6点			
❸	(1) 4点			
	(2) 6点			
	(3) 6点			
	(4) 4点	(5) ⓐ 3点	ⓑ 3点	

定期テスト予報 天気図を見て，日本の四季の天気の特徴を問う問題がよく出ます。
代表的な気圧配置や季節風，関係する気団などをおさえておきましょう。

ぴたトレ 1 要点チェック

1章　物質の成り立ち(1)

時間 10分　解答 p.16

(　)と□にあてはまる語句を答えよう。

1 炭酸水素ナトリウムを加熱したときの変化

教科書 p.143～148 ▸▸1

□(1) 炭酸水素ナトリウムの加熱により発生した気体は，①(　　)を白くにごらせた。
→発生した気体は，②(　　)である。

□(2) 試験管の口付近についた液体は，青色の塩化コバルト紙を③(　　)色に変えた。
→発生した液体は，④(　　)である。

□(3) 図の⑤～⑦

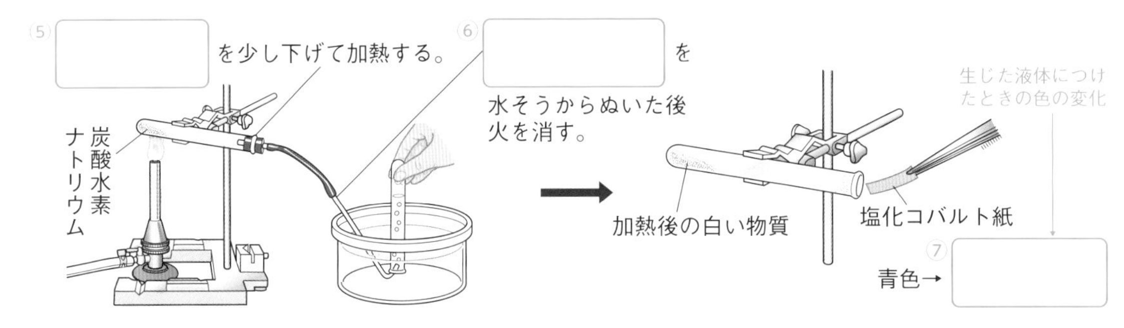

□(4) 加熱後にできた白い物質は，炭酸水素ナトリウムとは別の物質で，⑧(　　)である。→表の⑨～⑩

	炭酸水素ナトリウム	⑧(加熱後の物質)
水へのとけ方	とけ残る。	すべて⑨(　　)。
フェノールフタレイン溶液(ようえき)を加える	淡(あわ)い赤色(アルカリ性)	⑩(　　)色(より強いアルカリ性)

2 加熱によって別の物質ができる変化

教科書 p.149～150 ▸▸2

□(1) 酸化銀を加熱すると，気体が発生して白い固体が残った。→図の①～②

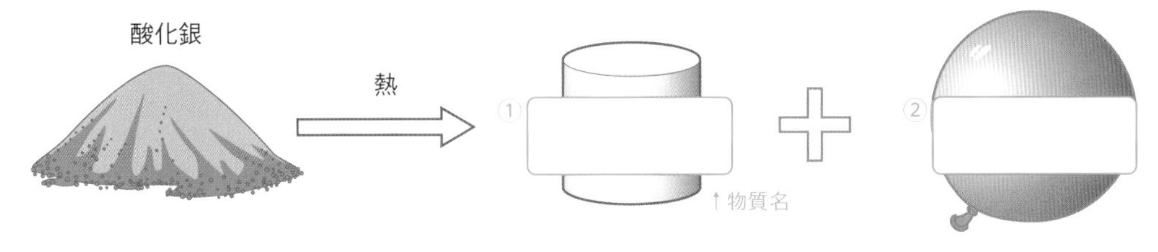

□(2) もとの物質とは性質の異(こと)なる別の物質ができる変化を③(　　)または，④(　　)という。

□(3) 1種類の物質が2種類以上の物質に分かれる化学変化(かがくへんか)を⑤(　　)という。

□(4) 加熱による分解を⑥(　　)という。

要点
- ●炭素水素ナトリウムを加熱すると炭酸ナトリウム，二酸化炭素，水ができる。
- ●酸化銀を加熱すると，銀と酸素に熱分解(ねつぶんかい)する。

1章　物質の成り立ち(1)

時間 15分　解答 p.16

1 **図のような装置で，試験管Aの炭酸水素ナトリウムを加熱し，発生した気体を試験管Bに集めた。このとき，加熱したAの口付近には，液体がついた。** ▸▸ 1

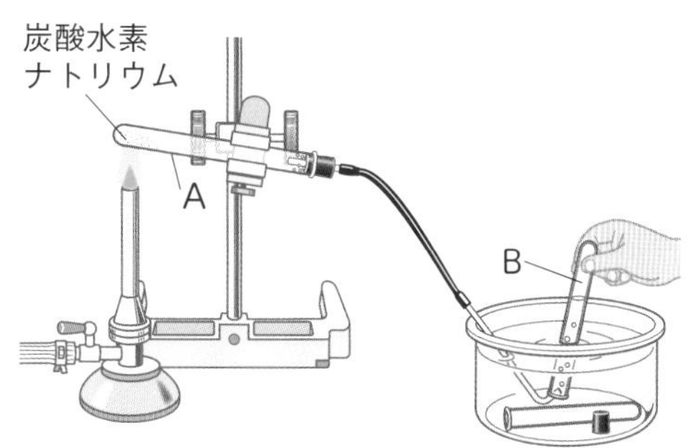

□(1) 試験管Aの口の部分を下げておくのはなぜか。㋐～㋓から1つ選びなさい。（　　）
㋐ 発生する気体の密度が空気より小さいから。
㋑ 発生する気体の密度が空気より大きいから。
㋒ 発生した気体を試験管Aの底にためるため。
㋓ 発生した液体が加熱部分に流れないようにするため。

□(2) 記述 気体を集めた試験管Bに石灰水を入れてよく振ると，どのような変化が見られるか。簡潔に書きなさい。（　　）

□(3) 試験管Aの口付近についた液体に，青色の塩化コバルト紙をつけると，塩化コバルト紙は何色に変わるか。（　　）

□(4) 加熱後，試験管Aには白い固体が残った。この固体を水にとかし，フェノールフタレイン溶液を加えると，どのような色になるか。㋐～㋒から選びなさい。（　　）
㋐ 淡い赤色　㋑ 濃い赤色　㋒ 無色

□(5) この実験では，固体の炭酸ナトリウムと液体，気体の3つの物質が生じた。生じた液体，気体の名前をそれぞれ答えなさい。　液体（　　）　気体（　　）

2 **図のように，乾いた試験管Aに酸化銀を入れて加熱し，発生した気体を試験管Bに集めた。** ▸▸ 2

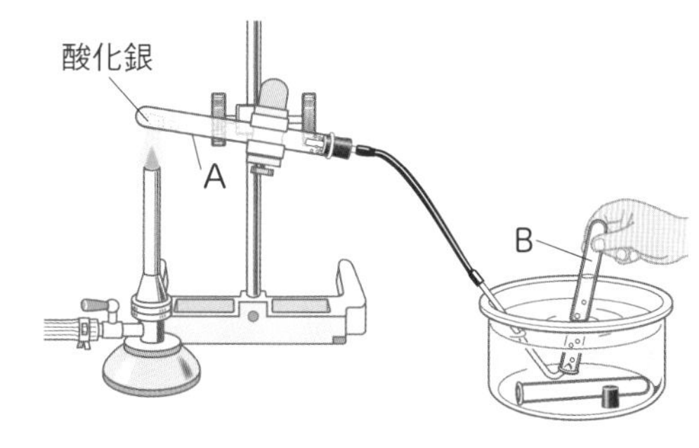

□(1) 酸化銀の色はどのように変化したか。㋐～㋓から1つ選びなさい。（　　）
㋐ 黒色→赤色　㋑ 赤色→黒色
㋒ 黒色→白色　㋓ 白色→黒色

□(2) 加熱後に試験管Aに残った物質の性質として，正しくないものを㋐～㋓から1つ選びなさい。（　　）
㋐ たたくとうすくのびる。　㋑ 電気をよく通す。
㋒ 磁石につく。　㋓ みがくと光沢が出る。

□(3) 記述 気体を集めた試験管Bに火のついた線香を入れると，線香の火はどうなるか。簡潔に書きなさい。（　　）

□(4) この実験のように，加熱により，1種類の物質が2種類以上の物質に分かれる化学変化を何というか。（　　）

ヒント **1** (1) 発生した気体は，試験管Bに集められるが，発生した液体は試験管Aの口付近についている。

ミスに注意 **2** (2) 加熱後に残った物質は，金属の性質を示す。金属の4つの性質を思い出そう。

ぴたトレ 1
要点チェック

1章　物質の成り立ち(2)

時間 10分　解答 p.16

（　）と［　］にあてはまる語句を答えよう。

1 水に電流を流したときの変化

教科書 p.151～154 ▶▶ 1

□(1) 水に電流を流すときは，①（　　　）を流れやすくするため，うすい水酸化ナトリウム水溶液を用いる。

□(2) 水に電流を流して分解すると，陽極側と陰極側に，それぞれ気体が発生する。
→②（　　　）極側の気体にマッチの火を近づけると，音を立てて燃える。
→③（　　　）極側の気体に火のついた線香を入れると，線香が激しく燃える。

□(3) 図の④～⑦

□(4) 水に電流を流すと，水は，⑧（　　　）と酸素に分解する。このとき，発生する気体の体積は，水素が酸素の約⑨（　　　）倍になっている。

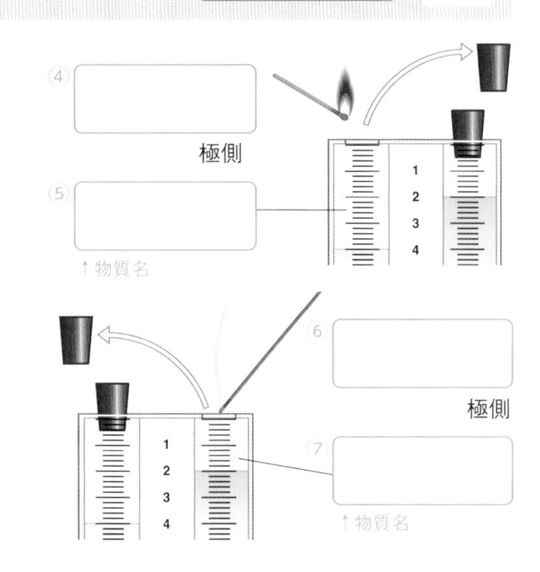

2 水溶液に電流を流したときの変化

教科書 p.154 ▶▶ 2

□(1) 塩化銅水溶液に電流を流すと，①（　　　）極に赤色の物質が付着し，②（　　　）極からはプールの消毒のにおいがする気体が発生する。

□(2) 図の③～⑥

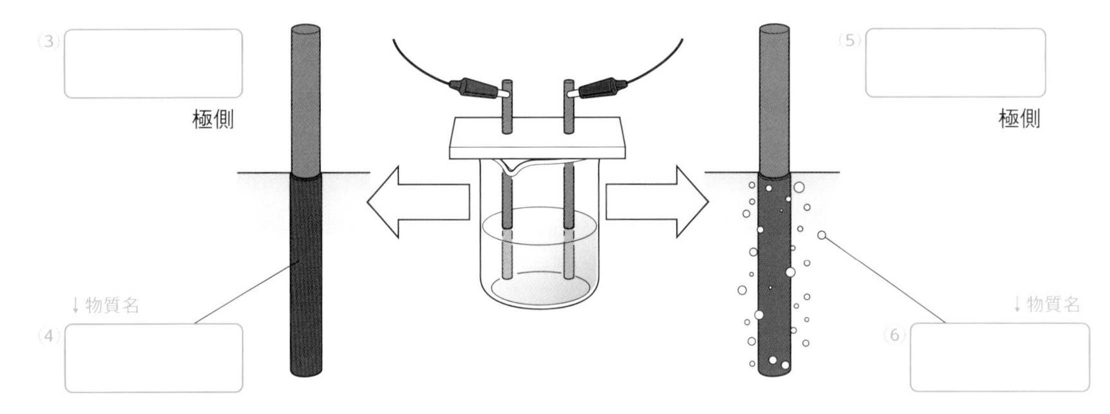

□(3) 塩化銅水溶液に電流を流すと，銅と⑦（　　　）に分解する。

□(4) 電流を流すことによって物質を分解することを⑧（　　　）という。

要点
●電流を流すことによって物質を分解することを電気分解という。
●水を電気分解すると，陰極側に水素，陽極側に酸素が発生する。

1章　物質の成り立ち(2)

時間 15分　解答 p.16

1 図のような装置で水に電流を流したところ，気体が発生した。 ▶▶1

□(1) 水に電流を流しやすくするために，水にある物質を少量とかした水溶液を使って実験した。ある物質とは何か。㋐～㋒から1つ選びなさい。（　　）

㋐ 砂糖　㋑ エタノール
㋒ 水酸化ナトリウム

□(2) 陰極側にたまった気体は何か。（　　）

□(3) (2)の気体はどのような方法で確認できるか。㋐～㋓から1つ選びなさい。（　　）

㋐ マッチの火を近づけると，音を立てて燃える。
㋑ 水で湿らせた青色リトマス紙を入れると，リトマス紙が赤色に変化する。
㋒ 石灰水を入れて振ると，白くにごる。
㋓ 火のついた線香を入れると，線香が激しく燃える。

□(4) 陽極側にたまった気体は何か。（　　）

□(5) (4)の気体はどのような方法で確認できるか。(3)の㋐～㋓から1つ選びなさい。（　　）

□(6) 陽極側に発生した気体の体積は，陰極側に発生した気体の体積の約何倍か。㋐～㋓から選びなさい。（　　）

㋐ $\frac{1}{2}$倍　㋑ 1倍　㋒ 2倍　㋓ 4倍

2 図のような装置を使って，塩化銅水溶液に電流を流し，できた物質について調べた。▶▶2

□(1) この実験で，陽極側，陰極側にできた物質はそれぞれ何か。
陽極側（　　）　陰極側（　　）

□(2) 陰極側で見られた変化を，㋐～㋓から選びなさい。（　　）

㋐ 青色の物質が付着する。　㋑ 赤色の物質が付着する。
㋒ においのない気体が発生する。
㋓ においのある気体が発生する。

□(3) 発生した気体の性質について，正しくないものを㋐～㋓から選びなさい。（　　）

㋐ 水にとけにくい。　㋑ プールの消毒のにおいがする。
㋒ 空気より重い。　㋓ 漂白作用がある。

□(4) この実験のように，電流を流すことで物質を分解することを何というか。（　　）

ミスに注意 1 発生する気体は，水素と酸素である。陰極と陽極を間違えないように，よく考えて答えよう。

ヒント 2 塩化銅水溶液に電流を流して分解すると，銅と塩素ができる。

ぴたトレ 1 要点チェック

1章　物質の成り立ち(3)

時間 10分　解答 p.17

(　)と□にあてはまる語句を答えよう。

1 物質のもとになる粒子(りゅうし)

教科書 p.155～156 ▶▶

□(1) 19世紀のはじめ，1(　　　)は，物質はそれ以上分けることのできない小さな粒子からできていると考えた。この小さい粒子のことを2(　　　)という。

□(2) 原子(げんし)の性質

❶ 原子は，3(　　　)でそれ以上分けることができない。

❷ 原子は，化学変化で新しくできたり，4(　　　)が変わったり，なくなったりしない。

❸ 原子は，種類によって，その5(　　　)や大きさが決まっている。

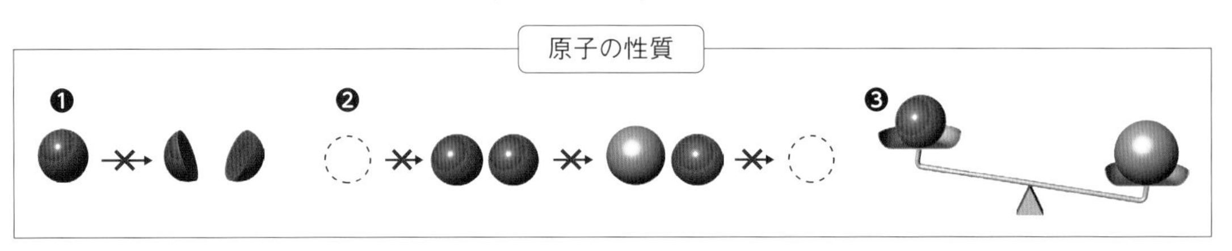

□(3) 物質は，もとになる6(　　　)からできていて，6は，現在およそ7(　　　)種類が知られている。

2 原子が結びついてできる粒子

教科書 p.157～158 ▶▶

□(1) いくつかの原子が結びついてできた粒子を1(　　　)という。

□(2) ドルトンの原子説の後に，2(　　　)は，気体は2個以上の原子が集まった3(　　　)でできていると考えた。現在は，気体だけでなく固体や液体でも3からできている物質があることがわかっている。

□(3) 分子(ぶんし)は，物質の4(　　　)のもとになる最小の粒子である。

□(4) 分子をつくる原子の種類や5(　　　)は，それぞれの分子によって異(こと)なる。

□(5) 酸素分子は，酸素原子が6(　　　)個結びついてできている。

□(6) 水分子は，水素原子7(　　　)個と酸素原子8(　　　)個が結びついてできている。

□(7) 図の9～10

要点
- 物質をつくっていて，それ以上分けることができない小さな粒子を原子という。
- 原子が結びついてできる粒子を分子という。

1章　物質の成り立ち(3)

時間 15分　解答 p.17

1 物質は，それ以上分けることができない粒子Aからできている。図は，粒子Aの性質を，粒子のモデルで表したものである。

▶▶ 1

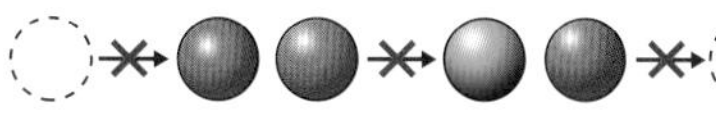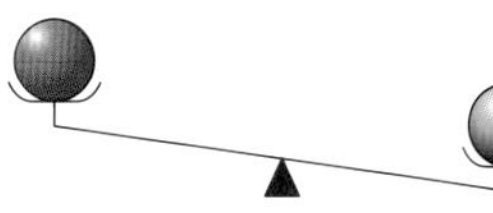

□(1) 物質は粒子Aからできているという説を発表した，イギリスの科学者はだれか。
(　　　　)

□(2) 粒子Aを現在では何とよんでいるか。(　　　　)

□(3) 粒子Aの性質について述べた文として正しいものを，㋐～㋔からすべて選びなさい。
(　　　　)

㋐ 化学変化でそれ以上分けることができない。
㋑ 化学変化によって，新しくできることがある。
㋒ 化学変化によって，種類が変わることがある。
㋓ 化学変化によってなくなることはない。
㋔ 種類によって，その質量が決まっている。

2 図は，分子を原子のモデルで表したものである。

▶▶ 2

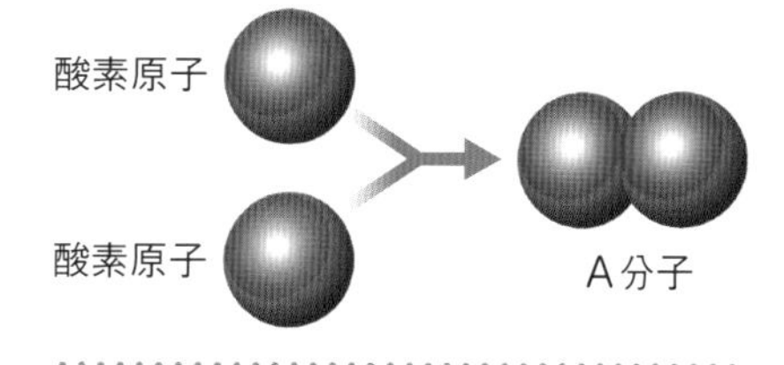

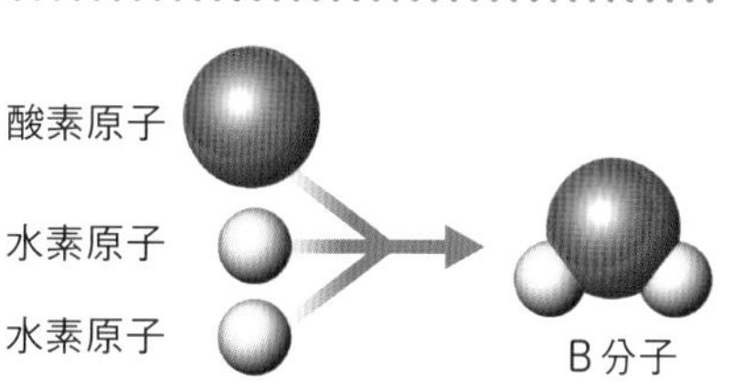

□(1) 分子の考えを発表したイタリアの科学者はだれか。
(　　　　)

□(2) 分子からできている物質について正しく述べた文を，㋐～㋓から1つ選びなさい。(　　　　)

㋐ 物質は，気体の状態では分子からできているが，液体や固体の状態では，分子からできていない。
㋑ すべての物質が，分子からできている。
㋒ 物質によって，分子からできているものと，そうでないものがある。
㋓ 分子からできているのは，水素や酸素などの気体の物質だけである。

□(3) 分子について述べた文として誤っているものを，㋐～㋒から1つ選びなさい。(　　　　)

㋐ 分子は，その物質の性質のもとになる最小の粒子である。
㋑ 分子はどれも，原子が2個または3個結びついたものである。
㋒ 分子をつくる原子の種類や数は，それぞれの分子によって異なる。

□(4) 図のA分子，B分子の名前を答えなさい。A(　　　　)分子　B(　　　　)分子

ヒント
2 (3) アンモニア分子のように，原子が4個結びついたものもある。
2 (4) B分子からなる物質は，電気分解すると，酸素と水素ができる。

ぴたトレ 1 要点チェック

1章　物質の成り立ち(4)

時間 10分　解答 p.17

(　)と□にあてはまる語句を答えよう。

1 分子のモデル，分子からできていない物質

教科書 p.158～159 ▶▶ 1 2

□(1) 水素原子2個から①(　　　)分子ができる。

□(2) 窒素原子②(　　　)個から窒素分子ができる。

□(3) 炭素原子1個と③(　　　)原子2個から二酸化炭素分子ができる。

□(4) 窒素原子1個と水素原子3個から④(　　　)分子ができる。

□(5) 図の⑤～⑥

水素分子

⑤

酸素分子

二酸化炭素分子

⑥

□(6) 物質の中には⑦(　　　)をつくらないものがある。

□(7) 銀や銅，鉄などの⑧(　　　)や炭素などは，1種類の⑨(　　　)がたくさん集まってできている。

□(8) 塩化ナトリウムはナトリウム原子と⑩(　　　)原子からできているが，2種類の原子は⑪(　　　)をつくらず，交互に規則的に並んでいる。

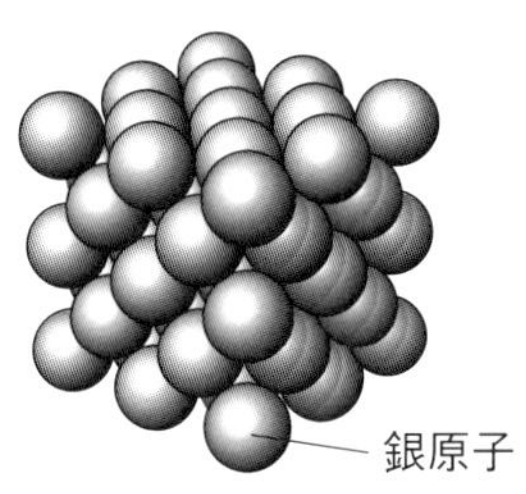

銀のモデル

塩化ナトリウムのモデル

2 状態変化と化学変化のちがい

教科書 p.160 ▶▶ 3

□(1) 水の①(　　　)変化では，水分子そのものは変わらず，分子の集まり方が変わる。

□(2) 水の電気分解では，水そのものが変化し，水素と②(　　　)が得られる。このように③(　　　)変化では，物質そのものが変化する。

□(3) 図の④～⑤

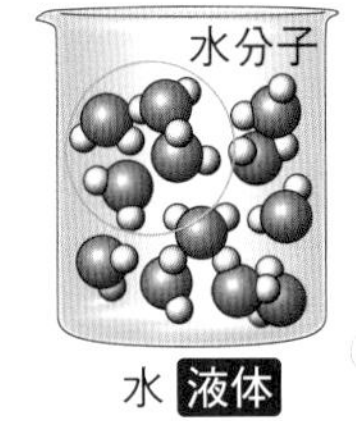

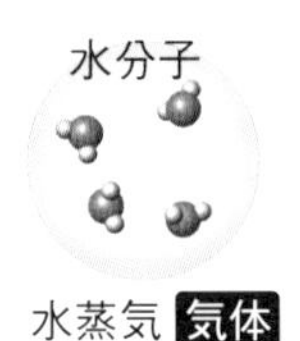

④　　　変化

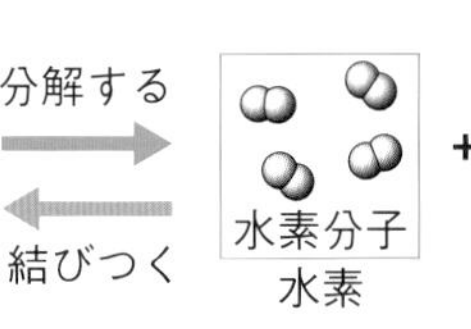

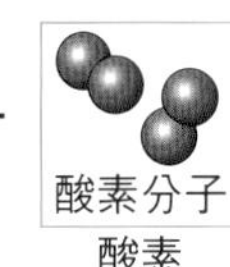

⑤　　　変化

要点
- ●物質には，分子をつくるものと分子をつくらないものがある。
- ●状態変化では分子の集まり方が変わり，化学変化では物質そのものが変わる。

1章　物質の成り立ち(4)

時間 15分　解答 p.17

1 作図 図は，水素原子，酸素原子，炭素原子をモデルで表したものである。このモデルを使って，(1)～(3)の分子をモデルで表しなさい。 ▸▸ 1

□(1) 水素分子
□(2) 水分子
□(3) 二酸化炭素分子

水素原子　酸素原子　炭素原子

(1)　(2)　(3)

2 図は，銀と塩化ナトリウムのつくりを原子のモデルで表したものである。 ▸▸ 1

□(1) 図のA，Bは分子からできている物質か，それとも分子からできていない物質か。それぞれ答えなさい。

A（　　　）
B（　　　）

A　B

□(2) 図のAのつくりは，銀と塩化ナトリウムのどちらを表したものか。（　　　）

□(3) 記述 塩化ナトリウムでは，ナトリウム原子と塩素原子がどのように並んでいるか。「2種類の原子が」から書き出して，簡潔にまとめなさい。

（2種類の原子が，　　　）

3 (1)～(4)は，状態変化と化学変化のどちらであるか。それぞれ答えなさい。 ▸▸ 2

□(1) 水を冷やしたら，氷になった。（　　　）
□(2) 塩化銅水溶液に電流を流したら，銅と塩素に分解した。（　　　）
□(3) ドライアイス(二酸化炭素の固体)を部屋の中に置いて，しばらくするとなくなっていた。（　　　）
□(4) 炭酸水素ナトリウムを加熱したところ，炭酸ナトリウムと二酸化炭素と水に分解した。（　　　）

ミスに注意 2 金属や炭素などは1種類の原子がたくさん集まってできているが，分子をつくってはいない。

ヒント 3 状態変化では，分子の集まり方が変わるだけで，分子そのものは変化していない。

1章　物質の成り立ち

よく出る ❶ 乾いた試験管に炭酸水素ナトリウムを入れ，図のような装置を組み立てて加熱した。

36点

点UP □(1) 作図 炭酸水素ナトリウムを入れた試験管は，どのようにとりつければよいか。図の□にかきなさい。技

□(2) 記述 実験後，ガスバーナーの火を消す前に行うことを書きなさい。技

□(3) 加熱した試験管の口付近に生じた液体にある試験紙をつけたところ，試験紙の色が青色から赤色に変わった。この試験紙の名前を答えなさい。

ゴム管
ガラス管
水溶液A

□(4) 加熱後，水溶液Aは白くにごった。水溶液Aの名前を答えなさい。

□(5) 加熱した試験管に残った物質と炭酸水素ナトリウムの性質を比べ，表にまとめた。(　)にあてはまる語句を書きなさい。

	加熱した試験管に残った物質	炭酸水素ナトリウム
水へのとけ方	(①)	とけ残る。
フェノールフタレイン溶液を加えたときの色の変化	(②)になる。	淡い赤色になる。

よく出る ❷ 図のようなH字管電気分解装置を使って，水を電気分解し，発生した気体A，Bについて調べた。

34点

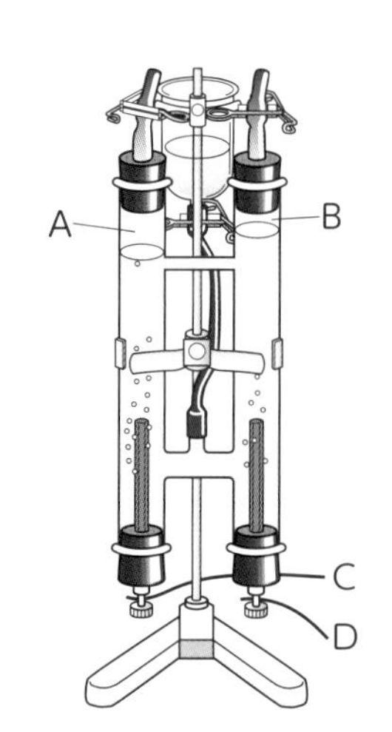

□(1) 記述 水の電気分解を行うとき，水に少量の水酸化ナトリウムをとかすのはなぜか。簡潔に説明しなさい。技

□(2) たまった気体Bに火のついた線香を入れると，線香は激しく燃えた。図の電極Dは，電源の＋極，－極のどちらにつながっているか。思

□(3) 気体Bは何という物質か。

□(4) 気体A，気体Bの性質として正しいものを，㋐～㋓からそれぞれ1つ選びなさい。

㋐　ほかの物質が燃えるのを助ける。
㋑　その気体自身がよく燃える。
㋒　石灰水を白くにごらせる。
㋓　緑色のBTB溶液を青色に変える。

□(5) 気体Aと同じ気体を発生させる方法として適当なものを，㋐～㋒から1つ選びなさい。思

㋐　石灰石にうすい塩酸を加える。
㋑　二酸化マンガンにうすい過酸化水素水を加える。
㋒　亜鉛にうすい塩酸を加える。

□(6) 発生した気体Aと気体Bの体積比A：Bを，もっとも簡単な整数の比で答えなさい。

成績評価の観点　技…観察・実験の技能　思…科学的な思考・判断・表現

❸ 物質は，原子(げんし)や分子(ぶんし)が集まってできている。 30点

□(1) 原子や分子の説明として正しいものには○を，誤っているものには×をつけなさい。

① 原子説を発表したのは，アボガドロである。

② 原子は，化学変化によってそれ以上分けることができない。

③ 原子は，物質の性質を示す最小の単位である。

④ 原子は，化学変化で別の原子に変わることはない。

⑤ すべての物質は分子からできている。

□(2) 記述 図は，アルミニウムのつくりを示したものである。アルミニウムがどのようにできているかを，「原子」「分子」という語句を使って，簡潔に説明しなさい。思

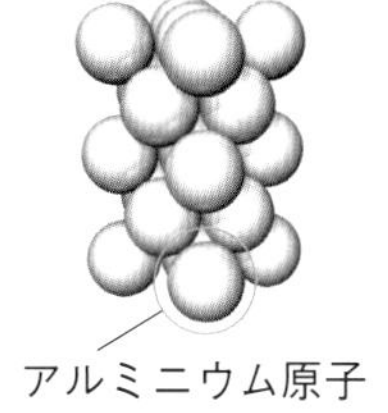

□(3) 作図 次の原子のモデルを使って，①〜④の分子のモデルを，例にならってかきなさい。思

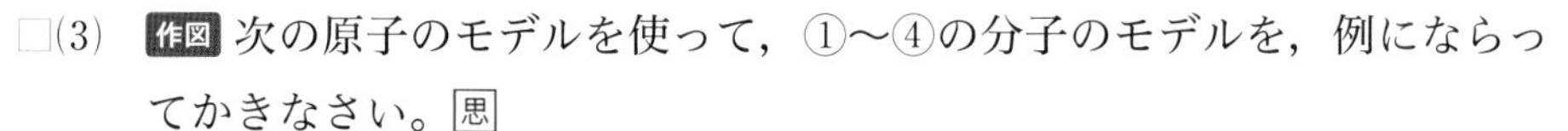

原子のモデル　○：水素原子　●：酸素原子　◎：炭素原子
◍：窒素(ちっそ)原子　⊕：塩素原子

分子名	酸素分子	水分子	二酸化炭素分子	アンモニア分子	塩化水素分子
モデル	(例) ●●	①	②	③	④

❶	(1) 図に記入 8点	(2) 8点			
	(3) 5点	(4) 5点			
	(5) ① 5点	② 5点			
❷	(1) 7点				
	(2) 5点	(3) 5点			
	(4) A 4点	B 4点	(5) 4点	(6) 5点	
❸	(1) ① 2点	② 2点	③ 2点	④ 2点	⑤ 2点
	(2) 8点				
	(3) ① 3点	② 3点	③ 3点	④ 3点	

定期テスト予報 炭酸水素ナトリウムの熱分解，水の電気分解についてよく問われます。
実験の注意点，反応後にできる物質とその性質について整理しておきましょう。

2章　物質の表し方(1)

時間 10分　解答 p.18

（　）と［　］にあてはまる語句や化学式を答えよう。

1 物質を表す記号

教科書 p.163～165 ▶▶1

□(1) 物質を構成する原子(げんし)の種類を①（　　　　）という。

□(2) 元素(げんそ)を表すために，その種類ごとにつけられた記号を②（　　　　）という。

□(3) 元素記号の表し方：図の③

○アルファベット１文字で表す記号
大文字の活字体で表す。

例　酸素　O

○アルファベット２文字で表す記号
１文字目は大文字の活字体で表し，
２文字目は小文字の活字体で表す。

例　鉄　③［　　　　］

□(4) 元素を原子番号の順に並(なら)べた表を，元素の④（　　　　）という。④の横の行を周期，縦(たて)の列を族という。

2 物質を表す式

教科書 p.167～168 ▶▶2

□(1) すべての物質は元素記号と数字などで表すことができ，これを①（　　　　）という。

□(2) 分子(ぶんし)を化学式(かがくしき)で表すときは，分子をつくっている原子を，それぞれの②（　　　　）で表し，結びついている原子の数は，②の右下に数字を小さくつけて示す。

□(3) 図の③～⑤

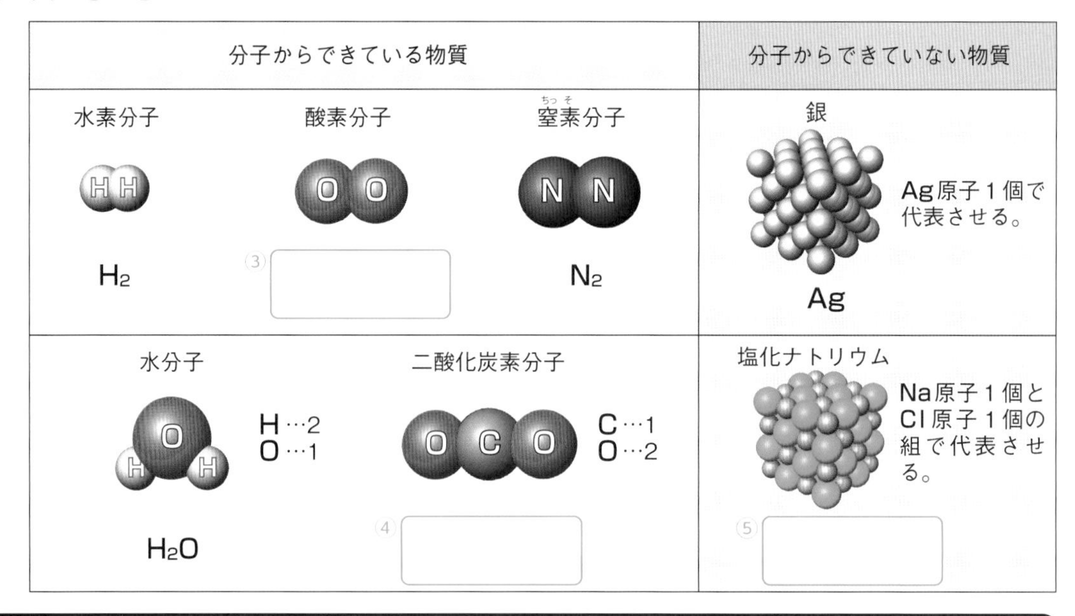

要点
●物質を構成する原子の種類を元素といい，元素記号で表すことができる。
●すべての物質は，元素記号と数字を用いた化学式で表すことができる。

2章　物質の表し方(1)

時間 15分　解答 p.19

1 **イギリスの科学者ドルトンは，物質はそれ以上分けることのできない原子(げんし)という粒子(りゅうし)からできていると考えた。図は，ドルトンが考えた元素(げんそ)記号である。** ▶▶1

□(1) 図の元素のうち，金属であるものをすべて選び，名前を書きなさい。
(　　　　)

□(2) ドルトンが考えた元素記号を，現在の元素記号で表しなさい。

① 銅 (　　)　② 炭素 (　　)　③ 銀 (　　)

④ 酸素 (　　)　⑤ 水素 (　　)　⑥ 鉄 (　　)

⑦ 硫黄(いおう) (　　)　⑧ ナトリウム (　　)

□(3) 元素を原子番号の順に並(なら)べてまとめた表のことを元素の何というか。 (　　)

2 **図は，物質を原子のモデルで表したものである。** ▶▶2

□(1) 作図 ①～④の物質を，例にならって原子のモデルを使って表しなさい。

例　水素分子(ぶんし)：H H

① 酸素分子(酸素原子が2個結びついている。)

② 水分子(酸素原子1個に水素原子2個が結びついている。)

③ 二酸化炭素分子(炭素原子1個に酸素原子2個が結びついている。)

④ 酸化銅(銅原子と酸素原子の数の比が1：1で結びついている。)

① (　　)　② (　　)　③ (　　)　④ (　　)

□(2) (1)の物質の化学式を書きなさい。

① (　　)　② (　　)　③ (　　)　④ (　　)

□(3) 塩化銅は，銅原子と塩素原子の数の比が1：2で結びついている。塩化銅の化学式を書きなさい。 (　　)

□(4) 化学式 $2NH_3$ は，窒(ちっ)素(そ)原子と水素原子がそれぞれ何個あることを表しているか。

窒素原子 (　　)　水素原子 (　　)

ヒント **2** (2) 例えば水素分子なら，水素原子2個が結びついているから，H_2と表す。
2 (4) NH_3 は，Nが1個，Hが3個結びついていることを表している。それの2個分と考える。

2章　物質の表し方(2)

時間 10分　解答 p.19

(　)と□にあてはまる語句や化学式を答えよう。

1 物質の分類

教科書 p.168～169　▸▸1

□(1)　1種類の元素からできている物質を(1)(　　　　)という。

□(2)　2種類以上の元素からできている物質を(2)(　　　　)という。

□(3)　化合物は分解されるが，(3)(　　　　)はそれ以上分解されることはない。

□(4)　図の(4)～(6)

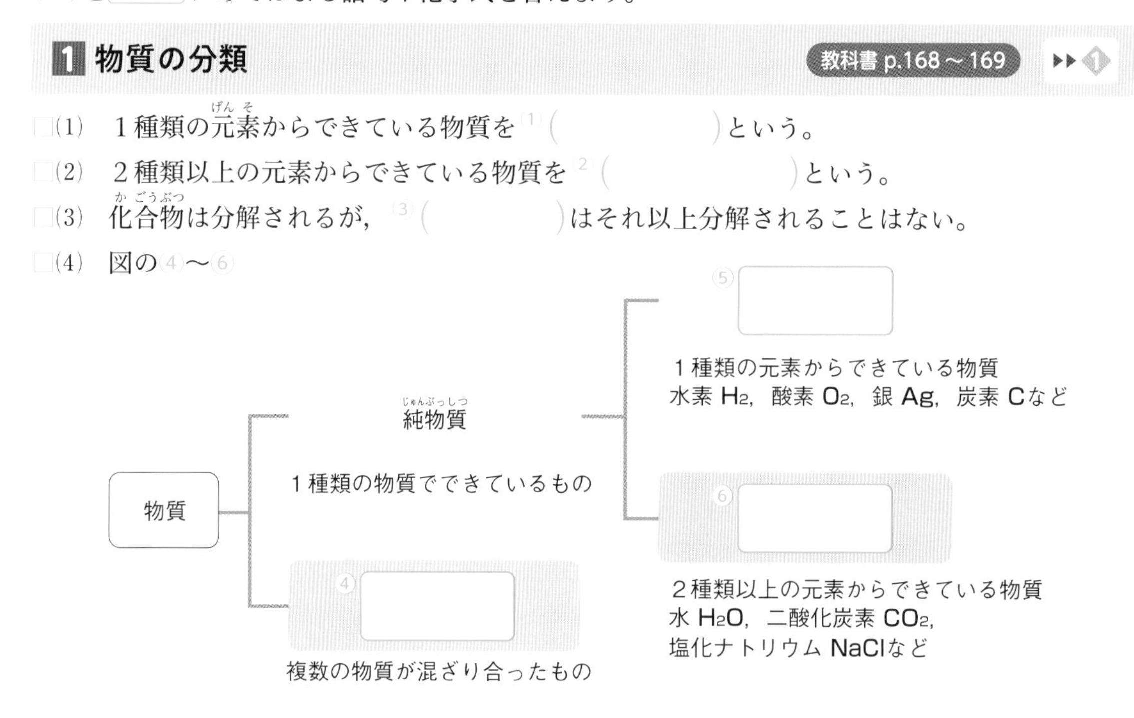

2 化学変化を表す式

教科書 p.170～173　▸▸2

□(1)　化学変化を化学式で表したものを(1)(　　　　)という。

□(2)　化学反応式のつくり方：

❶　反応前の物質と(2)(　　　　)の物質を書き，──►で結ぶ。

❷　❶で書いたそれぞれの物質を(3)(　　　　)で表す。

❸　化学変化の前後(式の左辺と右辺)で，原子の種類と(4)(　　　　)が等しくなるようにする。

□(3)　水の電気分解の化学反応式：図の(5)～(7)

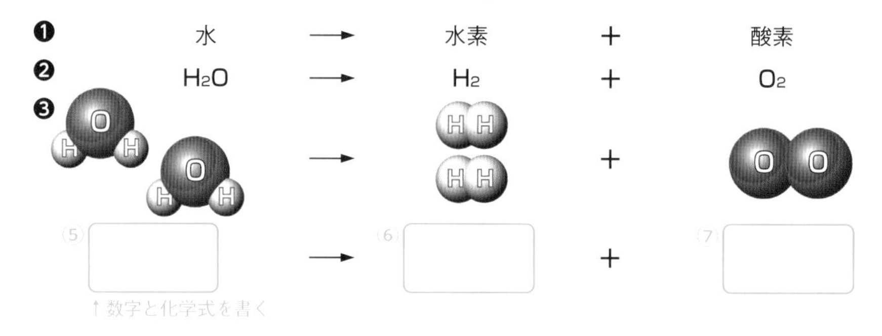

要点
- 単体は1種類の元素から，化合物は2種類以上の元素からできている。
- 化学変化を化学式で表したものを化学反応式という。

2章　物質の表し方(2)

時間 15分　解答 p.19

1 13種類の物質㋐〜㋜を分類する。 ▶▶ 1

㋐ 銀　㋑ 水　㋒ 食塩水　㋓ 酸化銀
㋔ 塩素　㋕ 銅　㋖ 酸素　㋗ 空気
㋘ 塩化銅　㋙ 塩化ナトリウム　㋚ 塩化銅水溶液
㋛ 炭素　㋜ 二酸化炭素

□(1) ㋐〜㋜の物質を①混合物，②単体，③化合物に分類しなさい。
①混合物(　　　) ②単体(　　　) ③化合物(　　　)

□(2) 化合物と単体は，それぞれ，分子(ぶんし)からできている物質と分子からできていない物質に分けることができる。
① 分子からできている単体を，㋐〜㋜から2つ選びなさい。(　　　)
② 分子からできていない単体を，㋐〜㋜から3つ選びなさい。(　　　)
③ 分子からできている化合物を，㋐〜㋜から2つ選びなさい。(　　　)
④ 分子からできていない化合物を，㋐〜㋜から3つ選びなさい。(　　　)

2 図は，酸化銀の熱分解に関係する物質をモデルで表したもので，⟶の左側(左辺)が反応前の物質，右側(右辺)が反応後の物質である。 ▶▶ 2

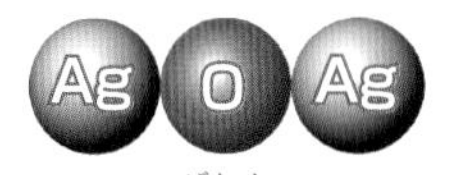

⟶

＋

□(1) 左辺と右辺の酸素原子(げんし)の数は，それぞれ何個か。　左辺(　　　) 右辺(　　　)

□(2) 左辺と右辺の銀原子の数は，それぞれ何個か。　左辺(　　　) 右辺(　　　)

□(3) 左辺と右辺で，酸素原子の数を等しくするためには，左辺の酸化銀の数を何個にすればよいか。(　　　)

□(4) (3)の後，銀原子の数を同じにするためには，右辺の銀原子の数を何個にすればよいか。(　　　)

□(5) 酸化銀の熱分解の化学反応式となるように，(　)に数字と化学式を書きなさい。
①(　　　) ⟶ ②(　　　) ＋ O_2

□(6) 水の電気分解を表す化学反応式として正しいものを，㋐〜㋔から選びなさい。(　　　)
㋐ $H_2O \longrightarrow 2H + O$
㋑ $H_2O \longrightarrow H_2 + O_2$
㋒ $H_2O + O \longrightarrow H_2 + O_2$
㋓ $2H_2O \longrightarrow H_2 + O_2$
㋔ $2H_2O \longrightarrow 2H_2 + O_2$

ヒント
1 (1) まず混合物か純物質(じゅんぶっしつ)かに分け，次に，純物質を単体と化合物に分ける。
2 (5) 図のモデルを化学式で表し，(3)，(4) で求めた数を化学式の前につける。

2章 物質の表し方

❶ 表は，元素を順に並べたものの一部を表している。

24点

	1	2	3	4	5	6	7	8	9	10	11	12	13	14	15	16	17	18
1	①																	He
2	Li	Be											B	②	N	O	F	Ne
3	③	Mg											Al	Si	P	S	④	Ar
4	K	Ca	Sc	Ti	V	Cr	Mn	Fe	Co	Ni	Cu	Zn	Ga	Ge	As	Se	Br	Kr

□(1) この表は，元素を何の順に並べたものか。

□(2) このような表のことを元素の何というか。

よく出る □(3) 表の①～④にあてはまる元素記号を書きなさい。

① 水素　② 炭素　③ ナトリウム　④ 塩素

□(4) 次の元素記号のうち，金属でないものの元素記号を2つ選びなさい。

Mg　Fe　F　S　Cu　Ca

❷ 図のⓐ～ⓓは，4種類の物質の分子を原子のモデルで表したものである。●は酸素原子，◎は水素原子，○は窒素原子を示している。

25点

ⓐ  ⓑ 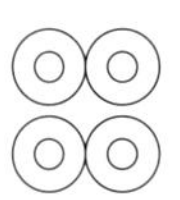 ⓒ 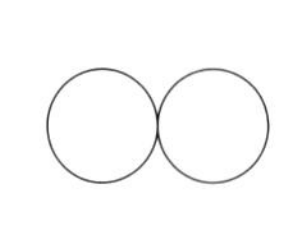 ⓓ 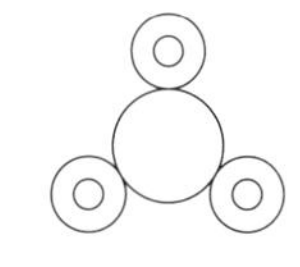

□(1) ⓐ～ⓓのうち，化合物であるものを1つ選びなさい。

□(2) ⓐ～ⓓの分子を，化学式で表しなさい。ただし，分子が複数あるものは数字もつける。

□(3) 作図 化学式 H_2O で表される分子を，ⓐ～ⓓにならって原子のモデルで表しなさい。思

よく出る □(4) 化学式 H_2O で表される物質を電気分解すると，ⓐの物質とⓑの物質ができる。この化学反応式を書きなさい。

❸ 試験管Aに炭酸水素ナトリウムを入れ，図のような装置で加熱し，発生した気体を試験管Bに集めた。このとき，試験管Aの口付近に液体が生じ，底に白い固体が残った。

19点

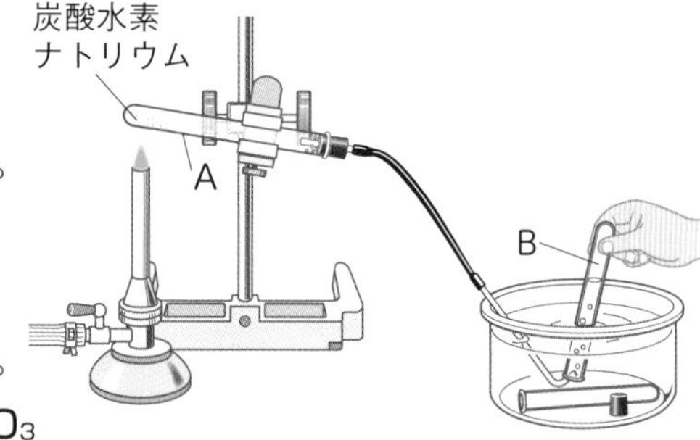

□(1) 試験管Aの口に生じた液体の化学式を書きなさい。

□(2) 試験管Bに集まった気体の化学式を書きなさい。

□(3) 炭酸水素ナトリウムの化学式は $NaHCO_3$ である。炭酸水素ナトリウムはどのような元素からできているか。元素の名前をすべて書きなさい。

□(4) 底に残った白い固体は，炭酸ナトリウム Na_2CO_3 である。炭酸水素ナトリウムの熱分解の化学反応式を書きなさい。

成績評価の観点　技…観察・実験の技能　思…科学的な思考・判断・表現

❹ いろいろな物質を図のように分類した。　32点

□(1) 図のⓐ～ⓓはそれぞれ何を表しているか。㋐～㋓からそれぞれ選びなさい。[思]

㋐ 分子からできている物質
㋑ 分子からできていない物質
㋒ 化合物
㋓ 単体

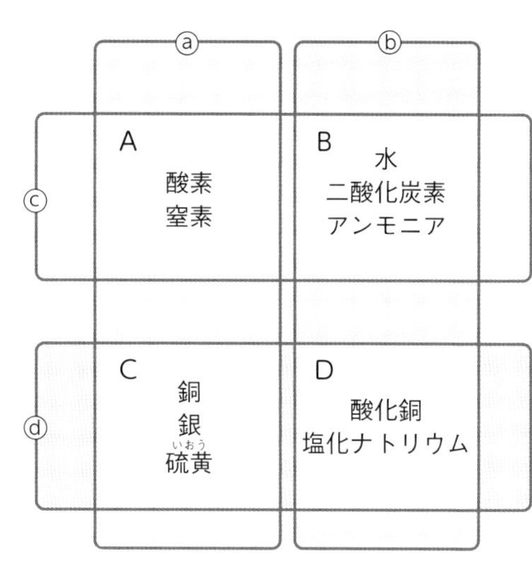

□(2) ①～⑧の物質は，それぞれ図のA～Dのどこに分類されるか。どこにもあてはまらないものは×として，それぞれ答えなさい。[思]

① 水素　② アルミニウム
③ エタノール　④ 酸化銀
⑤ 食塩水　⑥ 塩化銅
⑦ 金　⑧ 空気

□(3) (2)で×をつけたものは，何に分類されるか。その名称（めいしょう）を答えなさい。

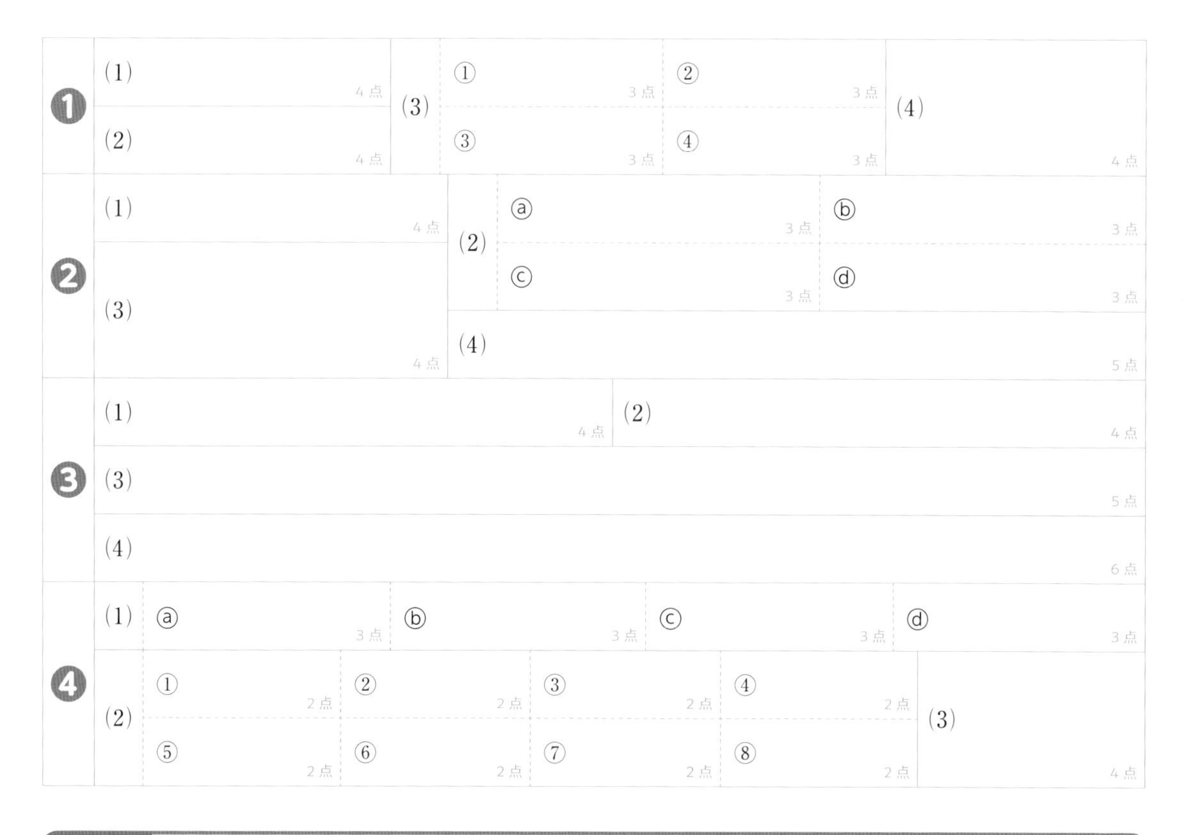

❶	(1) 4点	(3) ① 3点	② 3点	(4) 4点
	(2) 4点	③ 3点	④ 3点	
❷	(1) 4点	(2) ⓐ 3点	ⓑ 3点	
	(3) 4点	ⓒ 3点	ⓓ 3点	
		(4) 5点		
❸	(1) 4点	(2) 4点		
	(3) 5点			
	(4) 6点			
❹	(1) ⓐ 3点	ⓑ 3点	ⓒ 3点	ⓓ 3点
	(2) ① 2点	② 2点	③ 2点	④ 2点
	⑤ 2点	⑥ 2点	⑦ 2点	⑧ 2点
	(3) 4点			

定期テスト予報
さまざまな物質を，単体，化合物，混合物に分類する問題がよく出ます。
それぞれの物質の分類と化学式を覚えておきましょう。

3章　さまざまな化学変化(1)

時間 10分　解答 p.20

(　)と□にあてはまる語句や化学式を答えよう。

1 物質どうしが結びつく変化

教科書 p.175～179

□(1) 図のように，鉄と硫黄の混合物を加熱すると，熱と光を出して激しく反応し，加熱をやめても (1)(　　　　) が続く。

鉄粉と硫黄の粉末の混合物

脱脂綿

このあたりを加熱する。

□(2) 加熱後には (2)(　　　) 色の物質ができた。

	磁石へのつき方	塩酸との反応
加熱前の混合物	つく	無臭の気体(水素)が発生
加熱後の物質	つかない	特有のにおいのある気体(硫化水素)が発生

混合物中の鉄の性質による。

□(3) この化学変化は次のように表せる。図の(3)～(4)

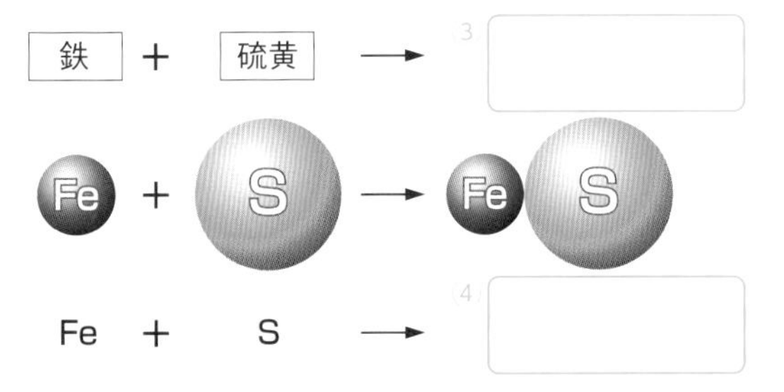

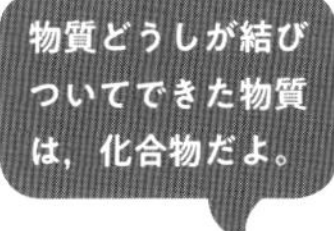

□(4) 2種類以上の物質が結びつくと，もとの物質とは (5)(　　　　　) の異なる別の1種類の物質ができる。

2 物質が酸素と結びつく変化

教科書 p.180～183　▶▶3

□(1) 木炭を加熱すると，木炭の主成分である (1)(　　　　) が空気中の酸素と結びついて，(2)(　　　　　) を発生する。

□(2) 銅を加熱すると，銅が空気中の酸素と結びついて (3)(　　　　) ができる。

□(3) 図の(4)～(5)

□(4) 物質に酸素が結びつくとき，その物質は (6)(　　　　) されたという。

□(5) (2)の酸化銅のように，酸素が結びついてできた物質を (7)(　　　　) という。

□(6) 物質が激しく熱や光を出しながら酸化される変化を (8)(　　　　) という。

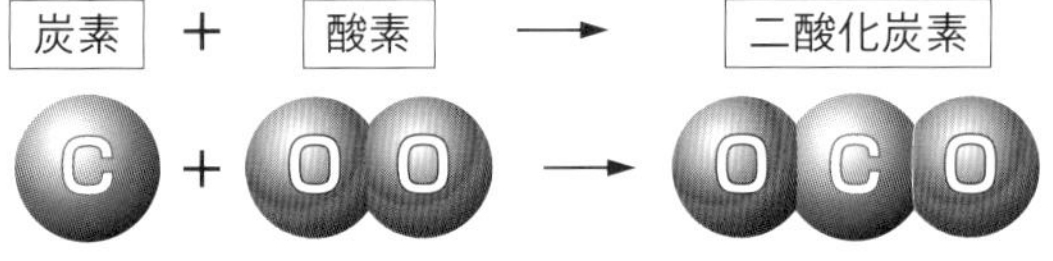

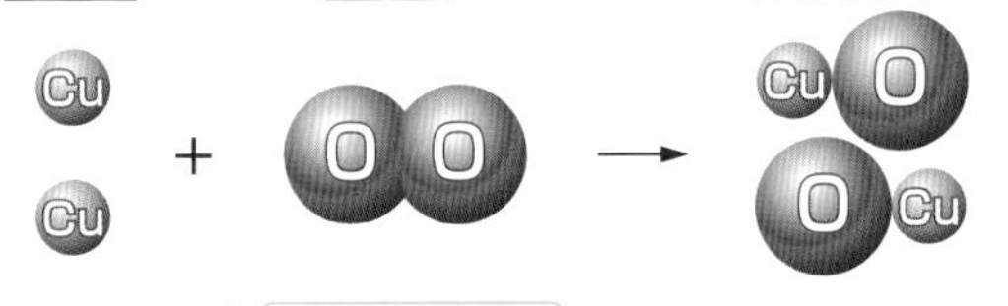

$2Cu$ ＋ (5) → $2CuO$

要点
- ●物質が酸素と結びつくとき，その物質は酸化されたという。
- ●酸素と結びついてできた化合物のことを酸化物という。

3章　さまざまな化学変化(1)

時間 15分　解答 p.21

1 図のように，乾いた無色透明なポリエチレンの袋に，青色の塩化コバルト紙と，水素と酸素の混合気体を入れ点火したところ，激しく反応した。 ▶▶ 1

□(1) 青色の塩化コバルト紙の色は，何色に変化したか。 (　　　　　)

□(2) (1)より，水素と酸素が反応してできた物質は，何であるか。 (　　　　　)

□(3) この実験で起こった化学変化を化学反応式で表す。(　　)にあてはまる数字と化学式を書きなさい。

$2H_2$ ＋ O_2 ⟶ (　　　　　)

2 鉄粉と硫黄を乳ばちでよく混ぜ合わせ，試験管にとって脱脂綿で栓をし，加熱した。 ▶▶ 1

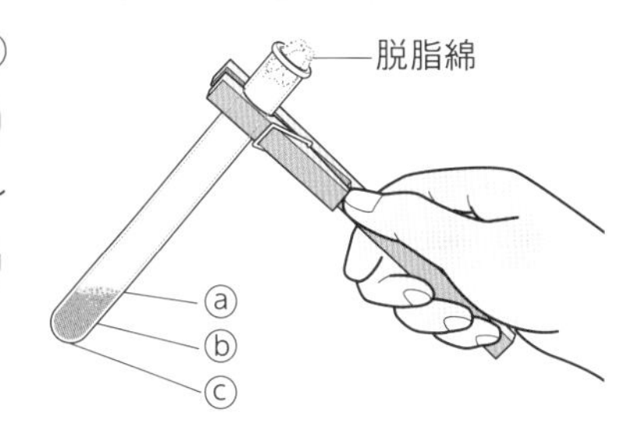

□(1) 試験管を加熱するとき，ガスバーナーの炎は図のⓐ～ⓒのどの部分にあてればよいか。 (　　　　)

□(2) 加熱後にできた物質に塩酸を加えるとどうなるか。㋐～㋒から選びなさい。 (　　　　)

㋐ 水素が発生する。
㋑ 特有のにおいのある気体が発生する。
㋒ 気体は発生しない。

□(3) 加熱後にできた物質の名前を答えなさい。 (　　　　　)

3 ステンレス皿に木炭，または銅の粉末をのせ，それぞれ全体の質量をはかった。図のように，それぞれを加熱した後，再び全体の質量をはかった。 ▶▶ 2

木炭または銅の粉末

□(1) 加熱の前後で，木炭の質量はどのように変化したか。㋐～㋒から1つ選びなさい。 (　　　　)

㋐ 減少した。　㋑ 増加した。　㋒ 変化しなかった。

□(2) 加熱の前後で，銅の質量はどのように変化したか。(1)の㋐～㋒から1つ選びなさい。 (　　　　)

□(3) 記述 銅の質量が(2)で答えたようになる理由を「酸素」という語句を使って，簡潔に書きなさい。

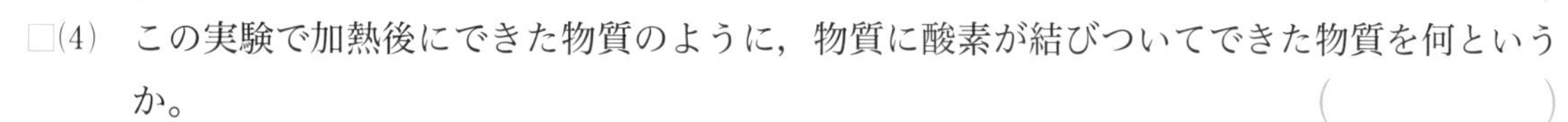

□(4) この実験で加熱後にできた物質のように，物質に酸素が結びついてできた物質を何というか。 (　　　　　)

□(5) 物質が激しく熱や光を出しながら酸化される変化を何というか。 (　　　　　)

ミスに注意　3 (1) 木炭が燃えるとき，空気中の酸素と結びつくが，発生する気体は，空気中に逃(に)げる。

ヒント　3 (2)，(3) 銅を燃やすと，酸素と結びついて，銅とは別の物質ができる。

3章　さまざまな化学変化(2)

時間 10分　解答 p.21

(　)と□にあてはまる語句や化学式を答えよう。

1 酸化物から酸素をとり除く変化

教科書 p.184 ~ 187 ▶▶ 1

□(1) 黒色の酸化銅と活性炭(炭素)の混合物を加熱すると，赤色の①(　　　)ができ，気体の②(　　　)が発生する。このとき，酸化銅は炭素に③(　　　)を奪われている。

□(2) (1)の酸化銅のように，酸化物から酸素がとり除かれたとき，その物質は④(　　　)されたという。

□(3) 酸化銅が還元されて⑤(　　　)になるとき，炭素は⑥(　　　)されて二酸化炭素になる。このように，酸化と⑦(　　　)は同時に起こる。

□(4) 図の⑧～⑩

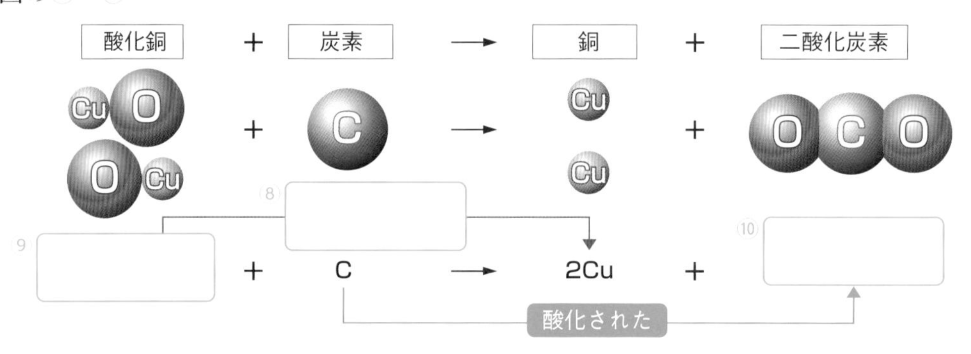

2 化学変化と熱の出入り

教科書 p.188 ~ 190 ▶▶ 2

□(1) 化学かいろでは，鉄粉が空気中の酸素により①(　　　)され，温度が上がる。

□(2) 簡易冷却パックでは，炭酸水素ナトリウムとクエン酸が反応すると，二酸化炭素が発生し，温度が②(　　　)。また，塩化アンモニウムと水酸化バリウムの反応でも，温度が下がる。

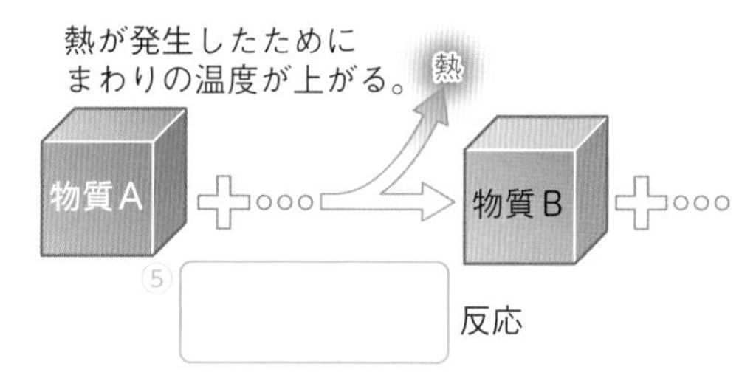

□(3) (1)の反応のように，化学変化のときに熱を発生したために，まわりの温度が上がる反応を③(　　　)という。

□(4) (2)の反応のように，化学変化のときに周囲の熱を吸収したために，まわりの温度が下がる反応を④(　　　)という。

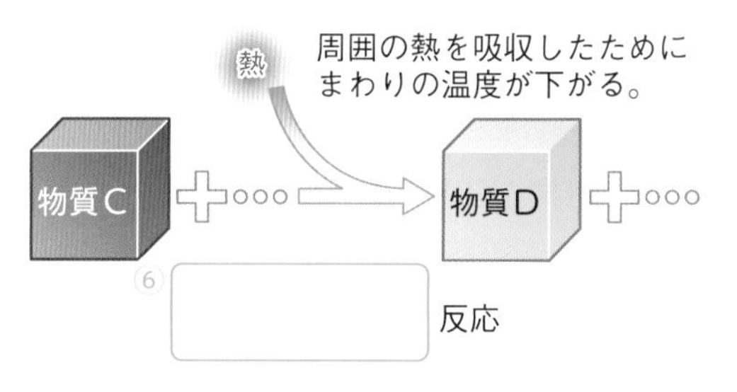

□(5) 図の⑤～⑥

要点
- 酸化物から酸素がとり除かれたとき，その物質は還元されたという。
- 熱を発生する反応を発熱反応，熱を吸収する反応を吸熱反応という。

3章　さまざまな化学変化(2)

時間 15分　解答 p.21

❶ 図のように，試験管Aに酸化銅と活性炭の混合物を入れて加熱し，出てきた気体を，石灰水(せっかいすい)の入った試験管Bに通した。 ▸▸ 1

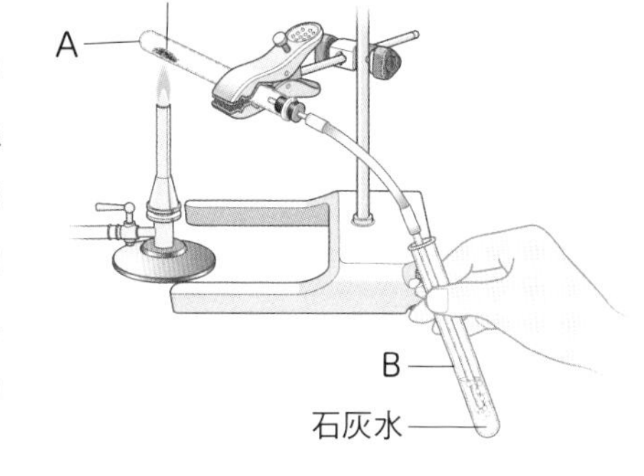

□(1) 加熱前の酸化銅の色と，加熱後に試験管Aに残った物質の色を，それぞれ㋐～㋓から選びなさい。

酸化銅(　　　)　加熱後の物質(　　　)

㋐ 赤色　㋑ 白色　㋒ 黒色　㋓ 青色

□(2) 出てきた気体を試験管Bに通すと，石灰水はどのように変化したか。(　　　)

□(3) (2)のことより，発生した気体は何であるといえるか。(　　　)

□(4) 加熱後に試験管Aに残った物質の名前を書きなさい。(　　　)

□(5) 反応が終わった後に行う操作(そうさ)について，正しい順になるように㋐～㋒を並(なら)べかえなさい。

(　　　)→(　　　)→(　　　)

㋐ ガスバーナーの火を消す。　㋑ ガラス管を石灰水から引きぬく。

㋒ 目玉クリップでゴム管を閉(と)じる。

□(6) この化学変化では，酸化と還元(かんげん)が同時に起こっている。このとき，酸化された物質，還元された物質の名前をそれぞれ書きなさい。

酸化された物質(　　　)　還元された物質(　　　)

❷ 化学変化による熱の出入りを調べるために，図1，図2のような実験を行った。 ▸▸ 2

実験1 (図1)鉄粉と活性炭を入れた厚手の封筒(ふうとう)に，塩化ナトリウム水溶液(すいようえき)をしみこませた半紙を入れ，よく振(ふ)り混ぜて温度変化を調べる。

実験2 (図2)炭酸水素ナトリウムとクエン酸を入れたポリエチレンの袋(ふくろ)に，水を入れてよく振り混ぜ，温度変化を調べる。

□(1) 実験1，実験2で，それぞれの温度はどのように変化したか。㋐～㋒からそれぞれ選びなさい。　実験1(　　　)　実験2(　　　)

㋐ 温度が上がった。　㋑ 温度が下がった。　㋒ 温度は変化しなかった。

□(2) 実験1，実験2のような温度変化をする反応を，それぞれ何というか。

実験1(　　　)　実験2(　　　)

ヒント ❶(6) 酸素と結びついた物質が酸化された物質，酸素がとり除(のぞ)かれた物質が還元された物質である。
❷(2) 温度が上がる化学変化は熱を発生する反応，下がる化学変化は熱を吸収(きゅうしゅう)する反応。

3章　さまざまな化学変化

解答 p.21

❶ 鉄粉と硫黄(いおう)の粉末を，図１のように混ぜ合わせ，２本の試験管A，Bに分け，Aはそのまま，Bは図２のようにガスバーナーで加熱した。

24点

□(1) 記述 試験管Bを加熱し，反応がはじまったところで加熱をやめたが，その後も反応が続いた。その理由を簡潔に書きなさい。思

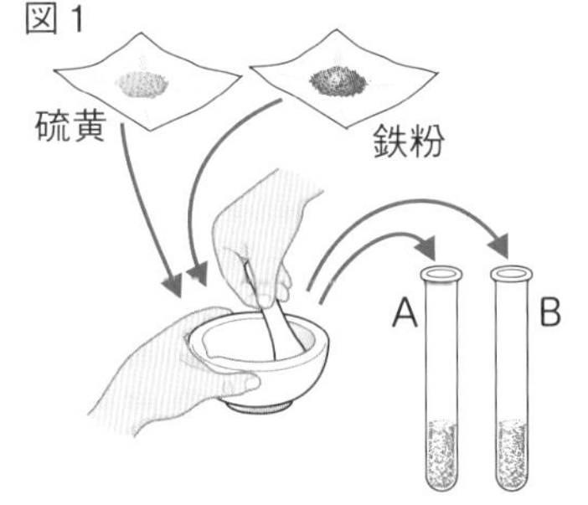

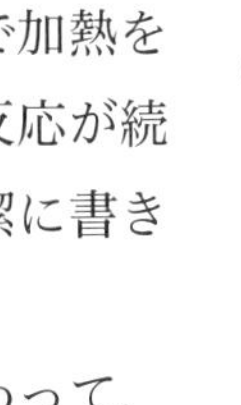

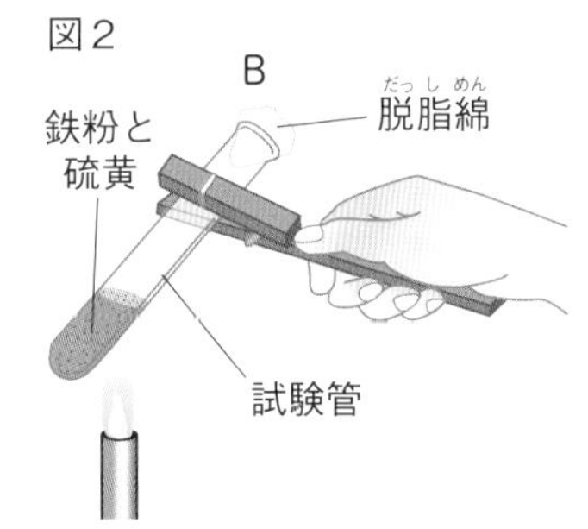

□(2) 試験管Bの反応が終わって，温度が下がってから，試験管A，Bの中の物質の性質を調べた。思

① 試験管A，Bに磁石(じしゃく)を近づけたとき，磁石につくのは，A，Bのどちらの物質か。

② 塩酸を加えて，発生した気体のにおいを調べた。A，Bそれぞれの気体のにおいを書きなさい。

□(3) この実験で起きた化学変化の化学反応式を書きなさい。

❷ 図のように，酸素で満たした集気びんの中で，スチールウール(鉄)を加熱した。

33点

□(1) 記述 スチールウールを加熱しているときのようすを，簡潔に書きなさい。技

□(2) 加熱後にできた物質の性質として正しいものを，㋐～㋓から２つ選びなさい。技

㋐ 金属光沢(こうたく)がある。

㋑ 金属光沢はない。

㋒ 塩酸に入れると　気体が発生する。

㋓ 塩酸に入れても気体は発生しない。

よく出る

□(3) 加熱後の物質の質量は，加熱前のスチールウールの質量と比べて，どうなると考えられるか。思

□(4) 記述 (3)で答えたようになる理由を書きなさい。思

□(5) スチールウールを加熱したときのような化学変化を燃焼(ねんしょう)という。燃焼の例としてあてはまる化学変化を，㋐～㋔から２つ選びなさい。思

㋐ マグネシウムリボンを加熱すると，白い物質になる。

㋑ 銅板を加熱すると，表面が黒くなる。

㋒ 鉄くぎを放置すると，赤茶色にさびる。

㋓ 鉄と硫黄の混合物を加熱すると，熱した部分が赤くなり，加熱をやめても反応が続く。

㋔ 都市ガスの主成分であるメタンを燃やすと，熱や光を出す。

□(6) 木炭や石油などの有機物を燃焼するときに発生する気体は何か。

成績評価の観点　技…観察・実験の技能　思…科学的な思考・判断・表現

❸ 酸化銅と活性炭をよく混ぜ合わせ，試験管に入れて加熱したときの変化を，原子のモデルで表した。●は銅原子，○は酸素原子，◎は炭素原子を表している。

21点

□(1) この化学変化を，化学反応式で書きなさい。

□(2) ⓐ,ⓑの変化にあてはまる語句を，それぞれ書きなさい。

□(3) 記述 ⓑの変化が起こったのは，炭素が銅と比べてどのような性質をもつからか。簡潔に書きなさい。思

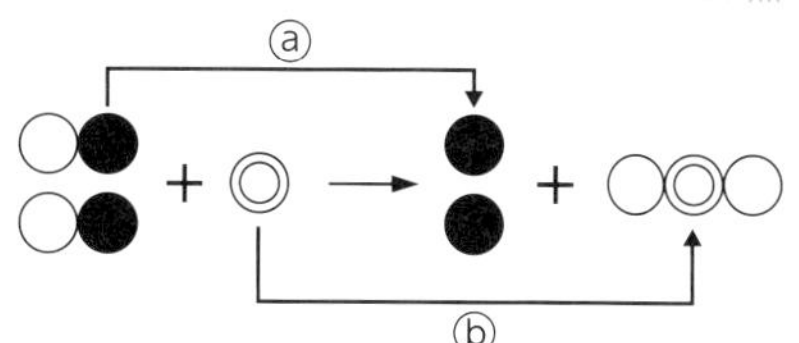

❹ 水酸化バリウムと塩化アンモニウムを，ふれ合わないようにビーカーに入れ，ぬれたろ紙をかぶせて，図のようにガラス棒でよく混ぜ，温度の変化を調べた。

22点

□(1) 記述 ビーカーにぬれたろ紙をかぶせたのは，発生した気体にどのような性質があるためか。簡潔に書きなさい。技

□(2) 発生した気体は何か。化学式で書きなさい。

□(3) この実験と同様の温度変化をする反応はどれか。㋐〜㋓から1つ選びなさい。思

㋐ 炭酸水素ナトリウムとクエン酸の反応

㋑ 酸化カルシウムと水の反応

㋒ 鉄と硫黄の反応　　㋓ 鉄がさびる反応

□(4) 記述 この実験で，ろ紙にフェノールフタレイン溶液をふくませると，ろ紙はどのように変化するか。簡潔に書きなさい。思

❶	(1)			7点
	(2) ① 4点	② A 4点	B	4点
	(3)			5点
❷	(1) 7点		(2)	5点
	(3) 5点		(4)	7点
	(5) 5点		(6)	4点
❸	(1)			7点
	(2) ⓐ 4点		ⓑ	4点
	(3)			6点
❹	(1) 6点		(2)	5点
	(3) 5点		(4)	6点

定期テスト予報 酸化・還元，発熱反応・吸熱反応など，化学変化の種類やどんな反応かが問われます。酸化銅の還元のように酸化と還元が同時に起こる実験は，よく理解しておきましょう。

物質
化学変化と原子・分子 ― 教科書174〜190ページ

4章　化学変化と物質の質量(1)

時間 10分　解答 p.22

（　）と［　］にあてはまる語句や数値を答えよう。

1 化学変化の前後での物質の質量

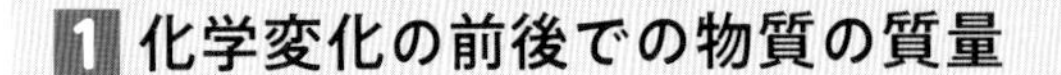

教科書 p.191～194

□(1) うすい硫酸とうすい水酸化バリウム水溶液を混ぜると，①（　　　）の白い②（　　　）ができる。このとき，反応の前後で，全体の質量は③（　　　）。

□(2) 図の④～⑤

硫酸
水酸化バリウム水溶液
2つの水溶液を混合する。
④［　　　］の沈殿
18446 g
⑤［　　　］g

□(3) うすい塩酸と炭酸水素ナトリウムの反応では，気体の⑥（　　　）が発生する。

・容器が密閉されているとき：反応の前後で，全体の質量は⑦（　　　）。

・容器のふたをゆるめたとき：気体の一部が逃げて，全体の質量は⑧（　　　）。

□(4) 図の⑨～⑩

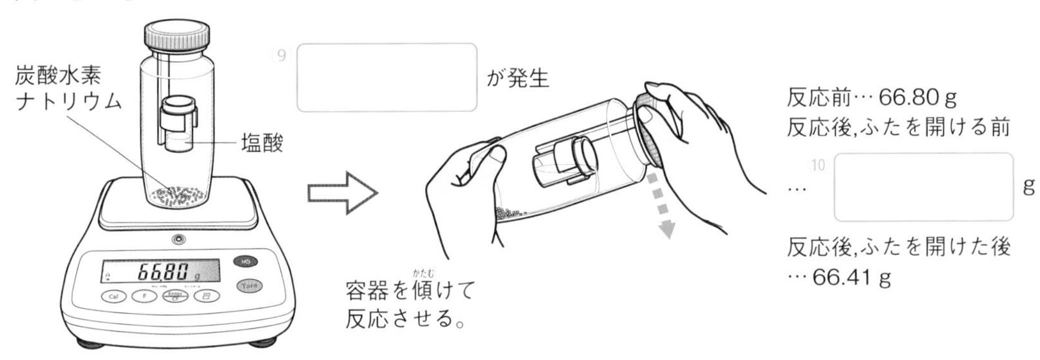

□(5) 酸素を満たした丸底フラスコに銅の粉末を入れ，ピンチコックを閉じて加熱すると，銅は酸素と結びついて⑪（　　　）になる。

・ピンチコックを閉じているとき：反応の前後で，全体の質量は⑫（　　　）。

・反応後にピンチコックを開いたとき：フラスコ内に空気が入ってきて，その分だけ質量が⑬（　　　）。

□(6) いっぱんに，反応の前後で，その反応に関係している物質全体の質量は変わらない。これを⑭（　　　）の法則という。

□(7) 質量保存の法則が成り立つのは，化学変化の前後で物質をつくる原子の組み合わせは変わるが，反応に関係する物質の原子の種類と⑮（　　　）は変わらないからである。

要点
●化学変化の前後で物質全体の質量が変わらないことを，質量保存の法則という。
●化学変化では，原子の組み合わせは変わるが，原子の種類と数は変わらない。

4章　化学変化と物質の質量(1)

時間 15分　解答 p.22

1 図のように，水酸化バリウム水溶液とうすい硫酸を混ぜて，反応の前後で全体の質量が変化するかどうかを調べた。 ▶▶ 1

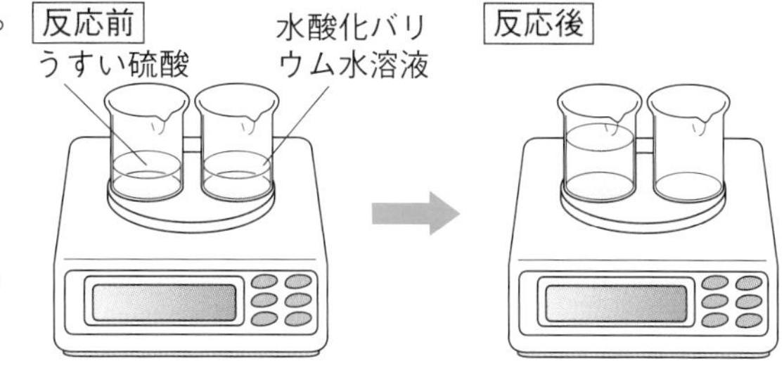

□(1) 2つの水溶液を混ぜると，沈殿が生じる。この沈殿の色と，物質名を書きなさい。

色（　　　）

物質名（　　　）

□(2) 反応前と反応後の全体の質量を比べると，どのような関係があるか。㋐〜㋒から選びなさい。（　　　）

㋐ 反応前の全体の質量のほうが，反応後より重い。

㋑ 反応後の全体の質量のほうが，反応前より重い。

㋒ 反応の前後で，全体の質量は変化しない。

□(3) (2)のような関係が成り立つことを，何の法則というか。（　　　）

□(4) (3)の法則が成り立つ理由を説明した次の文の（　）に，あてはまる語句を書きなさい。

化学変化の前後では，原子の①（　　　）は変わるが，原子の②（　　　）と数は変わらないから。

2 気体が発生する反応で，反応前後の物質全体の質量が変化するかどうかを調べた。 ▶▶ 1

実験 図のように，炭酸水素ナトリウムとうすい塩酸を別々の容器に入れ，ふたをして密閉して，全体の質量をはかると，90.0 g であった。次に，2つの薬品を反応させて，気体を発生させ，ⓐ反応後に再び全体の質量をはかった。その後，ⓑ容器のふたをゆるめて，もう一度全体の質量をはかったところ，89.7 g であった。

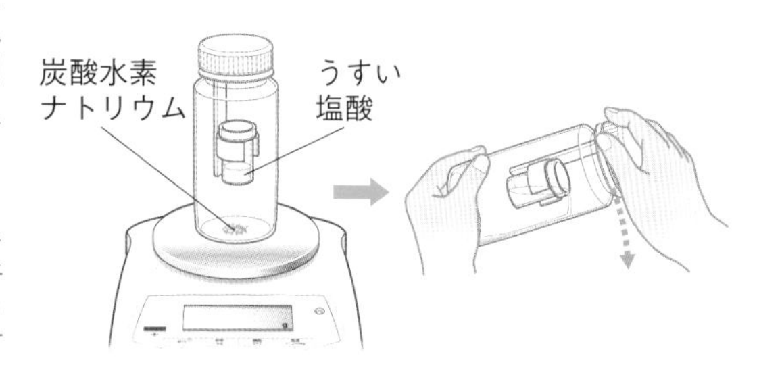

□(1) 下線部ⓐのときの質量は何 g か。（　　　）

□(2) 下線部ⓑで見られる現象を，㋐〜㋓から1つ選びなさい。（　　　）

㋐ 白いけむりが出た。　㋑ 気体が音を立てて燃えた。

㋒ プシュッと音がした。　㋓ 変化は見られなかった。

□(3) この実験で発生した気体の化学式を書きなさい。（　　　）

□(4) **記述** ふたをゆるめた後の全体の質量が，反応前の全体の質量より減少している理由を簡潔に書きなさい。（　　　）

ヒント 2 ふたをゆるめる前は，発生した気体は容器の中にある。

物質　化学変化と原子・分子 ― 教科書191〜194ページ

4章　化学変化と物質の質量(2)

時間 10分　解答 p.23

（　）と□にあてはまる語句や数値を答えよう。

1 反応する物質どうしの質量の割合

教科書 p.195～201 ▶▶ 1 2

□(1) 銅の粉末を空気中で加熱すると，銅が空気中の酸素と結びついて(1)(　　　)ができ，その質量は加熱前の銅より(2)(　　　)なる。

□(2) 加熱をくり返すと，質量はじょじょに大きくなり，やがて(3)(　　　)の値となる。

□(3) (2)のことより，一定量の金属に結びつく酸素の(4)(　　　)には限界があることがわかる。

□(4) 金属に結びついた酸素の質量〔g〕を求める式は，「加熱後の(5)(　　　)の質量〔g〕
－加熱前の(6)(　　　)の質量〔g〕」

□(5) 図の⑦～⑩

□(6) 金属を空気中で加熱すると，加熱後の酸化物の質量は，加熱前の金属の質量に(11)(　　　)する。

□(7) また，加熱前の金属の質量と，その金属に結びついた酸素の質量も(12)(　　　)する。

□(8) 右下のグラフから，反応する銅の質量と酸素の質量の比は，つねに約4：(13)(　　　)になっている。同様に，反応するマグネシウムの質量と酸素の質量の比は，つねに約3：(14)(　　　)になっている。

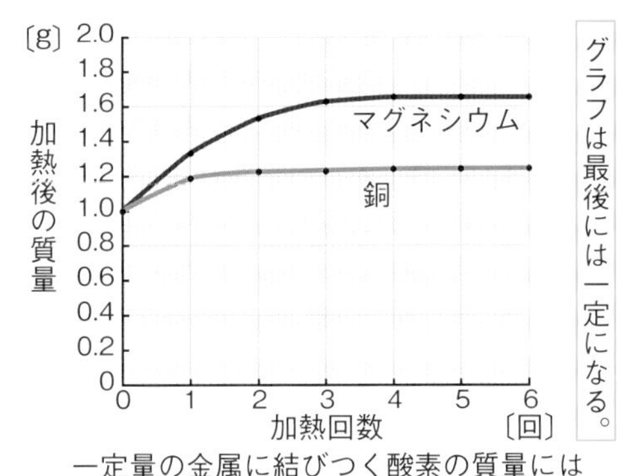

(7)□がある。

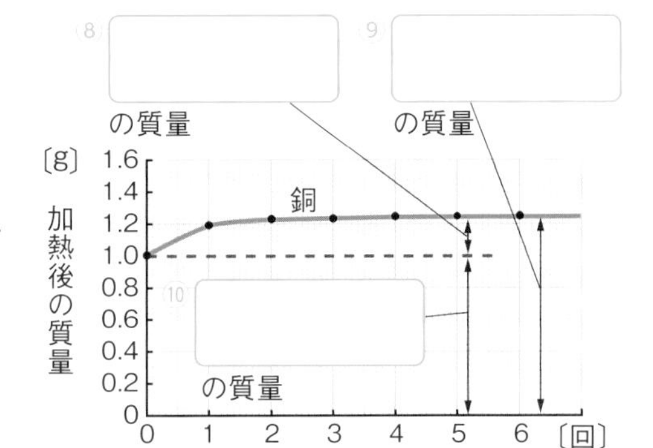

□(9) 図の⑮～⑯

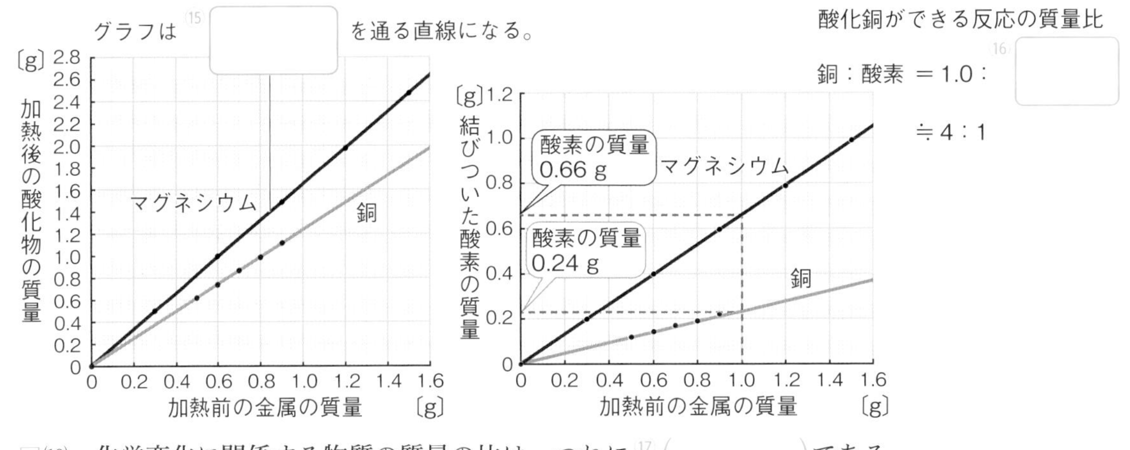

□(10) 化学変化に関係する物質の質量の比は，つねに(17)(　　　)である。

要点
- 一定量の金属と結びつく酸素の質量には限界がある。
- 化学変化に関係する物質の質量の比はつねに一定である。

4章　化学変化と物質の質量(2)

時間 15分　解答 p.23

1 銅を空気中で加熱し，質量の変化を調べる実験を行った。 ▶▶ 1

実験 図１のように，ステンレス皿に銅の粉末をうすく広げ，全体の質量をはかる。次に，皿ごと10分間加熱し，じゅうぶんに冷めてから全体の質量をはかる。この操作を６回くり返した。図２は，その測定結果をまとめたものである。

図１

図２

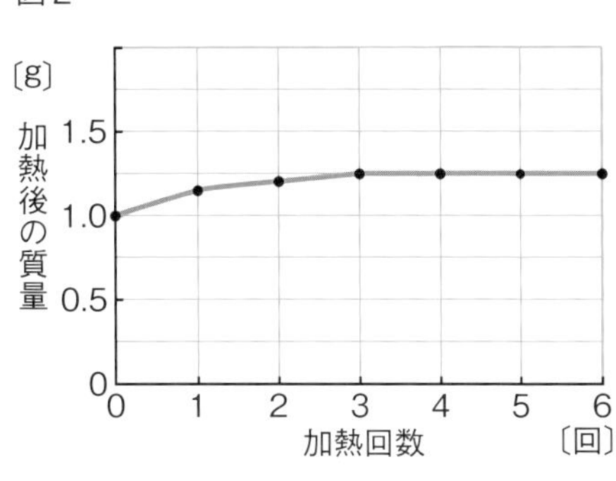

□(1) 銅の粉末をステンレス皿の上にうすく広げる理由として正しいものを，㋐～㋒から１つ選びなさい。（　　）

㋐ 銅の粉末にふくまれている水分を蒸発(じょうはつ)しやすくするため。

㋑ 加熱後，ステンレス皿がはやく冷めるようにするため。

㋒ 銅の粉末が空気とよくふれ合うようにするため。

□(2) この実験で，加熱後の質量が加熱前より大きくなったのは，銅が何と結びついたからか。物質の名前を書きなさい。（　　）

□(3) この実験からわかることを，㋐～㋒から１つ選びなさい。（　　）

㋐ 化学変化の前後で，全体の質量は変化しないこと。

㋑ 一定量の銅と結びつく物質の質量には限度があること。

㋒ この化学変化では，気体が発生すること。

2 図１のようにけずり状のマグネシウムを加熱して，反応前後の質量をはかったところ，図２のような結果となった。 ▶▶ 1

□(1) 記述 ステンレス皿に金網(かなあみ)をかぶせた理由を簡潔に書きなさい。

（　　）

□(2) 1.5 g のマグネシウムから何 g の酸化マグネシウムができるか。

（　　）

図１

図２

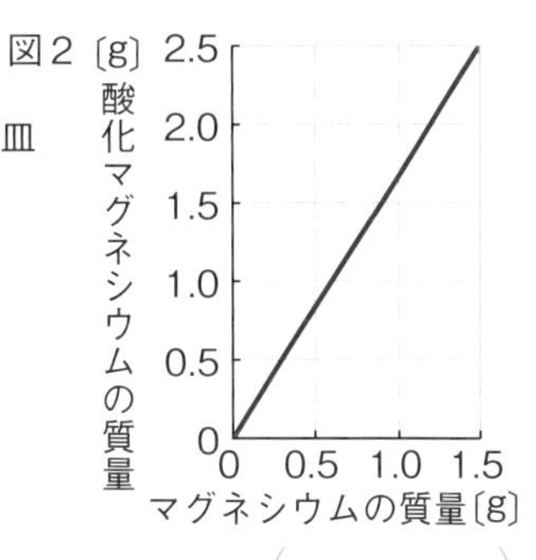

□(3) 計算 1.5 g のマグネシウムと反応した酸素の質量は何 g か。（　　）

□(4) 計算 反応したマグネシウムの質量と酸素の質量の比を㋐～㋓から選びなさい。（　　）

㋐ 2：5　㋑ 3：2　㋒ 3：5　㋓ 4：1

ヒント 1 (3) 図２で，加熱後の質量は，はじめはふえているが，やがて一定の値(あたい)になっている。

2 (3) 反応した酸素の質量〔g〕＝酸化マグネシウムの質量〔g〕－加熱前のマグネシウムの質量〔g〕

ぴたトレ 3 確認テスト

4章　化学変化と物質の質量

解答 p.23

1 うすい塩酸と石灰石を反応させ，反応の前後で物質の質量が変化するかどうか調べた。

24点

実験 1．図1のように反応前に全体の質量をはかるとA〔g〕であった。

2．石灰石をうすい塩酸が入った容器に入れ，しっかりふたをする。反応後，図2のように全体の質量をはかるとB〔g〕であった。

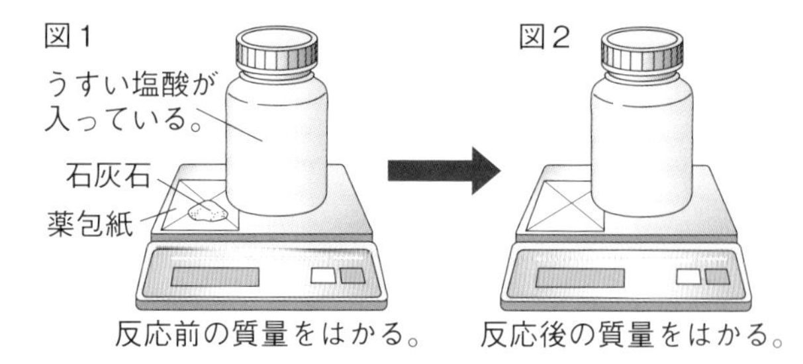

反応前の質量をはかる。　反応後の質量をはかる。

3．ふたをゆっくりゆるめてから全体の質量をはかると，C〔g〕であった。

□(1) 発生した気体の性質として適切なものを，㋐～㋓から1つ選びなさい。

㋐ ものを燃やす性質がある。

㋑ 水に非常にとけやすく，水溶液はアルカリ性を示す。

㋒ 密度が気体の中でもっとも小さく，燃える性質がある。

㋓ 石灰水を白くにごらせる。

よく出る □(2) A，Bの間にはどのような関係があるか。等号または不等号を使って表しなさい。思

□(3) A，Cの間にはどのような関係があるか。等号または不等号を使って表しなさい。思

□(4) 化学変化の前後において，(2)のような関係が成り立つことを，何の法則というか。

点UP □(5) 記述 (4)の法則が成り立つのはなぜか。その理由を，「化学変化の前後では，原子の」から書き出し，簡潔に書きなさい。

よく出る 2 表は，マグネシウムの燃焼において，マグネシウムの質量と生じた酸化マグネシウムの質量の関係を表したものである。

36点

マグネシウムの質量〔g〕	0.30	0.60	0.90	1.20	1.50
酸化マグネシウムの質量〔g〕	0.50	1.00	1.50	2.00	2.50
結びついた酸素の質量〔g〕	①	②	③	④	1.00

□(1) 計算 表の①～④にあてはまる数値を答えなさい。

□(2) 作図 マグネシウムの質量と結びついた酸素の質量の関係を，右の図にグラフで表しなさい。技

〔g〕 1.2 / 1.0 / 0.8 / 0.6 / 0.4 / 0.2 / 0
結びついた酸素の質量
0　0.2　0.4　0.6　0.8　1.0　1.2　1.4　1.6
マグネシウムの質量　〔g〕

□(3) マグネシウムの質量と結びついた酸素の質量の間には，どのような関係があるか。

□(4) 計算 3.0gのマグネシウムと結びつく酸素の質量は何gか。思

□(5) 計算 3.0gのマグネシウムから生じる酸化マグネシウムの質量は何gか。思

□(6) 計算 マグネシウムの質量と生じた酸化マグネシウムの質量の割合を，もっとも簡単な整数の比で表しなさい。思

成績評価の観点　技…観察・実験の技能　思…科学的な思考・判断・表現

3 図は，銅の粉末，けずり状のマグネシウムをそれぞれ空気中で加熱したときの，加熱前の金属の質量と加熱後の酸化物の質量との関係を表したものである。 32点

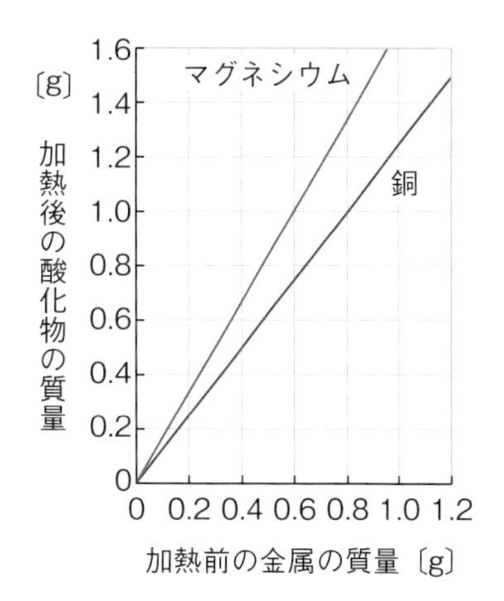

□(1) ①，②の化学変化の化学反応式を書きなさい。
① 銅の酸化　② マグネシウムの燃焼

□(2) 加熱前の金属の質量と加熱後の酸化物の質量の間には，どのような関係があるか。

□(3) 計算 酸化銅 2.0 g をつくるには，何 g の銅が必要か。

□(4) 計算 銅 2.0 g を加熱したとき，結びつく酸素の質量は何 g か。

□(5) 計算 ①〜③をもっとも簡単な整数の比で表しなさい。思
① 銅の質量と結びつく酸素の質量の比
② マグネシウムの質量と結びつく酸素の質量の比
③ マグネシウム原子 1 個の質量と銅原子 1 個の質量の比

4 鉄の粉末 4.2 g と硫黄(いおう)の粉末 2.4 g をよく混ぜ合わせて加熱したところ，完全に反応した。 8点

□(1) 鉄の粉末 7.0 g と硫黄の粉末 5.0 g をよく混ぜ合わせて加熱すると，いずれかの物質が反応せずに残った。反応せずに残った物質の名前を答えなさい。

□(2) 計算 (1)で残った物質の質量は何 g か。

1	(1) 4点	(2) 4点	(3) 4点	(4) 4点
	(5) 化学変化の前後では，原子の 8点			
2	(1) ① 3点	② 3点	③ 3点	④ 3点
	(2) 図に記入 8点	(3) 4点	(4) 4点	
	(5) 4点	(6) 4点		
3	(1) ① 4点	② 4点		
	(2) 4点	(3) 4点	(4) 4点	
	(5) ① 4点	② 4点	③ 4点	
4	(1) 4点	(2) 4点		

定期テスト予報 化学変化に関係する物質の質量の関係や質量比について，よく問われます。
グラフの読みとりや計算問題を練習し，慣れておきましょう。

物質
化学変化と原子・分子 ― 教科書191〜201ページ

ぴたトレ 1

要点チェック

1章　電流の性質(1)

時間 10分　解答 p.24

(　)と□にあてはまる語句を答えよう。

1 回路と回路図

教科書 p.215～220 ▶▶ 1 2

□(1) 電気の流れを電流といい，電流が切れ目なく流れる道すじを(1)(　　　)という。

□(2) 回路を流れる電流の向きは，乾電池(かんでんち)の(2)(　　　)極から出て(3)(　　　)極に入る向きと決められている。

□(3) 回路を図に表すとき，実際の形に近い状態で表した実体配線図では複雑になってしまうので，(4)(　　　)を使う。4を使って回路を表した図を(5)(　　　)という。

□(4) 電気用図記号：図の6～11

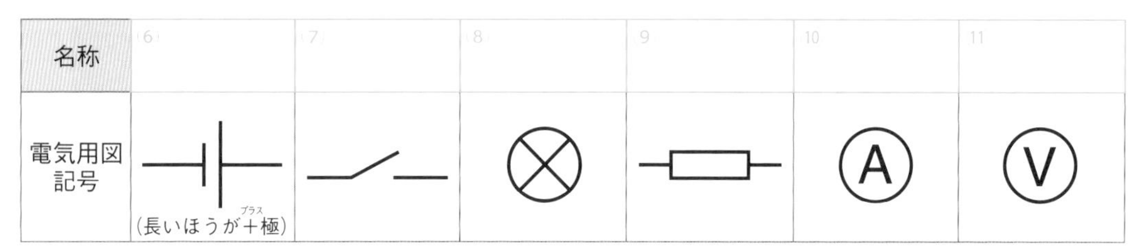

名称	6	7	8	9	10	11
電気用図記号	(長いほうが＋(プラス)極)					

電池や電源装置(でんげんそうち)のように，回路に電流を流す装置をまとめて電源というよ。

乾電池はつなぐ個数やつなぎ方に関係なく，電源の電気用図記号で表すんだよ。

□(5) 電流の道すじが1本で分かれ道がない回路を(12)(　　　)といい，電流の流れる道すじが複数に枝分かれしている回路を(13)(　　　)という。

2 電流計・電圧計

教科書 p.221～222, 227～228 ▶▶ 3

□(1) 電流の単位には(1)(　　　)(記号A)を使う。1Aの$\frac{1}{1000}$を1ミリアンペアという。1A＝(2)(　　　)mA

$1\,\mathrm{mA}=\frac{1}{1000}\,\mathrm{A}=0.001\,\mathrm{A}$

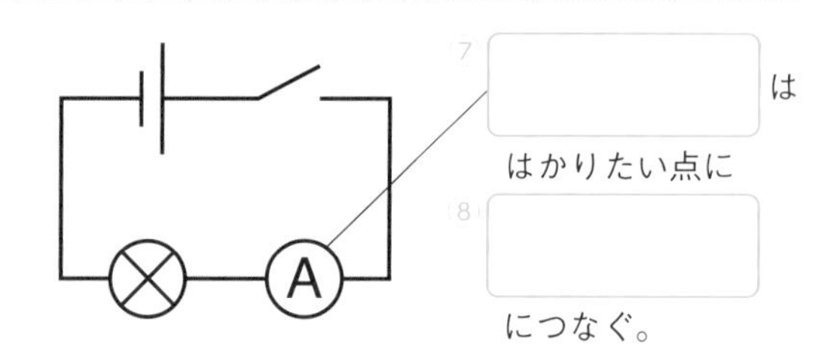

電流,電圧の大きさが予想できないときは,いちばん大きい－端子につなぐ。

□(2) 電流を流そうとするはたらきの大きさを表す量を(3)(　　　)といい，単位には(4)(　　　)(記号V)を使う。

□(3) 電流計も電圧計も，電源の＋極側の導線を(5)(　　　)端子(たんし)に，－(マイナス)極側の導線を(6)(　　　)端子につなぐ。

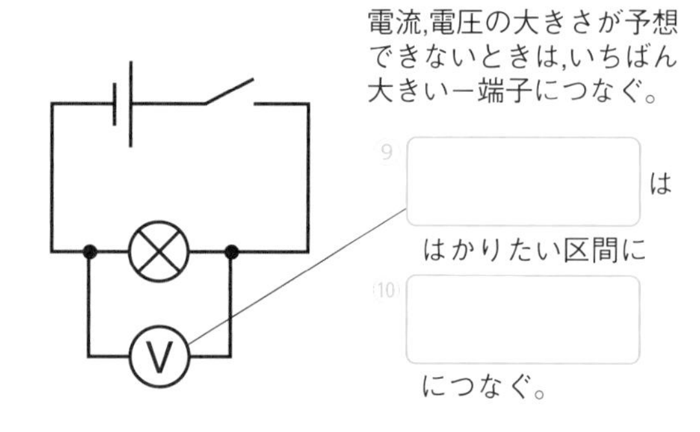

□(4) 図の7～10

要点
- 回路のようすを電気用図記号で表した図を回路図という。
- 電流の流れる道すじが，直列回路は1本，並列(へいれつ)回路は複数に枝分かれしている。

1章　電流の性質(1)

時間 15分　解答 p.25

❶ 乾電池(かんでんち)と豆電球，スイッチを，図1のように導線でつないだ。図2は，電気用図記号を使って図1を表したものである。 ▸▸ 1

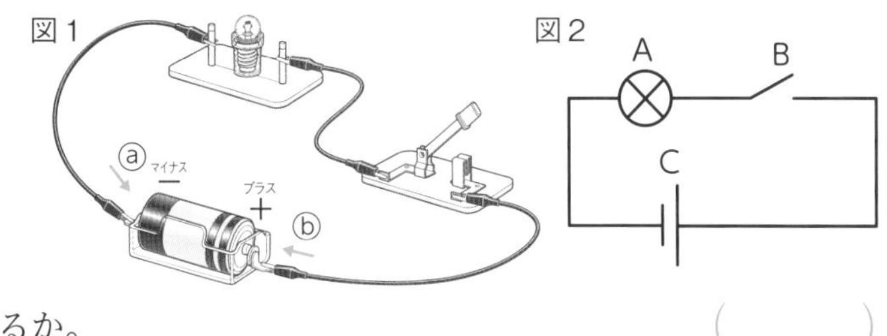

□(1) スイッチを入れると，電流が流れて豆電球に明かりがついた。この電流が流れる道すじのことを何というか。(　　　　)

□(2) スイッチを入れると，電流は図1のⓐ，ⓑどちらの向きに流れるか。(　　　　)

□(3) 図2のように，電気用図記号を使って表した図を何というか。(　　　　)

□(4) 図2のA～Cの電気用図記号は，それぞれ図1のどの器具を表しているか。器具の名前を書きなさい。　A(　　　　)　B(　　　　)　C(　　　　)

❷ 乾電池に2個の豆電球をつなぎ，図1，図2の2通りの回路をつくった。 ▸▸ 1

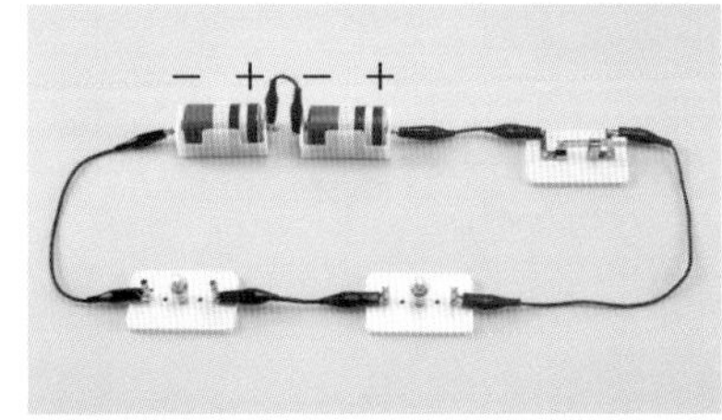

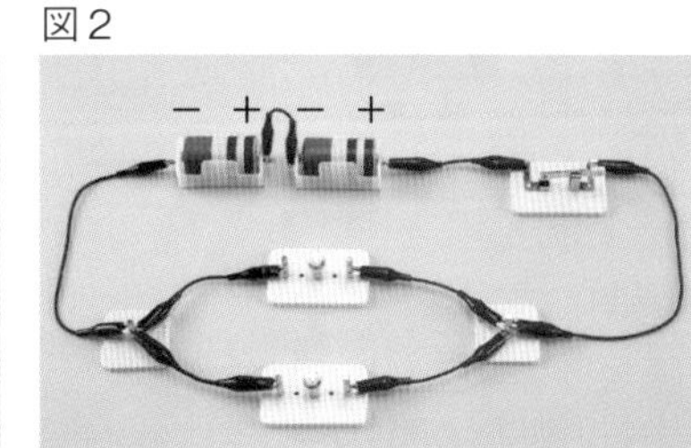

□(1) 電流の流れる道すじが図1，図2のような回路を，それぞれ何というか。
図1(　　　　)
図2(　　　　)

□(2) 図1の乾電池を電気用図記号で表したものを，ⓐ～ⓓから1つ選びなさい。(　　　　)

ⓐ ─┤│─　　ⓑ ─│├─　　ⓒ ─┤│┤│─　　ⓓ ─│├│├─

□(3) 豆電球1個が切れても，もう1個が点灯するのは，図1，図2のどちらか。(　　　　)

❸ 図1は電流計，図2は電圧計である。電流計には，5 A，500 mA，50 mAの－端子(たんし)が，電圧計には，3 V，15 V，300 Vの－端子がある。 ▸▸ 2

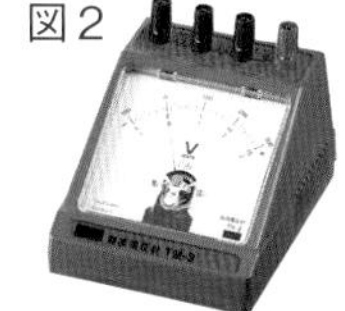

□(1) 測定する電流，電圧の大きさが予想できないときにつなぐ－端子はどれか。①電流計，②電圧計のそれぞれの3つの－端子から，1つずつ選びなさい。
①(　　　　)　②(　　　　)

□(2) ①電流計，②電圧計はそれぞれ回路にどのようにつなぐか。㋐～㋒からそれぞれ1つ選びなさい。
①(　　　　)　②(　　　　)

㋐ 直列につなぐ。　㋑ 並列につなぐ。　㋒ 直列でも並列でもどちらでもよい。

ヒント　❷(3) 電流の通る道すじがとぎれなければ，豆電球の明かりはつく。
❸(1) はかることができる値(あたい)をこえると，針が振(ふ)り切れてしまい，こわれることがある。

ぴたトレ 1
要点チェック

1章　電流の性質(2)

時間 10分　解答 p.25

（　）と［　］にあてはまる語句を答えよう。

1 回路に流れる電流

教科書 p.221～226 

□(1) 直列回路では，回路のどの点でも電流の大きさは ①(　　　　　)。

□(2) 並列(へいれつ)回路では，枝分かれした電流の大きさの ②(　　　　　)は，分かれる前の電流の大きさや，合流した後の電流の大きさに ③(　　　　　)。

□(3) 豆電球の並列回路では，豆電球に流れる電流の大きさが大きいほど，豆電球の明るさは ④(　　　　　)なる。

□(4) 図の⑤～⑧

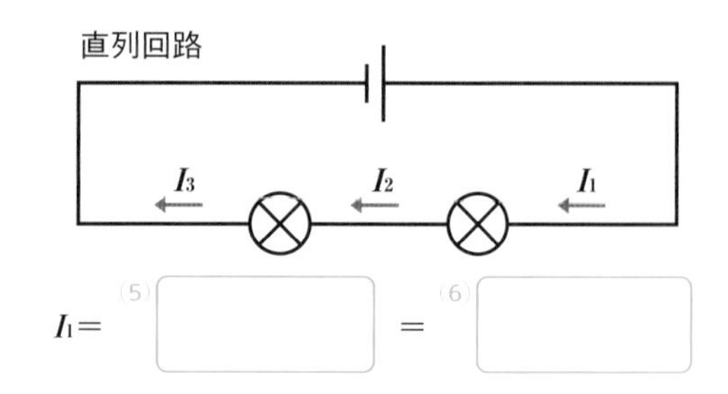

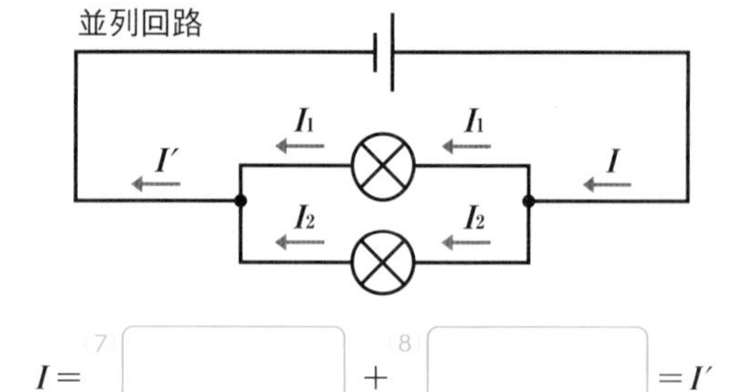

電流は記号 I を使って表すよ。図の矢印は，電流の向きを示しているよ。

I = ⑦[　　] + ⑧[　　] = I'

2 回路に加わる電圧

教科書 p.227～230 

□(1) 豆電球の直列回路では，それぞれの豆電球に加わる電圧の ①(　　　　　)は，乾電池(かんでんち)(電源(でんげん))の電圧に等しい。

□(2) 豆電球の並列回路では，それぞれの豆電球に加わる電圧は ②(　　　　　)で，それらは乾電池(電源)の電圧に等しい。

□(3) 直列回路では，電流の大きさは同じでも，豆電球に加わる電圧が大きいほど豆電球の明るさは ③(　　　　　)なる。

□(4) 図の④～⑦

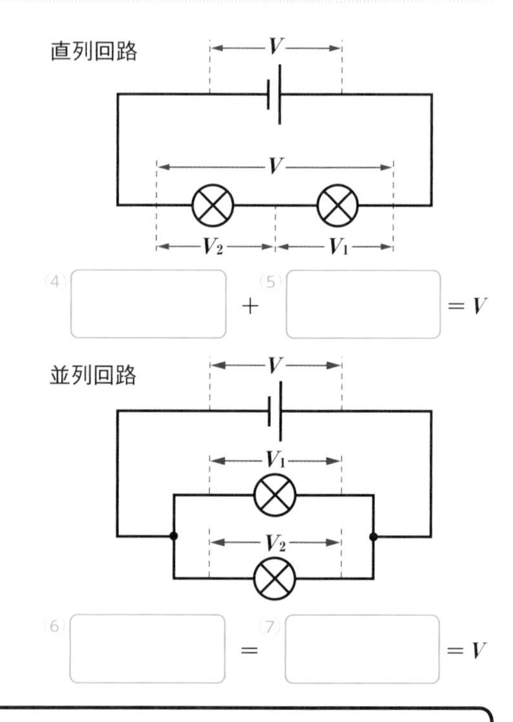

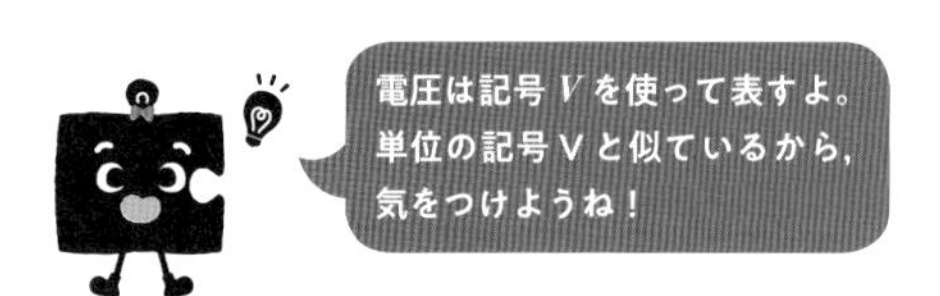

要点
●直列回路では電流はどこも同じ。並列回路では，分かれた電流の和＝合流後の電流。
●直列回路は各電圧の和が電源電圧に等しい。並列回路はどこでも電源電圧と等しい。

1章　電流の性質(2)

時間 15分　解答 p.25

1 種類の異なる２つの豆電球ア，イを使って，図１，図２のような回路をつくり，点ⓐ～ⓖに流れる電流の大きさを調べた。 ▶▶1

□(1) 電流の単位の記号Ａの読み方を書きなさい。
（　　　　）

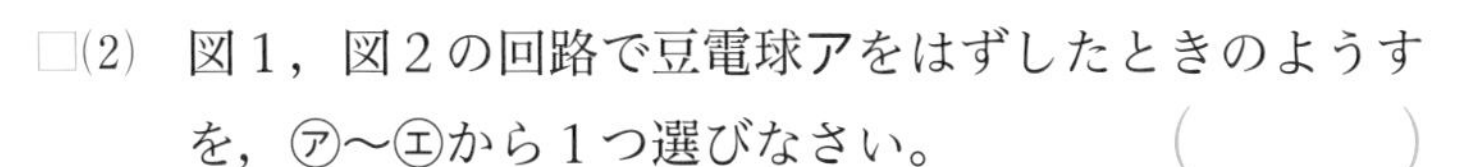

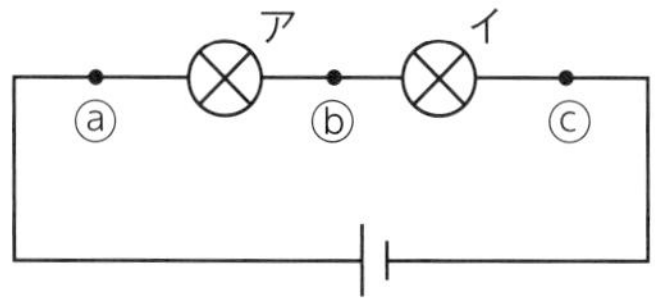

□(2) 図１，図２の回路で豆電球アをはずしたときのようすを，㋐～㋓から１つ選びなさい。（　　　）

㋐ 図１，２とも豆電球イはついたままである。

㋑ 図１，２とも豆電球イは消えてしまう。

㋒ 図１の豆電球イはついたままであるが，図２の豆電球イは消えてしまう。

㋓ 図１の豆電球イは消えてしまうが，図２の豆電球イはついたままである。

図１

図２

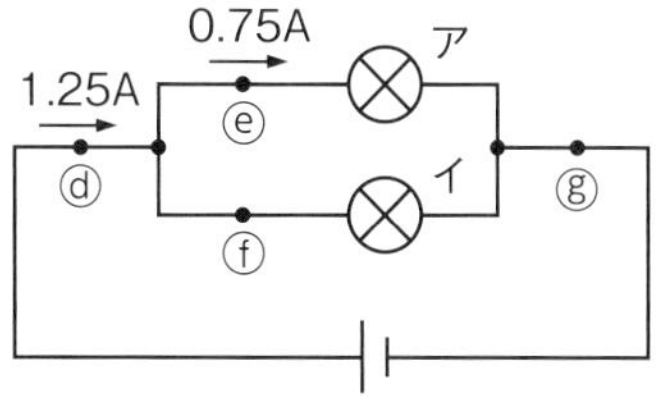

□(3) 図１の回路で，点ⓐの電流の大きさは 300 mA であった。

① 300 mA は何Ａか。（　　　　）

② 点ⓑ，点ⓒの電流の大きさは，それぞれ何Ａか。

点ⓑ（　　　　）　点ⓒ（　　　　）

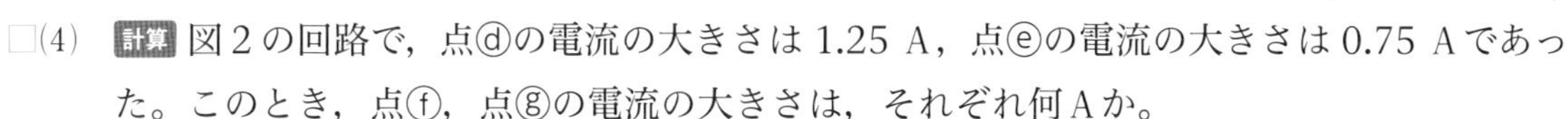

□(4) 計算 図２の回路で，点ⓓの電流の大きさは 1.25 A，点ⓔの電流の大きさは 0.75 A であった。このとき，点ⓕ，点ⓖの電流の大きさは，それぞれ何Ａか。

点ⓕ（　　　　）　点ⓖ（　　　　）

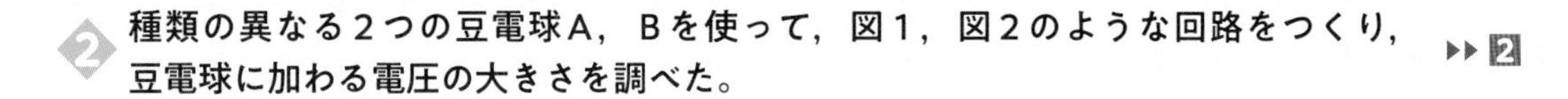

2 種類の異なる２つの豆電球Ａ，Ｂを使って，図１，図２のような回路をつくり，豆電球に加わる電圧の大きさを調べた。 ▶▶2

□(1) 電圧の単位の記号Ｖの読み方を書きなさい。
（　　　　）

□(2) 電圧を測定しようとする２点間に，電圧計をつなぐとき，直列と並列（へいれつ）のどちらになるようにつなぐか。
（　　　　）

□(3) 計算 図１の回路で，電源（でんげん）の電圧は 6.0 V，豆電球Ａに加わる電圧の大きさは 4.0 V であった。豆電球Ｂに加わる電圧 V_1 の大きさは何Ｖか。（　　　　）

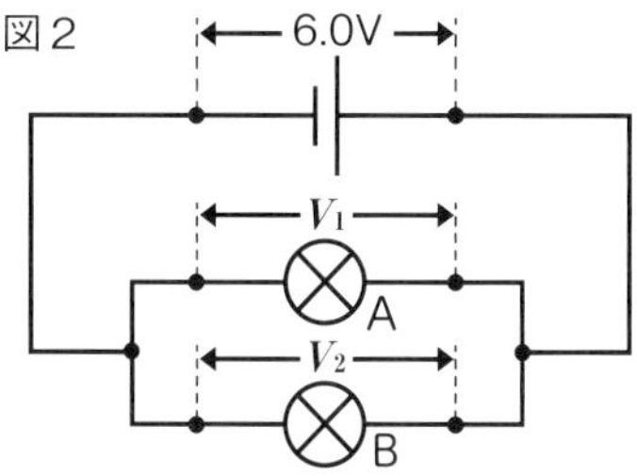

□(4) 図２の回路で，電源の電圧は 6.0 V であった。豆電球Ａに加わる電圧 V_1，豆電球Ｂに加わる電圧 V_2 の大きさはそれぞれ何Ｖか。　V_1（　　　　）　V_2（　　　　）

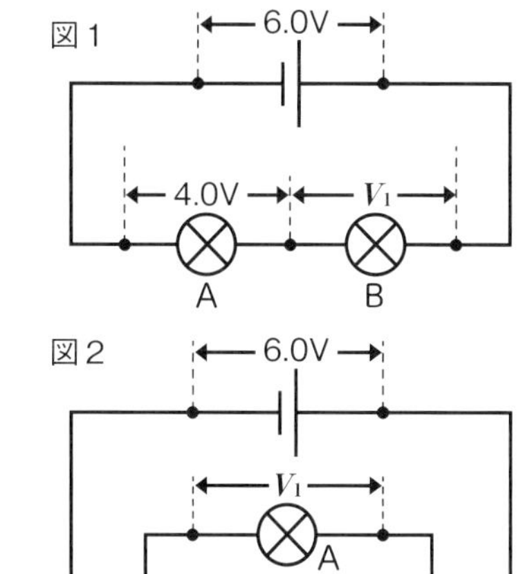

ヒント 1 (4) 枝分かれした電流の大きさの和は，分かれる前，合流した後の電流の大きさと等しい。
2 (3)，(4) 直列回路では，それぞれの電圧の和＝電源の電圧，並列回路では，どこでも電源の電圧と等しい。

エネルギー　電流とその利用 ― 教科書221～230ページ

1章　電流の性質①

❶ 厚紙の上に3本の導線を交差しないように自由に配線し，その上にもう1枚の厚紙をかぶせて配線が見えないようにして，2つの実験を行った。 16点

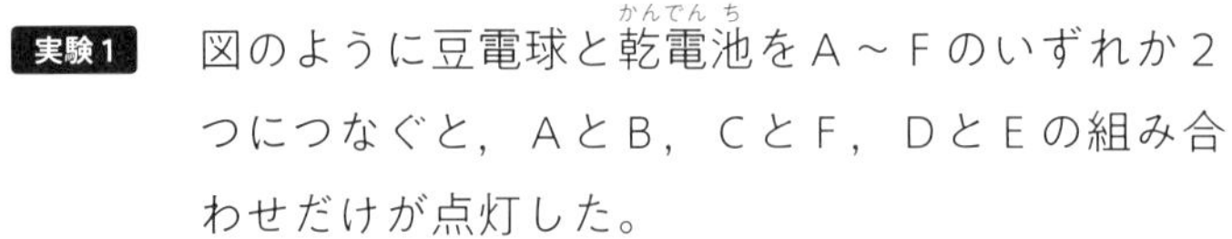

実験1 図のように豆電球と乾電池（かんでんち）をA～Fのいずれか2つにつなぐと，AとB，CとF，DとEの組み合わせだけが点灯した。

実験2 AとFに乾電池をつなぎ，CとE，BとDに実験1と同じ豆電球をつないだところ，豆電球は2つとも点灯したが，実験1のときより暗くなった。

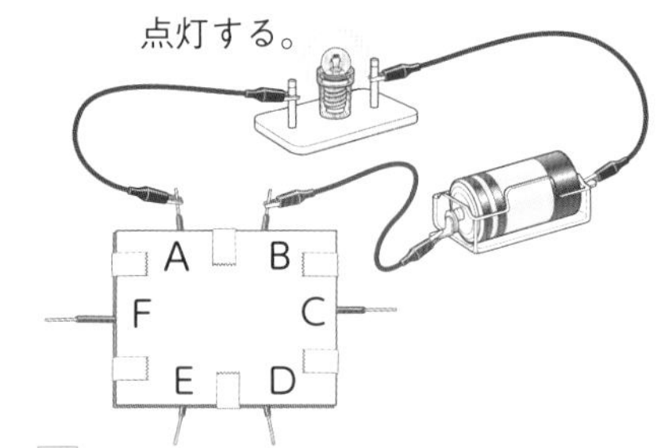

□(1) 作図 厚紙にかくれた配線図を解答欄（らん）にかき入れなさい。技

□(2) 図の配線で，E，Fに乾電池をつないだ場合，豆電球はどことどこにつなぐと点灯するか。A～Fから2つ選びなさい。技 思

□(3) 実験2のとき，2つの豆電球のつなぎ方は，直列回路と並列（へいれつ）回路のどちらか。思

よく出る ❷ 図1のように，乾電池と豆電球，スイッチを導線でつないだ。図2は，図1の電流計を，500 mAの－（マイナス）端子（たんし）を使い正しく接続したときの指針（ししん）の振（ふ）れを表す。 33点

□(1) 電流の大きさが予想できない場合，電流計のどの－端子につなぐか。㋐～㋒から選びなさい。

㋐ 50 mA　㋑ 500 mA　㋒ 5 A

□(2) 図1で，電流計の端子A，Bは，それぞれⓐ～ⓒのどことつなげばよいか。技

□(3) 作図 (2)のようにつないだ回路を示す回路図を，［　　］にかきなさい。技

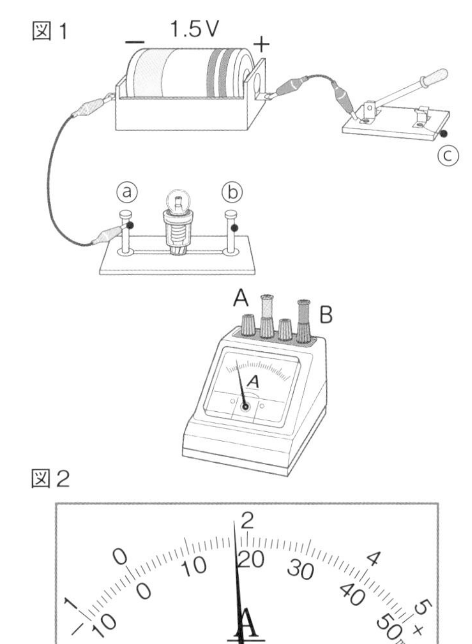

□(4) (3)の回路で，豆電球を流れる電流の大きさは何mAか。また，それは何Aか。技

□(5) 電圧計をつないで豆電球に加わる電圧をはかるとき，正しいつなぎ方であるものを㋐～㋓から1つ選びなさい。ただし，＋（プラス），－は電圧計の＋端子側，－端子側を表している。技

㋐
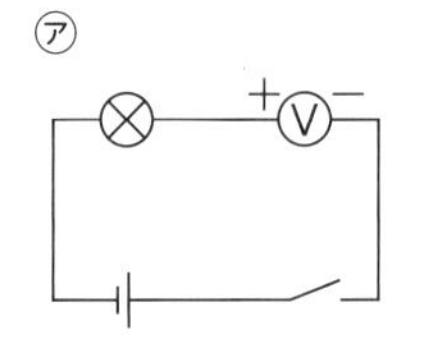

㋑
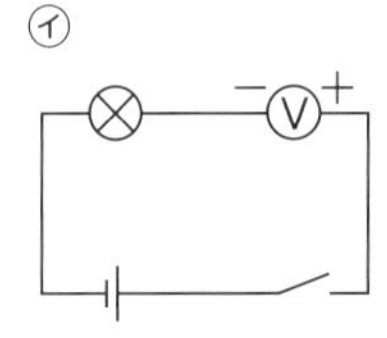

㋒
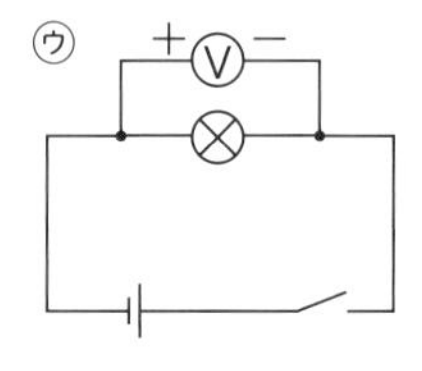

㋓
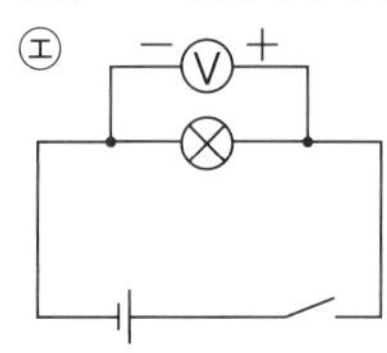

成績評価の観点　技…観察・実験の技能　思…科学的な思考・判断・表現

❸ 図1，図2のような回路をつくり，電流と電圧の大きさを調べた。　51点

□(1) 図1の回路で，電源(でんげん)の電圧を6.0 Vにしたところ，点Aを流れる電流の大きさは250 mA，AB間，BC間の電圧は，それぞれ1.2 V，0.9 Vであった。

① このときに用いる電流計の－端子として適切なものを，㋐～㋒から1つ選びなさい。

㋐ 50 mA端子　㋑ 500 mA端子

㋒ 5 A端子

② 点B，C，Dを流れる電流の大きさは，それぞれ何Aか。思

③ 計算 AC間，CD間の電圧はそれぞれ何Vか。思

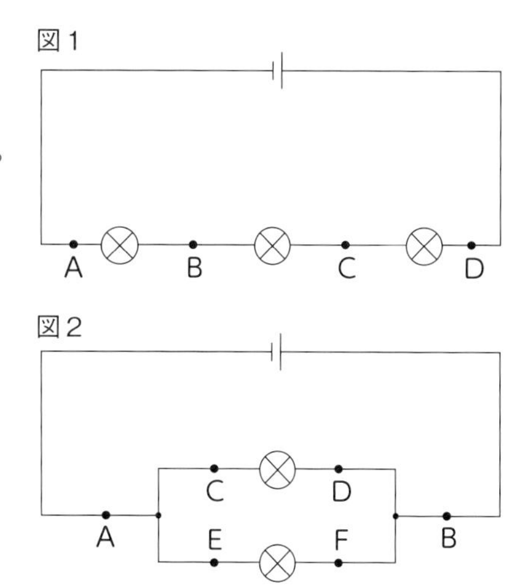

□(2) 図2の回路で，電源の電圧を4.5Vにしたところ，点A，Cを流れる電流の大きさは，それぞれ450 mA，250 mAであった。

① 計算 点B，D，Eを流れる電流の大きさは，それぞれ何mAか。思

② 記述 CD間の電圧をはかろうとして電圧計をつないでスイッチを入れたところ，指針が－の向きに振れた。指針が＋の向きに振れるようにするのは，どのような操作(そうさ)が必要か。技

③ CD間，EF間の電圧は，それぞれ何Vか。思

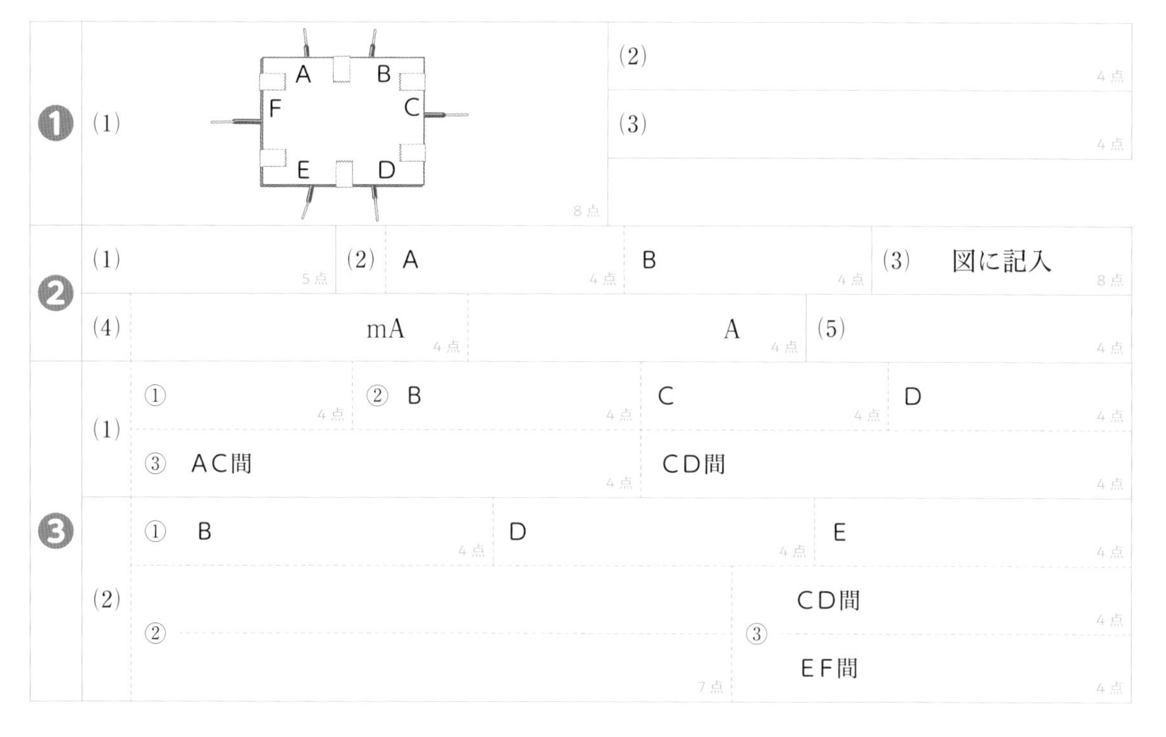

❶	(1) A B C D E F 8点	(2) 4点	(3) 4点	
❷	(1) 5点	(2) A 4点	B 4点	(3) 図に記入 8点
❷	(4) mA 4点	A 4点	(5) 4点	
❸ (1)	① 4点	② B 4点	C 4点	D 4点
❸ (1)	③ AC間 4点	CD間 4点		
❸ (2)	① B 4点	D 4点	E 4点	
❸ (2)	② 7点	③ CD間 4点	EF間 4点	

定期テスト予報　豆電球の直列回路と並列回路の電流の大きさ，電圧の大きさについてよく問われます。電流計や電圧計の使い方，回路に流れる電流，電圧の大きさの関係を整理しましょう。

1章　電流の性質(3)

時間 10分　解答 p.26

(　)と［　］にあてはまる語句を答えよう。

1 電圧と電流の関係

教科書 p.231～235 

□(1) 抵抗器(ていこうき)や電熱線を流れる電流は，それらに加える電圧に(1)(　　　)する。この関係を(2)(　　　)の法則という。

□(2) 電流の流れにくさを表す量を(3)(　　　)または単に(4)(　　　)という。

□(3) 電気抵抗の単位には(5)(　　　)(記号Ω)を使う。1Vの電圧で(6)(　　　)の電流が流れるときの電気抵抗が1Ωである。

□(4) 電流をI〔A〕，電圧をV〔V〕とすると，電気抵抗R〔Ω〕は，次の式で表される。

電気抵抗〔Ω〕＝ 加えた(7)(　　　)〔V〕 / 流れた(8)(　　　)〔A〕　R＝(9)(　　　) / (10)(　　　)

□(5) (4)のとき，オームの法則は次の式で表すことができる。

V＝(11)(　　　)　または，I＝(12)(　　　) / (13)(　　　)

□(6) 図の(14)～(15)

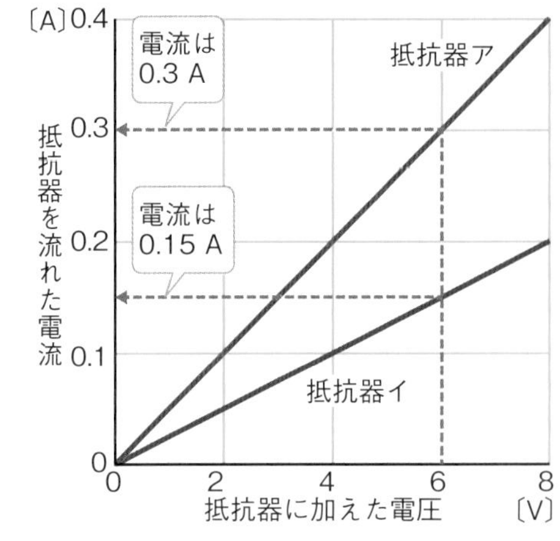

抵抗器アより抵抗器イのほうが，電流が流れにくく，電気抵抗が(14)［　　］。

抵抗器ア…20Ω

抵抗器イ…(15)［　　］

2 電気抵抗

教科書 p.236～240 

□(1) 2個の抵抗器を直列につなぐと，回路全体の電気抵抗Rはそれぞれの電気抵抗より(1)(　　　)なり，それぞれの電気抵抗の(2)(　　　)になる。

R_1　R_2

直列回路

$R = R_1 + R_2$

□(2) 2個の抵抗器を並列(へいれつ)につなぐと，電流の通り道がふえるので，電流が流れやすくなり，回路全体の電気抵抗Rはそれぞれの電気抵抗より(3)(　　　)なる。

R_1　R_2

並列回路

□(3) 図の(4)

$\frac{1}{R}$ ＝(4)［　　］

□(4) 電気抵抗の大きさは，物質の種類によって(5)(　　　)。

□(5) 金属は電気抵抗が(6)(　　　)，電流が流れやすい。このような物質を(7)(　　　)という。

□(6) ガラスやゴムなどは電気抵抗が非常に(8)(　　　)，電流がほとんど流れない。このような物質を(9)(　　　)，または(10)(　　　)という。

要点

●電流の大きさは電圧に比例する。これをオームの法則という。

●電気抵抗が小さい物質を導体(どうたい)，大きい物質を不導体(ふどうたい)，または絶縁体(ぜつえんたい)という。

1章　電流の性質(3)

時間 15分　解答 p.27

1 図1のような回路をつくり，2種類の電熱線ⓐ，ⓑのそれぞれに加わる電圧と流れる電流の関係を調べた。図2はその結果をまとめたグラフである。 ▸▸ 1 2

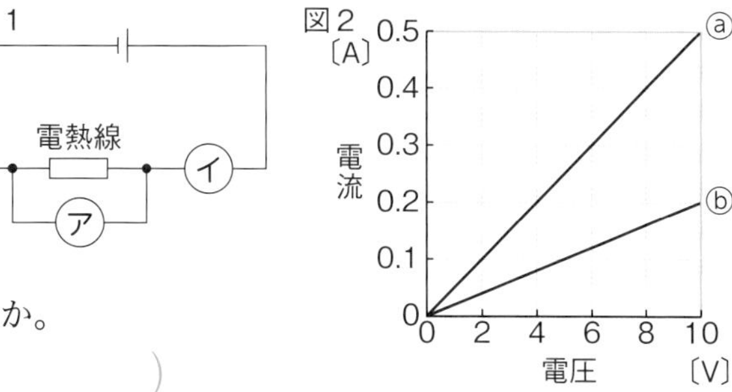

□(1) 図1で，電流計はア，イのどちらにつなぐか。（　　）

□(2) 図2のグラフから，①電熱線を流れる電流と，電熱線に加えた電圧の間にはどのような関係があるといえるか。また，②この関係を何の法則というか。 ①（　　）②（　　）

□(3) 電源（でんげん）の電圧が同じとき，電流が流れにくいのは電熱線ⓐ，ⓑのどちらか。（　　）

□(4) 計算 電熱線ⓐ，ⓑの電気抵抗（ていこう）は，それぞれ何Ωか。 ⓐ（　　）ⓑ（　　）

□(5) 計算 電熱線ⓐに加わる電圧が 5.0 V のとき，流れる電流は何 A か。（　　）

□(6) 計算 電熱線ⓑに加わる電圧が 12 V のとき，流れる電流は何 mA か。（　　）

□(7) 記述 電熱線のかわりにガラス棒（ぼう）を使うと，電流の流れ方はどうなるか。簡潔に書きなさい。
（　　）

□(8) 回路の導線には，銅など電気抵抗が小さく電気が流れやすい物質が使われる。このような物質を何というか。（　　）

□(9) (8)で答えた物質であるものを，㋐～㋔からすべて選びなさい。（　　）
㋐ 銀　㋑ ゴム　㋒ アルミニウム　㋓ 鉄　㋔ ポリエチレン

2 計算 図1，図2のように，20 Ω と 30 Ω の抵抗器を使った回路をつくり，それぞれ 3.0 V の電源につないだ。 ▸▸ 1 2

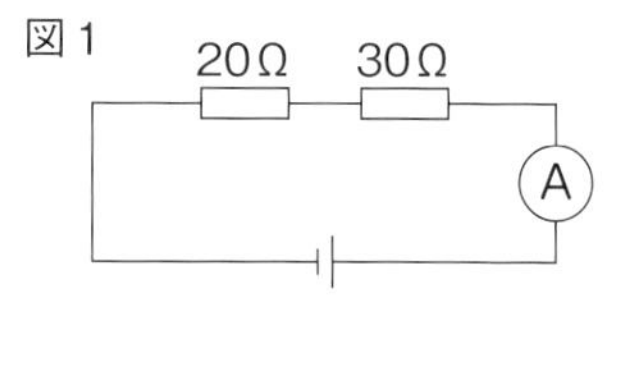

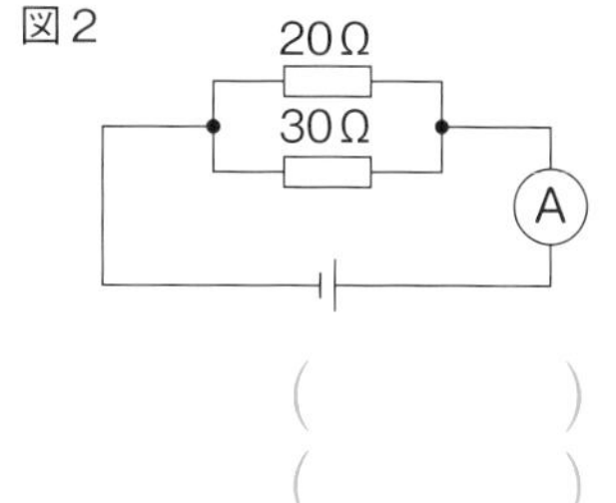

□(1) 図1の回路全体の電気抵抗は何Ωか。（　　）

□(2) 図1の電流計の指針（ししん）が示す値（あたい）は何 mA か。（　　）

□(3) 図1の①20 Ω の抵抗器，②30 Ω の抵抗器に加わる電圧は，それぞれ何 V か。 ①（　　）②（　　）

□(4) 図2の①20 Ω の抵抗器，②30 Ω の抵抗器に加わる電圧は，それぞれ何 V か。 ①（　　）②（　　）

□(5) 図2の①20 Ω の抵抗器，②30 Ω の抵抗器に流れる電流は，それぞれ何 A か。 ①（　　）②（　　）

□(6) 図2の電流計の指針が示す値は何 mA か。（　　）

□(7) 図2の回路全体の電気抵抗は何Ωか。（　　）

ヒント 1 (3) グラフの傾(かたむ)きは電流の流れやすさを表し，傾きが大きいほど電流は流れやすい。

ミスに注意 2 図1は直列回路，図2は並列(へいれつ)回路であることに注意する。

1章　電流の性質(4)

時間 10分　解答 p.27

(　)と[　]にあてはまる語句を答えよう。

1 電力(でんりょく)

教科書 p.241～242　▶▶1

□(1) 電流がもつ，光や熱，音を発生させたり，物体を動かしたりする能力を ①(　　　) という。

□(2) 電流が一定時間にはたらく能力の大小は，②(　　　) という量で表され，単位は，③(　　　)(記号W)を使う。

□(3) 電力は電圧と電流の ④(　　　) で表す。

□(4) 電圧を V〔V〕，電流を I〔A〕とすると，電力 P〔W〕は次の式で表される。

電力〔W〕＝電圧〔V〕⑤(　　　)電流〔A〕

P ＝ ⑥(　　　)

□(5) 図の⑦～⑨

100 W　60 W　10 W

電力が ←→ 電力が

⑦[　　　]　⑧[　　　]

電圧が同じときには,電力が ⑨[　　　] ほうが明るい。

2 熱量(ねつりょう)と電力量(でんりょくりょう)

教科書 p.242～246　▶▶

□(1) 物体の温度を変化させる原因になるものを ①(　　　) という。

□(2) 電熱線を水の中に入れて電流を流すとき，水の質量が一定ならば，水温の上昇(じょうしょう)は加えた熱の量(熱量)に ②(　　　) する。

□(3) 電流による発熱量は，電流を流した時間や，③(　　　) に比例する。

□(4) 発生した熱量は ④(　　　)(記号 J)という単位を使って表す。

□(5) 電流による発熱量〔J〕＝ ⑤(　　　)〔W〕× ⑥(　　　)〔s〕

□(6) 1 Wの電力で ⑦(　　　) 間電流を流したときに発生する熱量が 1 J である。

1000 J ＝ 1 ⑧(　　　)

□(7) 電気器具に「100 V　1200 W」と表示されている場合は，100 Vの電圧で使ったときに消費する電力の最大の値(あたい)(消費電力)が ⑨(　　　) であることを示している。

□(8) 電流により消費した電気エネルギーの量を ⑩(　　　) といい，発熱量と同じジュールの単位で表す。

□(9) 電力量〔J〕＝ ⑪(　　　)〔W〕× ⑫(　　　)〔s〕

□(10) 1 Wの電力を 1 時間使ったときの電力量を 1 ⑬(　　　)(記号 Wh)ということもある。

□(11) 図の⑭

100Vで使ったときの

⑭[　　　] が

1200Wである。

要点

●電力 P〔W〕＝電圧 V〔V〕×電流 I〔A〕

●電流による発熱量(電力量)〔J〕＝電力〔W〕×時間〔s〕

ぴたトレ 2 練習

1章 電流の性質(4)

時間 15分 解答 p.28

1 図のようにして，100 W の電球A，60 W の電球B，10 W の電球Cに同じ電圧を加えた。 ▸▸ 1

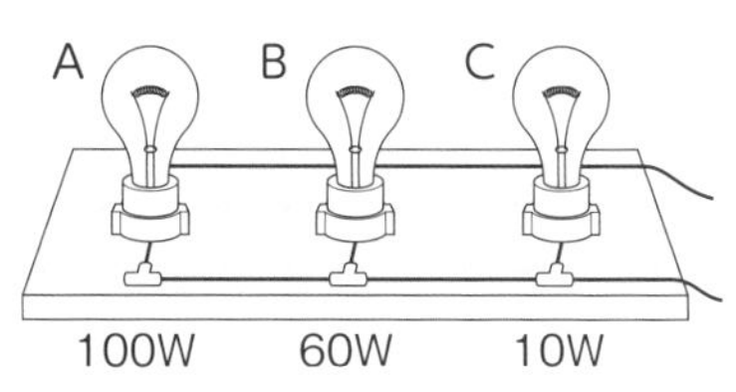

□(1) 電流がもっている，光や熱などを発生させる能力のことを何というか。 (　　　)

□(2) 電球A～Cの明るさについて正しく述べたものを，㋐～㋒から1つ選びなさい。 (　　　)

㋐ Aに流れる電流がもっとも大きいので，Aがもっとも明るい。

㋑ Aに流れる電流がもっとも小さいので，Aがもっとも暗い。

㋒ 流れる電流の大きさはどの電球も同じなので，どれも同じ明るさである。

2 図1の装置(そうち)で，4 Ω の電熱線ⓐと1 Ω の電熱線ⓑに，それぞれ4Vの電圧を加えて時間と水の温度変化の関係を調べたところ，表のようになった。 ▸▸ 2

時間〔分〕	0	1	2	3	4	5
ⓐの水温〔℃〕	15.0	15.6	16.0	16.7	17.2	17.8
ⓑの水温〔℃〕	15.0	16.9	19.1	21.4	23.6	25.8

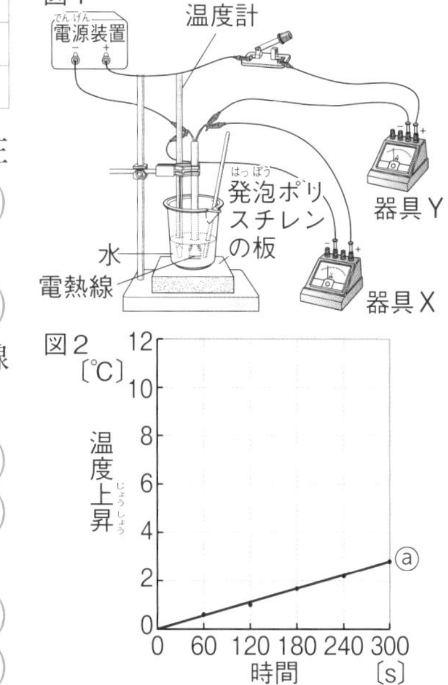

□(1) 電熱線を変えて調べるときにそろえておくことは，電圧の大きさと，もう1つは何か。 (　　　)

□(2) 図1の器具X，器具Yの名前を書きなさい。

器具X(　　　)　器具Y(　　　)

□(3) 作図 電熱線ⓑの測定結果を表すグラフを，図2の電熱線ⓐのグラフにならって，図2にかき入れなさい。

□(4) 計算 電熱線ⓐに流れた電流は何Aか。 (　　　)

□(5) 計算 電熱線ⓑが消費した電力は何Wか。 (　　　)

□(6) 計算 電熱線ⓐが1分間に消費した電力量は何Jか。 (　　　)

□(7) 計算 電熱線ⓑの1分間の発熱量は何Jか。 (　　　)

3 「100 V　800 W」表示の電気ストーブと，「100 V　300 W」表示のトースターを，図のように100 V のコンセントにつないで使用した。 ▸▸ 2

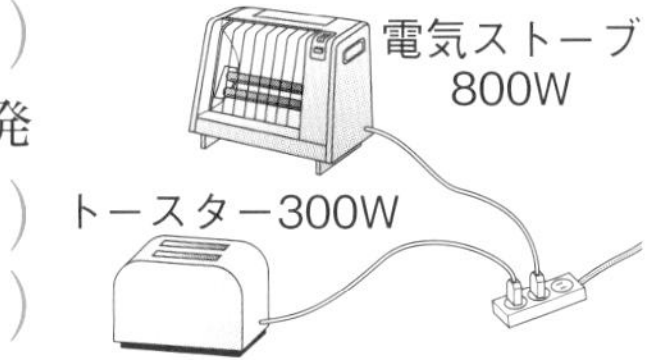

□(1) 計算 消費される電力は，全体で何Wか。 (　　　)

□(2) 計算 この電気ストーブを10分間使用したとき，電流による発熱量は何Jか。 (　　　)

□(3) 消費した電気エネルギーのことを何というか。 (　　　)

ヒント 2 (6)，(7) 電流による発熱量や電力量は，電力〔W〕と時間〔s〕の積で表される。

ミスに注意 3 (2)時間の単位を秒になおすことを忘れないようにする。

ぴたトレ 3 確認テスト

1章　電流の性質②

時間30分　／100点　合格70点　解答 p.28

よく出る ❶ 電源と抵抗器(ていこうき)A，Bを用いて回路をつくり，実験をした。図1の回路で，抵抗器Aに加わる電圧と流れる電流の関係を，また，図2の回路で，並列(へいれつ)回路全体に加わる電圧と回路全体を流れる電流の関係を調べた。図3はその結果である。 27点

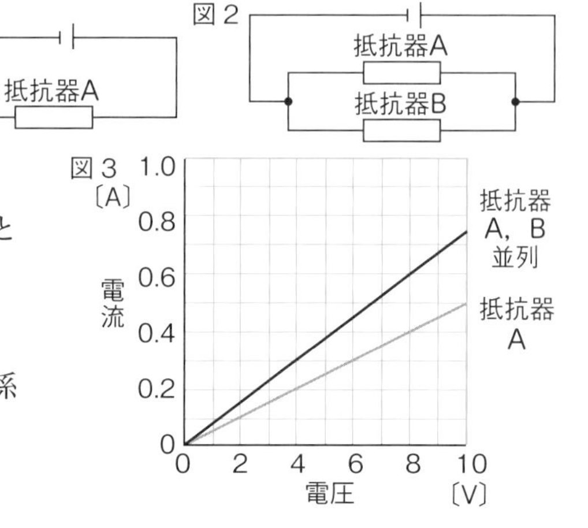

□(1) 計算 抵抗器Aの電気抵抗は何Ωか。

□(2) 計算 図2の並列回路全体の電気抵抗は何Ωか。小数第1位を四捨五入して，整数で求めなさい。技

□(3) 計算 図2で，抵抗器Aに流れる電流が0.4 Aのとき，抵抗器Bに流れる電流は何Aか。思

□(4) (3)のとき，電源(でんげん)の電圧は何Vか。

□(5) 作図 抵抗器Bに加わる電圧と流れる電流との関係を，図3のグラフにかき入れなさい。思

□(6) 計算 抵抗器Bの電気抵抗は何Ωか。思

よく出る ❷ 計算 図のように3つの抵抗器P，Q，Rを24 Vの電源につなぎ，各抵抗器に流れる電流を調べたところ，抵抗器Pは4 A，抵抗器Qは3 Aであった。なお，抵抗器Pの電気抵抗は3Ωである。 29点

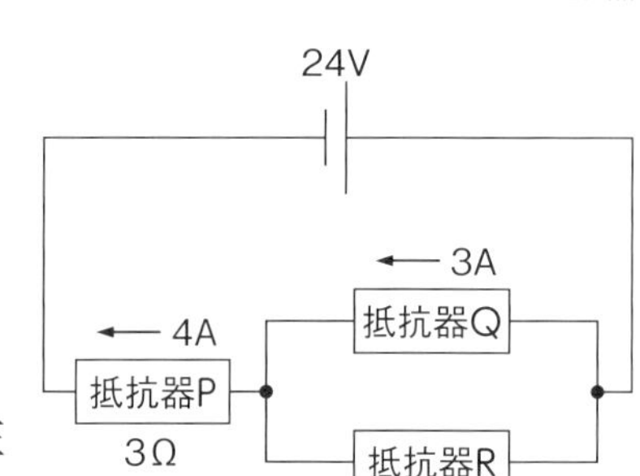

□(1) 抵抗器Pに加わる電圧は何Vか。

□(2) 抵抗器Qに加わる電圧は何Vか。

□(3) 抵抗器Rに加わる電圧は何Vか。

□(4) 抵抗器Rに流れる電流は何Aか。

□(5) 抵抗器Rの電気抵抗は何Ωか。

□(6) 抵抗器Qと抵抗器Rを並列につないだ部分に加わる電圧は何Vか。

□(7) 図の回路全体の電気抵抗は何Ωか。

□(8) 抵抗器Qと抵抗器Rを並列につないだ部分の電気抵抗は何Ωか。思

点UP □(9) 図の回路から，抵抗器Qをはずしたとき，抵抗器Pに流れる電流は何Aか。思

❸ 計算「100 V－1000 W」の表示があるアイロンを100 Vの電圧で使用した。 10点

□(1) 消費した電力が1000 Wだったとき，流れた電流は何Aか。

□(2) アイロンを5分間使用したときに消費する電力量は何kJか。

点UP □(3) 100 Vの電圧で20 Aまでの電流しか同時に使えないとき，このアイロンと同時に使える電気器具を㋐～㋔からすべて選びなさい。ただし，(　)内の数値はその電気器具の消費電力を表す。思

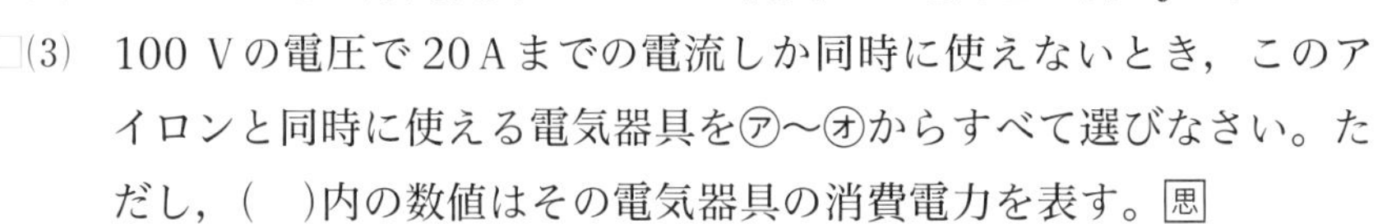

㋐ テレビ(120 W)　㋑ 炊飯器(すいはんき)(1200 W)

㋒ 電気ポット(900 W)　㋓ エアコン(1500 W)　㋔ 扇風機(せんぷうき)(30 W)

100V　1000W

成績評価の観点　技…観察・実験の技能　思…科学的な思考・判断・表現

❹ 10 Ω の電熱線Aと40 Ω の電熱線Bを用いて，図1，図2のような回路をつくり，電源装置の電圧を20 V にした。ビーカーⓐ～ⓓには，同じ温度，同じ質量の水が入れてある。

34点

□(1) 記述 この実験は，ガラス棒でかき混ぜながら行った。その理由を簡潔に書きなさい。技

□(2) 計算 図2の電流計は，何Aをさすか。

□(3) 計算 図2で，ビーカーⓒの電熱線Aが5分間に発生した熱量は，何Jか。思

□(4) 計算 図1，図2で電流を流したとき，①～④で消費する電力はそれぞれ何Wか。思

① ビーカーⓐの電熱線A　② ビーカーⓑの電熱線B

③ ビーカーⓒの電熱線A　④ ビーカーⓓの電熱線B

□(5) 図1，図2で5分間電流を流したとき，ビーカー内の水の温度上昇が大きい順にⓐ～ⓓを並べなさい。

□(6) 記述 電熱線が一定時間に発生する熱量と，電圧，電流の関係を簡潔に書きなさい。思

図1

図2

❶	(1) 3点	(2) 5点	(3) 5点
	(4) 3点	(5) 図に記入 7点	(6) 4点
❷	(1) 3点	(2) 3点	(3) 3点
	(4) 3点	(5) 3点	(6) 3点
	(7) 3点	(8) 4点	(9) 4点
❸	(1) 3点	(2) 3点	(3) 4点
❹	(1) 5点		
	(2) 3点	(3) 3点	
	(4) ① 3点	② 3点	
	(4) ③ 3点	④ 3点	
	(5) 5点		
	(6) 6点		

定期テスト予報　オームの法則を使う計算問題，電力，発熱量・電力量を求める計算問題がよく出ます。公式は単位とともに整理し，A と mA，秒と分などをまちがえないようにしましょう。

ぴたトレ 1 要点チェック

2章　電流の正体(1)

時間 10分　解答 p.29

(　　)と［　　］にあてはまる語句を答えよう。

1 静電気

教科書 p.248～251 ▶▶ 

□(1) 物体にたまった電気を(1)(　　　　　)という。

□(2) 図の(2)～(3)

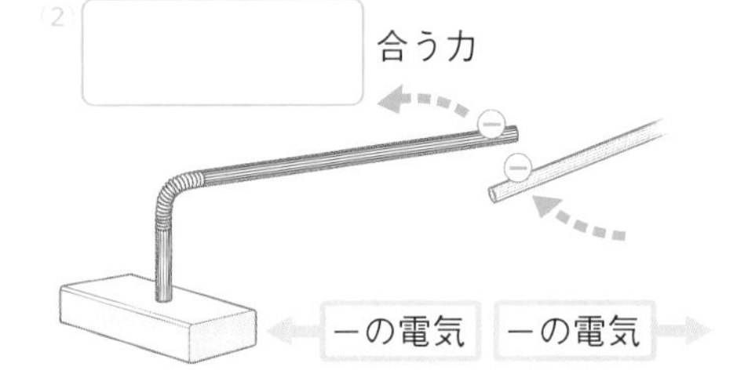

□(3) 電気の性質

❶電気には(4)(　　　　)(正)と(5)(　　　　)(負)の２種類がある。

❷異なる種類の電気の間には，(6)(　　　　　　)力がはたらく。

❸(7)(　　　　)種類の電気の間には，しりぞけ合う力がはたらく。

❹電気の間にはたらく力は，(8)(　　　　　　)いてもはたらく。

□(4) 電気の間にはたらく力を(9)(　　　　　　)(電気の力)という。

□(5) たまっていた電気(静電気)が流れると(10)(　　　　　)になる。

2 電流の正体

教科書 p.252～254 ▶▶ 

□(1) 電気が空間を移動したり，たまっていた電気が流れ出したりする現象を(1)(　　　　　)という。

□(2) 放電管に大きな電圧を加えると，圧力の小さい気体の中を電流が流れる。このような現象を(2)(　　　　　　)という。

□(3) 図のような放電管で，AB間に高い電圧を加えると，十字の影ができることから，(3)(　　　　)極側の電極から電流のもとになるものが出て，(4)(　　　　)極側に向かっていると考えられる。この電流のもとになるものの流れは(5)(　　　　　)と名づけられた。

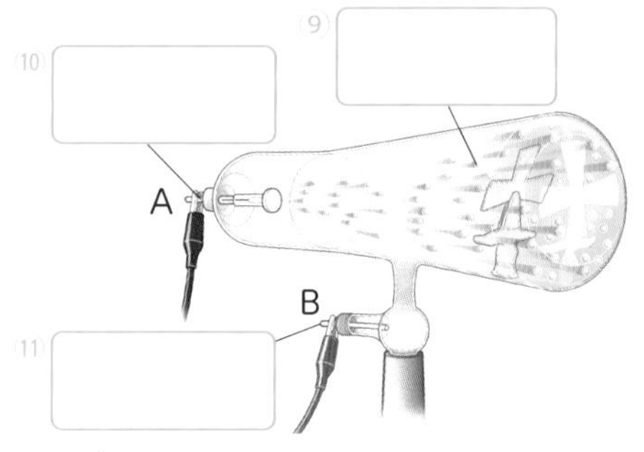

□(4) 電流は－極から出る非常に小さな粒子の流れで，この粒子のことを(6)(　　　　　)という。

□(5) 電子の性質：❶(7)(　　　　　)をもつ非常に小さな粒子である。

❷(8)(　　　　)(負)の電気をもっている。

□(6) 図の(9)～(11)

要点

●電気には＋と－の２種類あり，たまっていた電気(静電気)が流れると電流になる。

●電流のもとになる電子は，－の電気をもち，質量をもつ非常に小さな粒子である。

ぴたトレ **2** 練習

2章　電流の正体(1)

時間 15分　解答 p.29

1 プラスチックの下じきで髪の毛をこすって下じきを持ち上げると，図のように髪の毛が下じきに引きつけられた。このとき髪の毛には＋の電気がたまった。　▸▸ 1

□(1)　物体にたまった電気のことを何というか。（　　　）

□(2)　髪の毛が下じきに引きつけられたことから，髪の毛と下じきの間には力がはたらいたことがわかる。

①　髪の毛と下じきの間にはたらいた力のことを何というか。（　　　）

②　このとき，下じきはどのようになっているか。㋐～㋒から1つ選びなさい。（　　　）

㋐　＋の電気がたまっている。　　㋑　－の電気がたまっている。

㋒　電気はたまっていない。

□(3)　髪の毛と下じきの間にはたらいた力ともっとも似た性質をもつ力を㋐～㋒から1つ選びなさい。（　　　）

㋐　物体が離れていてもはたらき，引き合う力としりぞけ合う力がある磁力。

㋑　物体が離れていてもはたらき，引っぱる力である重力。

㋒　ふれ合った物体にはたらき，引く力と押す力がある弾性力。

2 図のような2つの放電管を用いて，電流の性質を調べる実験を行った。　▸▸ 2

図1

A

B

□(1)　図1では，電流のもとになるものの流れが十字板に当たって，そのうしろに影ができた。この電流のもとになるものの流れを何というか。（　　　）

□(2)　図1のガラス管に十字板の影ができたとき，A，Bはそれぞれ＋極，－極のどちらか。A（　　　）　B（　　　）

図2

C　X　－極　＋極　D　蛍光板

□(3)　(1)は非常に小さな粒子の流れであることがわかっている。この電流のもとになる小さな粒子を何というか。（　　　）

□(4)　(3)の粒子の性質について述べた次の文の（　）に，あてはまる語句や記号を入れなさい。

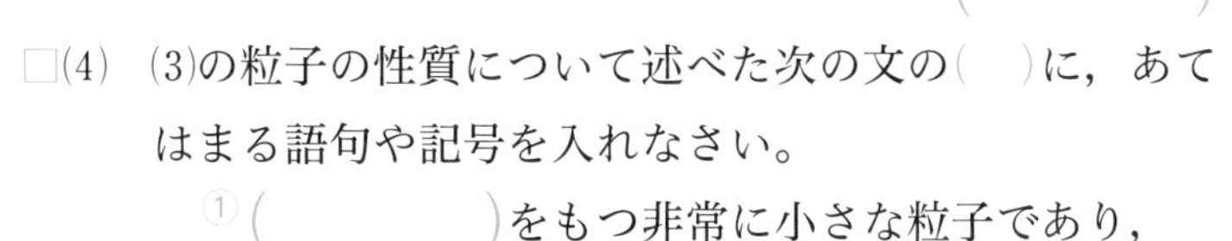

①（　　　）をもつ非常に小さな粒子であり，②（　　　）の電気をもっていて，③（　　　）極から④（　　　）極の向きに移動する。

□(5)　図2で電極板C，Dに電圧を加えたとき，図のように明るいすじXが上のほうへ曲がった。このときC，Dはそれぞれ＋極，－極のどちらか。　C（　　　）　D（　　　）

ヒント　2 (2) 電流のもとになるものは，－極から出て＋極に向かう。

2 (5) 異(こと)なる種類の電気に引きつけられて，上のほうへ曲がったと考えられる。

ぴたトレ 1 要点チェック

2章　電流の正体(2)

時間 10分　解答 p.30

（　）と□にあてはまる語句を答えよう。

1 電流と電子の移動

教科書 p.254～255　▶▶ 1 2

□(1) 金属中には自由に動き回れる①(　　　　)がたくさん存在する。

□(2) 電子は－(マイナス)の電気をもっているが，金属中にはそれを打ち消す②(　　　　)の電気も存在するので，金属全体では＋(プラス)と－のどちらの電気も帯びていない。このような状態を電気的に③(　　　　)という。

□(3) 図のような回路でスイッチを入れて，金属の両端に電圧を加えると，④(　　　　)の電気をもっている電子は⑤(　　　　)極の向きに引かれ，⑤極のほうへ移動する。

□(4) (3)のような電子の移動が⑥(　　　　)である。

□(5) 電流が流れているとき，電子の移動する向きは⑦(　　　　)極から⑧(　　　　)極の向きであり，電流の向きとは⑨(　　　　)である。

□(6) 図の⑩～⑫

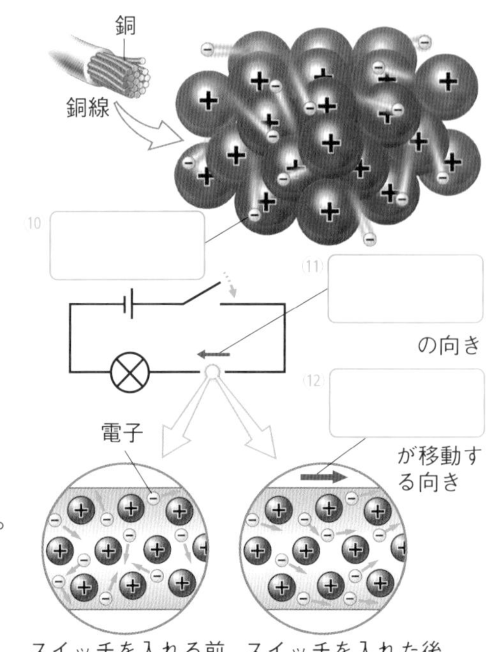

□(7) 摩擦によって静電気が起こるときは，物体間で⑬(　　　　)が受けわたしされ，⑬をわたした物体が⑭(　　　　)の電気を帯び，受けとった物体が⑮(　　　　)の電気を帯びる。

2 放射線

教科書 p.257～258　▶▶ 3

□(1) 1895年，ドイツのレントゲンは，放電管から出ている目に見えない何かを発見し，①(　　　　)と名づけた。翌年，フランスのベクレルが，ウランから①に似た目に見えない②(　　　　)が出ていることを発見した。

□(2) 放射線を出す物質を③(　　　　)という。

□(3) 放射線には，X(エックス)線，④(　　　　)(アルファ)線，⑤(　　　　)(ベータ)線，γ(ガンマ)線などがある。

□(4) 放射線には物質を⑥(　　　　)する性質がある。

□(5) 放射線は，医療や⑦(　　　　)，工業などさまざまな場面で利用されている。→表の⑧

放射線のいろいろな利用

医療	骨の異常の発見
	がんの放射線治療
	医療器具の滅菌
農業	⑧の芽の成長をおさえる。
工業	タンク内の水量の測定
	自動車のタイヤを強くする。

要点
●金属に電圧を加えると，動き回っていた電子が＋極の向きに移動し，電流となる。
●放射線には，X線，α線，β線，γ線などがあり，物質を透過する性質がある。

2章　電流の正体(2)

時間 15分　解答 p.30

1 図1は，銅に存在する電子のようすを，図2は，回路を表している。 ▶▶ 1

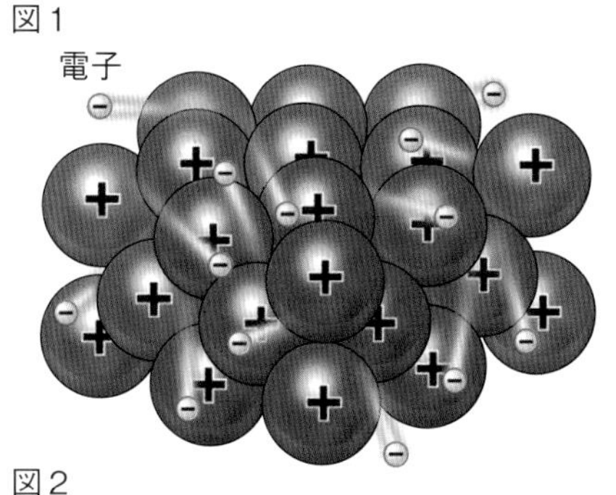

□(1) 図1のような自由に動き回れる電子が存在する物質を，㋐～㋒から1つ選びなさい。（　　　）
㋐ 固体　㋑ 無機物　㋒ 金属

□(2) 図1のように，銅には自由に動き回れる－の電気をもった電子がたくさん存在するが，それを打ち消す＋の電気も存在するので，全体としては電気を帯びていない。このような状態のことを何というか。（　　　）

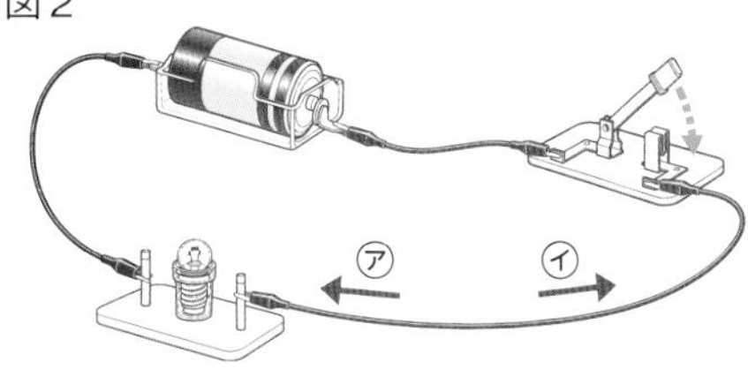

□(3) 図2のような回路をつくり，スイッチを入れた。このとき，①導線を流れる電流の向きと，②導線を動く電子の向きは，それぞれ図の㋐，㋑のどちらの向きか。①（　　　）②（　　　）

2 図は，ストローをティッシュペーパーでこすったとき，静電気が起こるしくみを表したものである。 ▶▶ 1

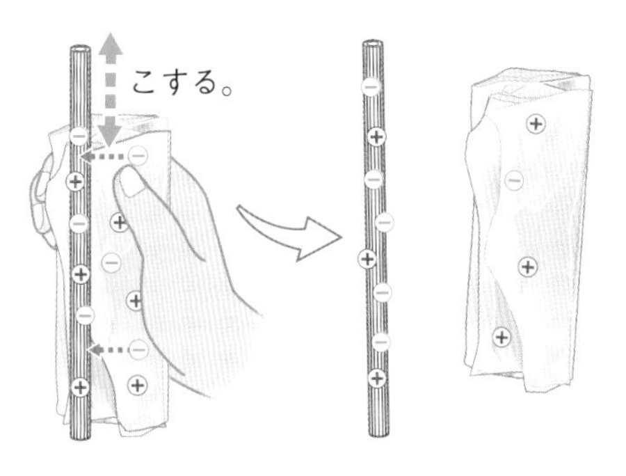

□(1) 図で，ティッシュペーパーからストローに移動している㊀は，何を表しているか。（　　　）

□(2) こすり合わせた後，ストローとティッシュペーパーは，それぞれ全体としてどのような電気を帯びているか。

ストロー（　　　）
ティッシュペーパー（　　　）

3 放射線はさまざまな場面で利用されている。 ▶▶ 2

□(1) 放射線の性質について，（　）にあてはまる語句を書きなさい。
物質を（　　　）する性質があり，物質や放射線の量，種類によってその力は異なる。

□(2) 放射線についての説明として誤っているものを㋐～㋓から1つ選びなさい。（　　　）
㋐ 放射線は目に見えないが，身のまわりの植物や岩石などからも出ている。
㋑ 調べるのが困難な高温の鉄板の厚さの測定に使われる。
㋒ 自動車のタイヤに放射線を当てると，摩擦に強い性質になる。
㋓ ドイツのレントゲンは，目に見えない放射線がウランから出ているのを発見した。

ヒント 1 (3) 電子の動く向きと電流の向きは逆である。電子は－の電気をもっているから＋側に引かれる。
2 (1) 電流のもとになるものと同じものである。

ぴたトレ 3

確認テスト

2章　電流の正体

1 それぞれ異なる種類の布で摩擦した発泡ポリスチレンの小球ⓐ～ⓓを，どれも同じ電気を通さない糸でつるして近づけたところ，図1のようになった。このとき，小球ⓐは＋の電気を帯びていた。

39点

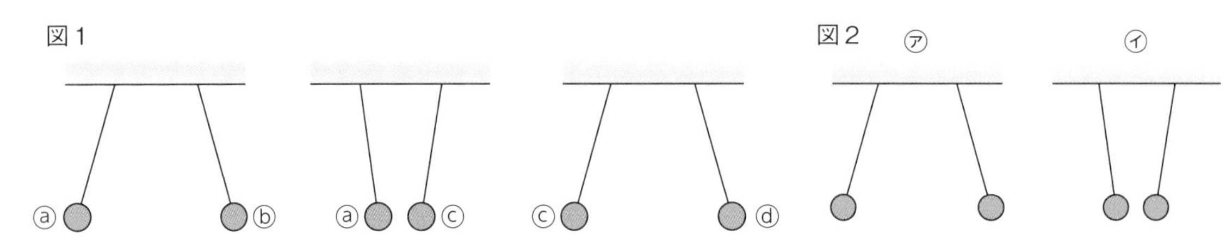

□(1)　小球ⓑは，＋と－のどちらの電気を帯びているか。

□(2)　小球ⓒが帯びている電気と同じ種類の電気を帯びている小球は，ⓐ，ⓑ，ⓓのどれか。

□(3)　摩擦したときに，布に電子をわたした小球はどれか。ⓐ～ⓓからすべて選びなさい。思

□(4)　①～③の組み合わせで小球を近づけたとき，図2の㋐，㋑のどちらのようになるか。思

①　ⓐとⓓ　　②　ⓑとⓒ　　③　ⓑとⓓ

□(5)　電気を帯びた小球の1つに，ネオン管の一端を接触させたところ，ネオン管が一瞬点灯した。

①　ネオン管が点灯したのは，小球にたまっていた電気がネオン管に流れ出したからである。このような現象を何というか。

②　記述 ネオン管が一瞬しか点灯しなかったのはなぜか。理由を簡潔に書きなさい。思

よく出る 2 図のような，蛍光板の入った放電管のAB間に高い電圧を加えたところ，蛍光板上に明るいすじが見えた。

31点

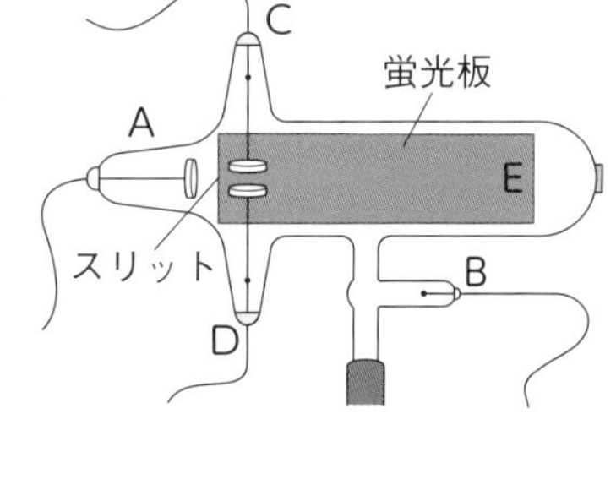

□(1)　A，Bの電極は，それぞれ＋極と－極のどちらか。技

□(2)　蛍光板に見えた明るいすじのようすを模式的に表した図として正しいものを，ⓐ～ⓕから1つ選びなさい。技

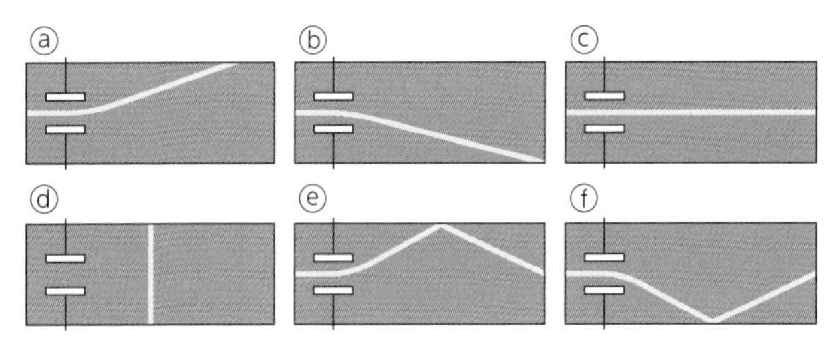

□(3)　AB間に電圧を加えたまま，さらに電極Dを＋極，電極Cを－極として電圧を加えた。蛍光板の明るいすじはどのようになったか。(2)のⓐ～ⓕから1つ選びなさい。技

□(4)　蛍光板に見えた明るいすじは，質量をもつ小さな粒子の流れが進むようすを表している。

①　この小さな粒子のことを何というか。

②　この小さな粒子は，＋と－のどちらの電気をもっているか。

③　この小さな粒子は，電極Aと電極Bのどちらから飛び出すか。

□(5)　金属の導線の中を，(4)の小さな粒子が移動する流れのことを何というか。

成績評価の観点　技…観察・実験の技能　思…科学的な思考・判断・表現

❸ 図は，導線の両端（りょうたん）に電圧を加える前と後のようすを，模式的に表したものである。

30点

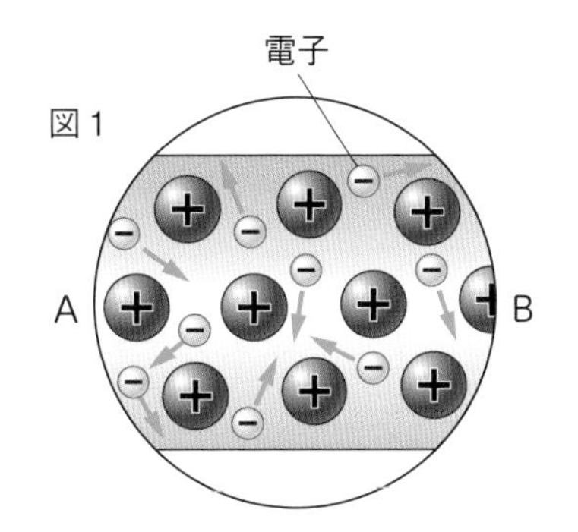

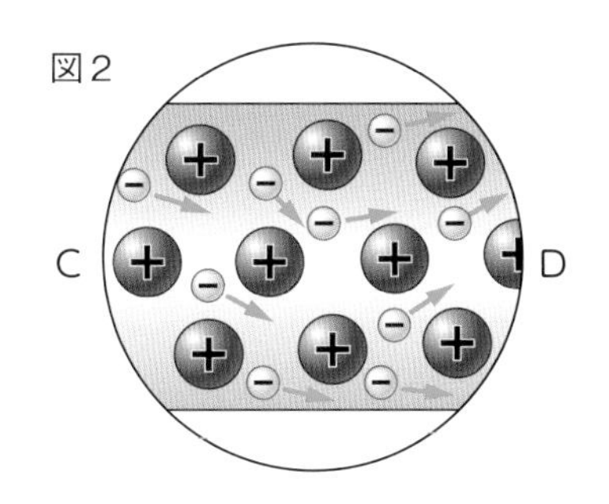

□(1) 導線に電圧を加える前のようすを表しているのは，図1，図2のどちらか。思

□(2) 導線に電圧を加える前，導線が帯びている電気についてどのようなことがいえるか。㋐～㋒から1つ選びなさい。

㋐ ＋の電気を帯びている。　㋑ －の電気を帯びている。

㋒ 電気的に中性である。

□(3) 導線に電圧を加えているとき，＋極につながれていた側は，図のA～Dのどの側か。

□(4) 導線に電圧を加えているときの電流の向きを，㋐～㋓から1つ選びなさい。思

㋐ A→B　㋑ B→A　㋒ C→D　㋓ D→C

□(5) 導線に使われる金属とはちがって，ガラスなどの不導体は，両端に電圧を加えても電流が流れない。

① 電流は物質の中の何が移動すれば流れるか。

② 記述 不導体で電流が流れないのはなぜか。理由を簡潔に書きなさい。思

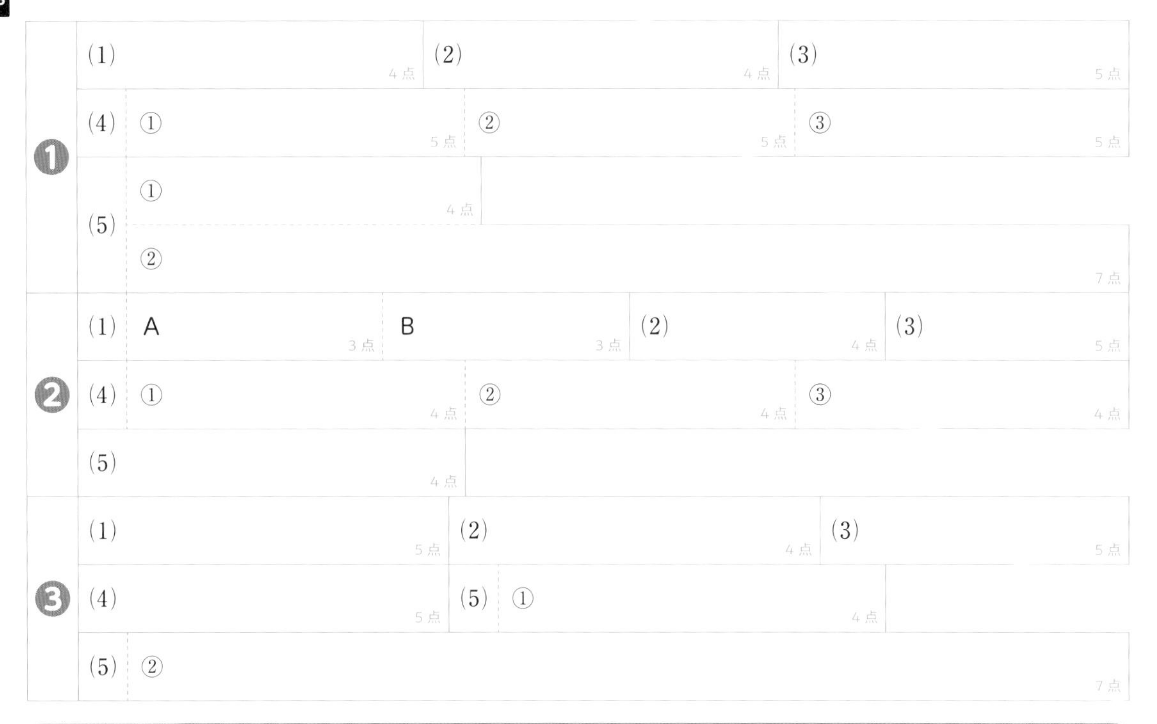

❶	(1) 4点	(2) 4点	(3) 5点	
	(4) ① 5点	② 5点	③ 5点	
	(5) ① 4点			
	(5) ② 7点			
❷	(1) A 3点	B 3点	(2) 4点	(3) 5点
	(4) ① 4点	② 4点	③ 4点	
	(5) 4点			
❸	(1) 5点	(2) 4点	(3) 5点	
	(4) 5点	(5) ① 4点		
	(5) ② 7点			

定期テスト予報 放電管を使った実験の問題がよく出題されます。電子の移動の向きと電流の向きはよく問われるので，おさえておきましょう。静電気の起こり方も整理しておきましょう。

ぴたトレ 1 要点チェック

3章　電流と磁界(1)

時間 10分　解答 p.31

(　)と□にあてはまる語句を答えよう。

1 磁石のまわりの磁界

教科書 p.262〜263 

□(1) 磁石による力を(1)(　　　　)といい，①のはたらく空間には(2)(　　　　)があるという。

□(2) 磁界の中の各点で方位磁針のN極がさす向きを，その点での(3)(　　　　)という。

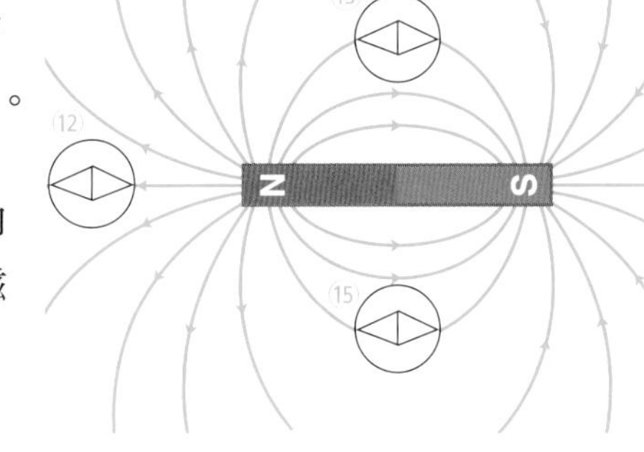

□(3) 磁石のN極とS極を結ぶ図のような曲線を(4)(　　　　)といい，N極からS極に向かって(5)(　　　　)をつけて表す。④は磁界の向きや強さを表す。

□(4) 磁力線の特徴

❶磁力線の向きは(6)(　　　　)から出て(7)(　　　　)に入る向き。

❷磁力線の各点の向きが(8)(　　　　)の向きになる。

❸磁力線の密度が大きい(間隔がせまい)ほど磁界が(9)(　　　　)。

❹磁力線は何もないところで消えたり，現れたり(10)(　　　　)。

❺磁力線は(11)(　　　　)したり，分岐したりしない。

□(5) 図の⑫〜⑮：磁針のN極をぬりつぶそう。

2 電流がつくる磁界

教科書 p.264〜267 

□(1) まっすぐな導線を流れる電流がつくる磁界

❶導線を中心とした(1)(　　　　)状の磁界ができる。

❷電流の向きを逆にすると，磁界の向きも(2)(　　　　)になる。

❸磁界の強さは，電流が(3)(　　　　)ほど，また導線に(4)(　　　　)ほど，強くなる。

□(2) コイルに流れる電流がつくる磁界の向きは，(5)(　　　　)の向きで決まる。

□(3) 図の⑥〜⑨

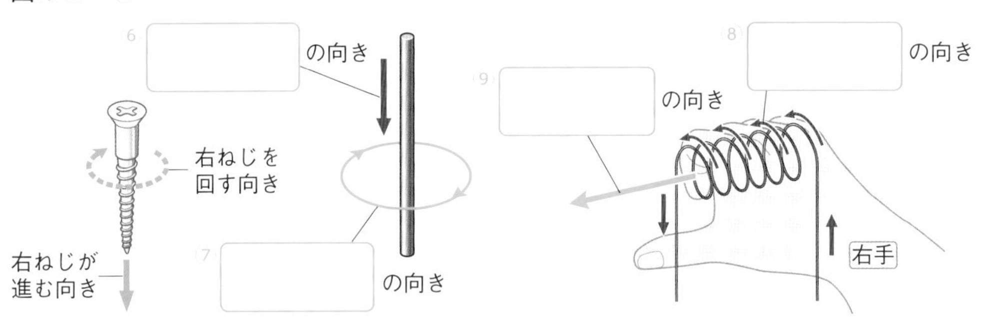

要点
●磁界(磁力がはたらく空間)で，方位磁針のN極がさす向きを磁界の向きという。
●右ねじが進む向きに電流を流すと，右ねじを回す向きに磁界ができる。

3章　電流と磁界(1)

時間 15分　解答 p.31

❶ 棒磁石のまわりに方位磁針を置き，磁針のN極がさした向きを，矢印をつけて曲線で表すと，図のようになった。 ▶▶1

□(1) 磁石による力を何というか。（　　　）

□(2) 磁石の力がはたらく空間を何というか。（　　　）

□(3) 図のような曲線を何というか。（　　　）

□(4) 図の磁石のN極は，A，Bのどちらか。（　　　）

□(5) ⓐ点とⓑ点にはたらく磁石の力についていえることを，㋐～㋓から１つ選びなさい。（　　　）

㋐ ⓐ点にはたらく磁石の力は，ⓑ点にはたらく磁石の力よりも大きい。
㋑ ⓐ点にはたらく磁石の力は，ⓑ点にはたらく磁石の力よりも小さい。
㋒ ⓐ点にはたらく磁石の力とⓑ点にはたらく磁石の力は等しい。
㋓ ⓐ点にもⓑ点にも磁石の力ははたらいていない。

❷ 導線を流れる電流がつくる磁界について調べた。 ▶▶2

□(1) 図１のまっすぐな導線を流れる電流がつくる磁界について正しく述べたものを，㋐～㋓から１つ選びなさい。（　　　）

㋐ 向きは時計回りで，導線から離れるほど磁界が強い。
㋑ 向きは時計回りで，導線から離れるほど磁界が弱い。
㋒ 向きは反時計回りで，導線から離れるほど磁界が強い。
㋓ 向きは反時計回りで，導線から離れるほど磁界が弱い。

□(2) 図１の４つの方位磁針で，電流を流した後も磁針のさす向きが変わらないものを，㋐～㋓から１つ選びなさい。（　　　）

□(3) 図２で，コイルの中の磁界の向きが矢印の向きのとき，電流の向きはA，Bのどちらか。（　　　）

□(4) 図２のⓐ～ⓒの位置に方位磁針を置いたとき，それぞれの磁針のさす向きを㋐～㋓から１つずつ選びなさい。

ⓐ（　　　）ⓑ（　　　）ⓒ（　　　）

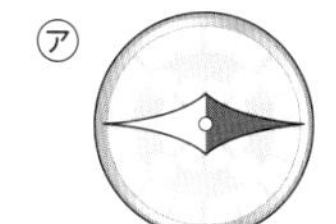
㋐

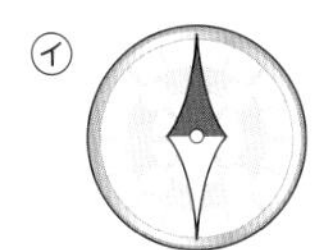
㋑

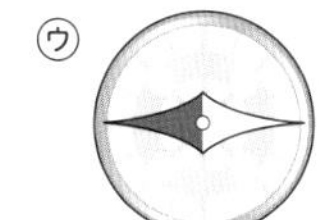
㋒

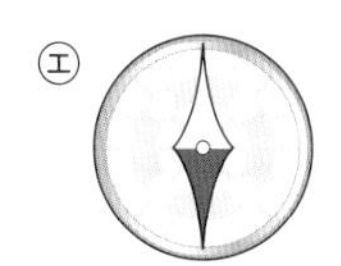
㋓

ヒント ❶ (5) 磁力線の間隔（かんかく）がせまいところほど，磁界が強くなる。
❷ (1) 右ねじが進む向きに電流を流すと，右ねじを回す向きに磁界ができる。

ぴたトレ 1 要点チェック

3章　電流と磁界(2)

時間 10分　解答 p.32

(　)と□にあてはまる語句を答えよう。

1 モーターのしくみ

教科書 p.268～271　▶▶1

□(1) 磁界の中でコイルに電流が流れると，磁界の向きと①(　　　)の向きの両方に②(　　　)な向きに力がはたらく。

□(2) 電流が磁界から受ける力

❶電流の向きを逆にすると，力の向きは③(　　　)になる。

❷④(　　　)の向きを逆にすると，力の向きは逆になる。

❸電流を大きくしたり，磁界を⑤(　　　)したりすると，力は強くなる。

⑧□の向き

⑨□の向き

磁石による⑩□の向き

N

S

□(3) モーター(電動機ともいう)は，電流が⑥(　　　)から受ける力を利用して，⑦(　　　)が連続的に回転するようにくふうされた装置である。

□(4) 図の⑧～⑩

2 発電機のしくみ

教科書 p.272～277　

□(1) コイルと棒磁石が近づいたり遠ざかったりして，コイルの中の磁界が変化すると，電圧が生じてコイルに電流が流れる。この現象を①(　　　)といい，このとき流れる電流を②(　　　)という。

□(2) 誘導電流の大きさ

❶磁石を③(　　　)動かす(コイルの中の磁界を速く変化させる)ほど，誘導電流は大きい。

❷磁石の磁力が④(　　　)(磁界の強さが強い)ほど，誘導電流は大きい。

❸コイルの⑤(　　　)が多いほど，誘導電流は大きい。

N

N

⑥□

検流計

検流計は，電流が＋の端子から流れこむと指針は右に，－の端子から流れこむと指針は左に振れる。

□(3) 図の⑥

□(4) 電磁誘導を利用して，電流を連続的に発生させる装置が⑦(　　　)である。

□(5) 電流の向きが一定で変わらない電流を⑧(　　　)，電流の向きと大きさが周期的に変わる電流を⑨(　　　)という。⑨で1秒間にくり返す電流の変化の回数を，その交流の⑩(　　　)といい，単位には，⑪(　　　)(記号 Hz)を使う。

要点

●磁界の中の電流は，磁界と電流の両方に垂直な向きに力を受ける。

●コイルの中の磁界が変化して電圧が生じる(電磁誘導)と，誘導電流が流れる。

3章　電流と磁界(2)

時間 15分　解答 p.32

1 図のような装置のコイルに電流を流すと，コイルは図のBの向きに動いた。 ▶▶ 1

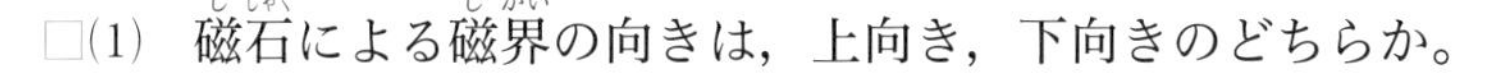

□(1) 磁石による磁界の向きは，上向き，下向きのどちらか。 (　　　)

□(2) ①～③の条件にしたとき，コイルはA，Bどちらの向きに動くか。①(　　　) ②(　　　) ③(　　　)

① 磁石はそのままで，電流の向きを逆にした。

② 電流の向きはそのままで，磁石の極を逆にした。

③ 電流の向きと磁石の極の両方を逆にした。

□(3) コイルの動く大きさを大きくするには，どのようにすればよいか。㋐～㋓からすべて選びなさい。 (　　　)

㋐ 電流を大きくする。　㋑ 電流を小さくする。

㋒ 磁石を磁力の強いものに変える。　㋓ 磁石を磁力の弱いものに変える。

2 図のように，検流計にコイルをつなぎ，棒磁石をコイルに出し入れすると，コイルに電流が流れ，検流計の指針が振れた。 ▶▶ 2

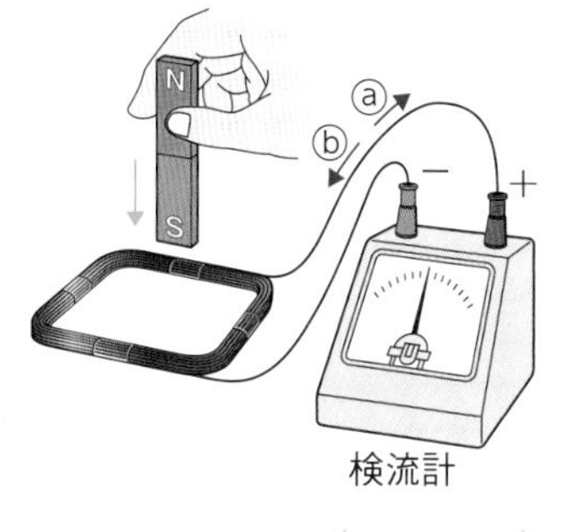

□(1) このような現象を何というか。 (　　　)

□(2) このとき流れた電流を何というか。 (　　　)

□(3) 図のようにS極をコイルに近づけると，検流計の指針が右に振れた。このとき，コイルに流れた電流の向きは，ⓐ，ⓑどちらの向きか。 (　　　)

□(4) (3)の後，S極をコイルの中に入れたまま，磁石を静止させた。このとき，電流はどうなるか。㋐～㋒から1つ選びなさい。 (　　　)

㋐ ⓐの向きに流れる。　㋑ ⓑの向きに流れる。　㋒ 電流は流れない。

□(5) (4)の後，磁石を動かしS極をコイルから遠ざけると，電流はどうなるか。(4)の㋐～㋒から1つ選びなさい。 (　　　)

3 オシロスコープで電流の波形を調べたところ，図のようになった。 ▶▶ 2

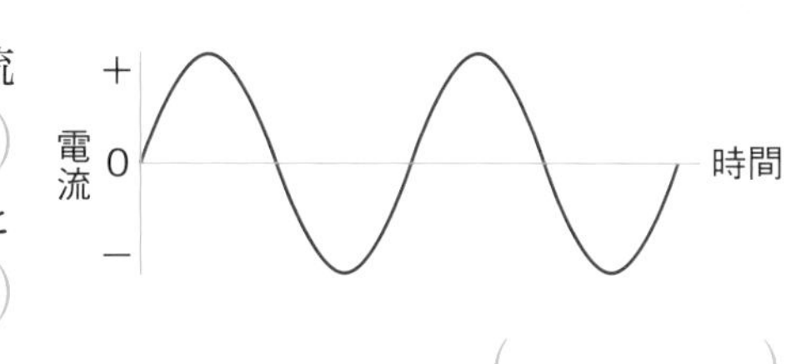

□(1) 図のように，向きと大きさが周期的に変わる電流を何というか。 (　　　)

□(2) (1)の電流が，1秒間にくり返す変化の回数を何というか。 (　　　)

□(3) (2)の回数を表す単位を記号で書きなさい。 (　　　)

ヒント 1 (2) 電流の向きや磁界の向きを逆にすると，力の向きは逆になる。

2 (3) 検流計の＋端子(プラスたんし)に電流が流れこむと，指針は右に振れる。

ぴたトレ 3 確認テスト

3章　電流と磁界

❶ 作図 図の磁石，または，電流による磁界を表す磁力線を，図にかき入れなさい。技

18点

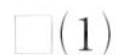
□(1)

N　　　S

□(2)

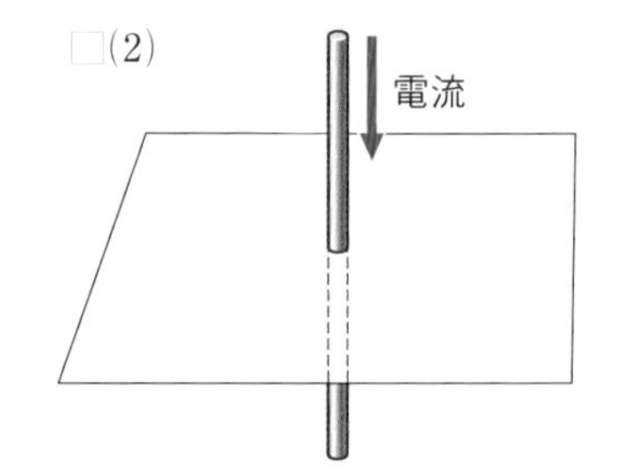

□(3)

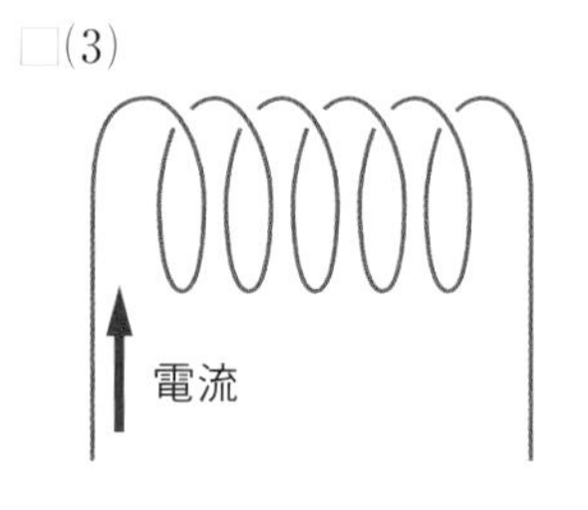

よく出る ❷ 図1，図2のように，導線に電流を流し，そのまわりにできる磁界を調べた。

17点

□(1) 図1のように，導線の上に方位磁針を置き，導線に電流を流した。このとき，磁針は図1のA，Bどちらに振れるか。思

□(2) (1)のときより，電流の大きさを大きくしたら，磁針の振れはどうなるか。思

□(3) 図2のP点に方位磁針を置いたときの磁針の向きを，ⓐ～ⓓから1つ選びなさい。思

ⓐ 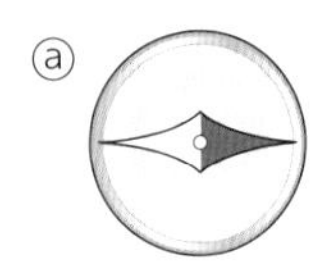 ⓑ 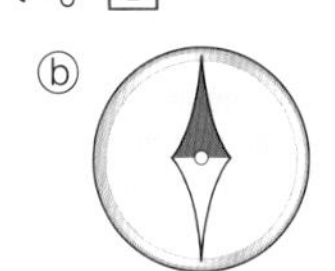 ⓒ 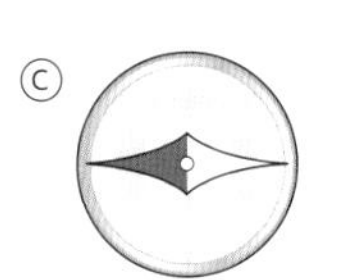 ⓓ 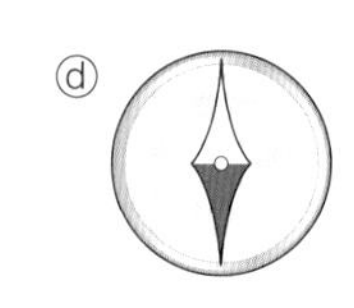

図1

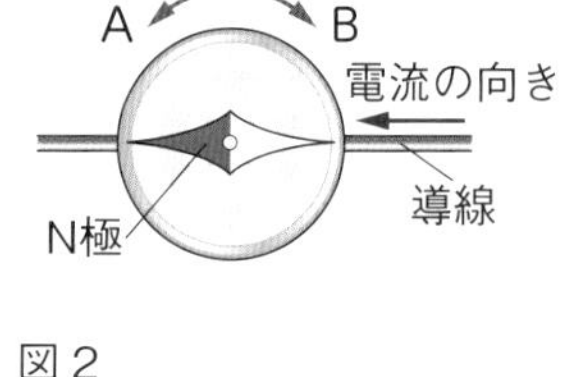

図2

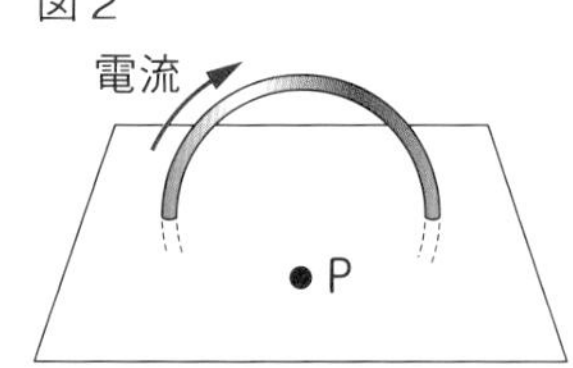

□(4) (3)で，電流の流れる向きを逆にすると，磁針の向きはどのようになるか。(3)のⓐ～ⓓから1つ選びなさい。思

❸ 図1，図2は，モーターの原理を表した模式図である。

24点

□(1) 図1で，電流が赤い矢印⟶の向きに流れたとき，コイルのab部分は㋐の向きに力を受けた。このとき，cd部分が受けた力の向きは，㋒，㋓のどちらか。

□(2) 図2は，図1からコイルが半回転したときのようすである。このとき，①ab部分，②cd部分が受ける力は，それぞれ㋐～㋓のどの向きか。

図1　図2

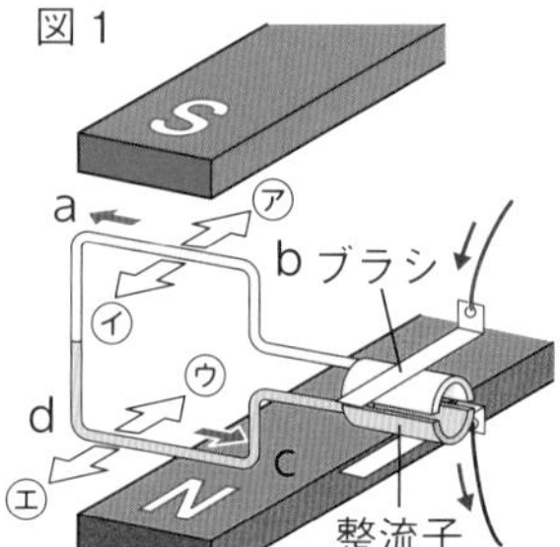

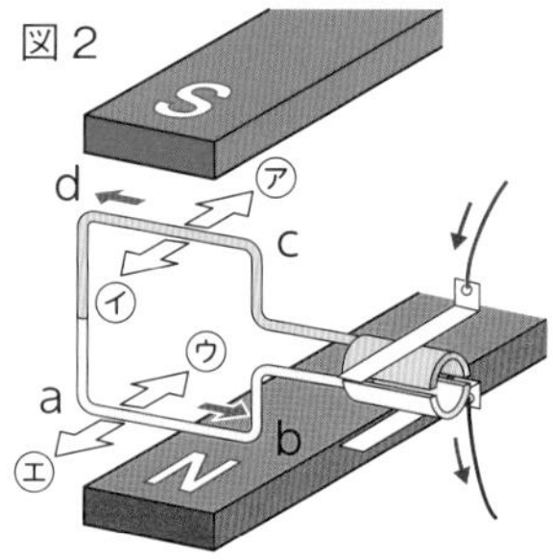

□(3) 記述 コイルを速く回転させるためには，どうすればよいか。その方法を3つ簡潔に書きなさい。

成績評価の観点　技…観察・実験の技能　思…科学的な思考・判断・表現

4 図のように棒磁石を糸でつるし，矢印の向きに水平に連続して回転させて，コイルの口の近くを棒磁石の両極が交互に通過するようにした。このとき，検流計の指針が左右に振れた。

27点

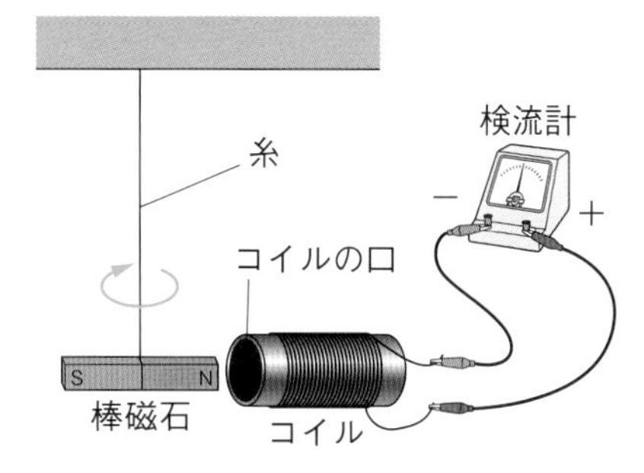

□(1) 棒磁石のN極がコイルに近づくとき，検流計の指針が右に振れていた。このとき，検流計の指針が左に振れるのはどのようなときか。㋐〜㋒からすべて選びなさい。思

㋐ 棒磁石のＳ極がコイルに近づくとき。

㋑ 棒磁石のN極がコイルから遠ざかるとき。

㋒ 棒磁石のＳ極がコイルから遠ざかるとき。

□(2) このように，コイルの中の磁界が変化することによって電圧が生じ，電流が流れる現象のことを何というか。

□(3) この実験で流れた電流のことを何というか。

□(4) 棒磁石の回転が止まり静止したとき，コイルの磁界とコイルに流れる電流はどうなるか。㋐〜㋓から１つ選びなさい。

㋐ 磁界に変化がなくなり，電流が流れ続ける。

㋑ 磁界がだんだん強くなり，電流が流れ続ける。

㋒ 磁界に変化がなくなり，電流が流れなくなる。

㋓ 磁界がだんだん強くなり，電流が流れなくなる。

□(5) この実験の原理を応用した器具を，㋐〜㋓から１つ選びなさい。

㋐ 電熱器　㋑ 電動機　㋒ 発電機　㋓ 乾電池

点UP □(6) 記述 図の装置をそのまま用いて，コイルに流れる電流を大きくするには，どのようにすればよいか。簡潔に書きなさい。技

5 図のように，２つの発光ダイオードの向きを逆にして並列につなぎ，電源の種類を変えて回路をつくり，そのときの発光ダイオードの光り方を調べた。

14点

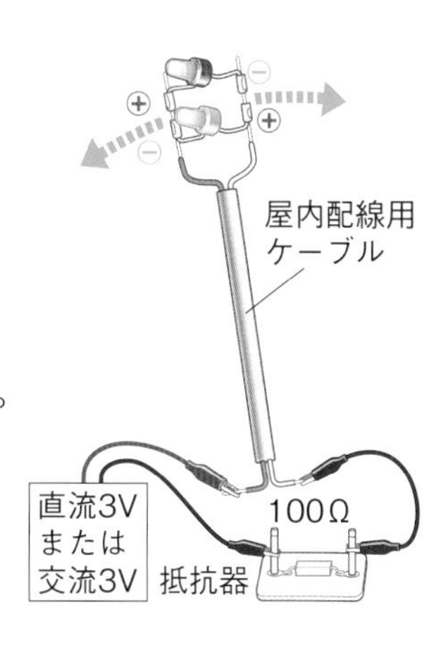

□(1) 発光ダイオードにはどのような性質があるか。㋐〜㋒から１つ選びなさい。

㋐ つなぎ方によって，光り方が変わる。

㋑ 決まった向きにだけ電流が流れる。

㋒ 明るさが周期的に変わる。

□(2) ⓐ，ⓑは，発光ダイオードの点灯のようすを示したものである。家庭のコンセントからの電流を流したときのようすを表しているのは，ⓐ，ⓑのどちらか。

ⓐ
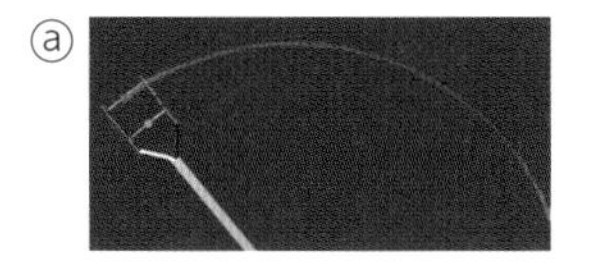

ⓑ
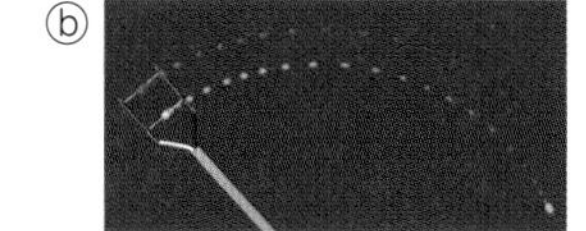
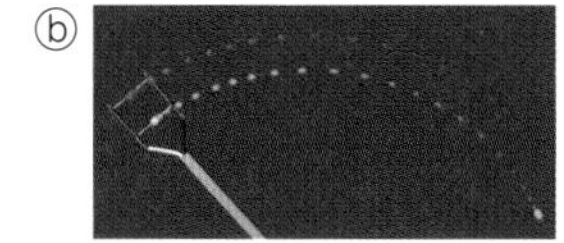

点UP □(3) 記述 (2)で答えた理由を「電流の向き」という語句を使って，簡潔に書きなさい。技

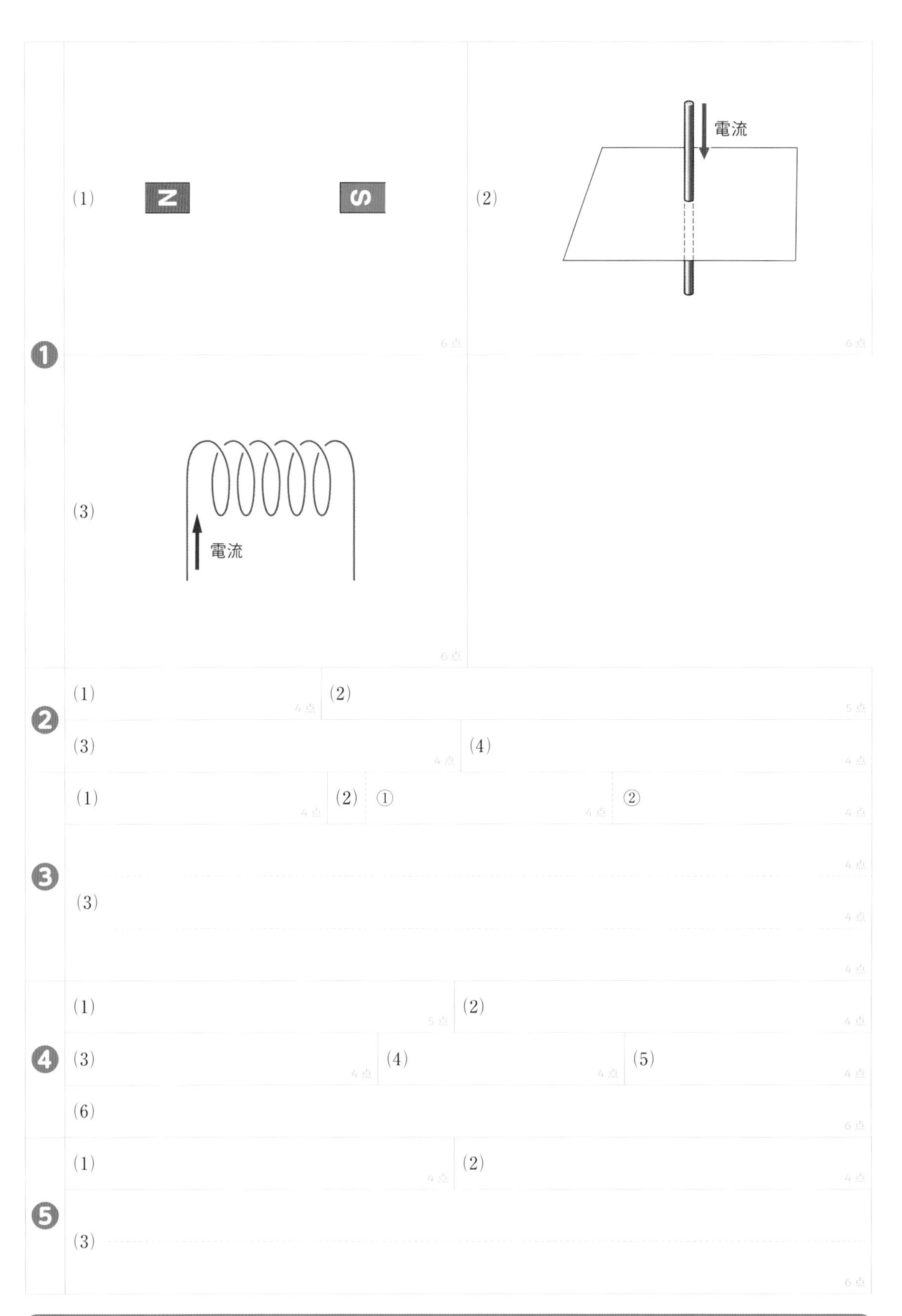

定期テスト予報 図から，電流の向き，磁界の向きを読みとる問題がよく出題されます。電流が磁界から受ける力，誘導（ゆうどう）電流の大きさについては，しっかりと整理しておきましょう。

テスト前に役立つ!

\\ 定期テスト //

予想問題

チェック!

- テスト本番を意識し, 時間を計って解きましょう。
- 取り組んだあとは, 必ず答え合わせを行い,
まちがえたところを復習しましょう。
- 観点別評価を活用して, 自分の苦手なところを確認しましょう。

テスト前に解いて,
わからない問題や
まちがえた問題は,
もう一度確認して
おこう!

1章　生物の体をつくるもの
2章　植物の体のつくりとはたらき

時間 30分　／100点　合格 70点

解答 p.33

よく出る ❶ 図は，顕微鏡を使ってある細胞のつくりを観察したものである。 技　17点

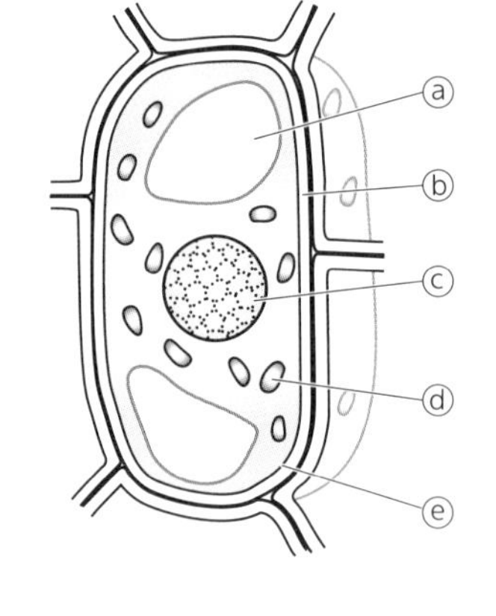

□(1) 観察した細胞は，㋐～㋒のどれか。
　㋐ タマネギの表皮の細胞　　㋑ オオカナダモの葉の細胞
　㋒ ヒトのほおの内側の細胞

□(2) 植物の細胞と動物の細胞に共通するつくりを，ⓐ～ⓔからすべて選びなさい。

□(3) 酢酸オルセイン溶液で赤紫色に染まるのは，ⓐ～ⓔのどのつくりか。

点UP □(4) 記述 細胞呼吸とはどのようなはたらきか。「酸素」「栄養分」という語句を使って簡潔に書きなさい。

❷ 図1のように，ふ入りの葉の一部をアルミニウムはくでおおい，一昼夜暗いところに置いた後，日光によく当てた。 技 思　16点

実験 1．葉を熱湯に入れてから，①あたためたエタノールにひたす。
　2．水で洗い，②ヨウ素溶液につける。

図1
クリップ
白いふの部分
緑色の部分
アルミニウムはく

図2
ⓐ ⓑ ⓒ ⓓ
アルミニウムはくでおおった部分

□(1) 記述 下線部①の操作を行った理由を，簡潔に書きなさい。

□(2) 下線部②で青紫色になった部分を，ⓐ～ⓓからすべて選びなさい。

□(3) この実験から，植物が光合成するために必要だといえるものは何か。2つ書きなさい。

よく出る ❸ 図1は植物の根，図2は植物の茎の断面を模式的に表したものである。 思　23点

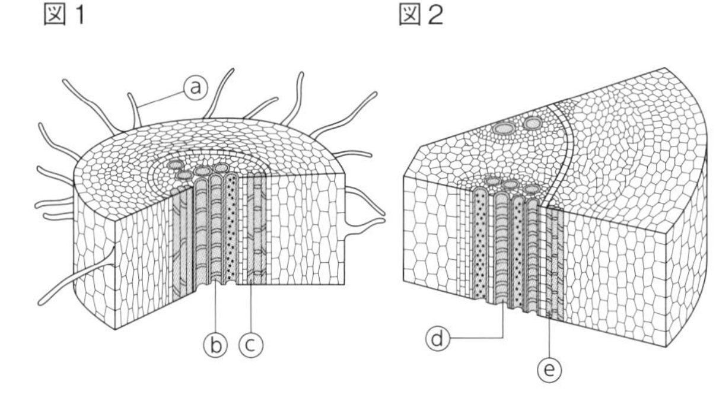

□(1) 図1の根の先端近くにある毛のようなⓐを何というか。

□(2) 記述 ⓐが多数あることは，植物は水や水にとけた養分を効率よく吸収するうえで，どのような点が都合がよいか。簡潔に書きなさい。

□(3) 根から吸収される水や水にとけた養分が通る管ⓑを何というか。

□(4) 管ⓑとつながっているのは，ⓓ，ⓔのどちらの管か。

□(5) 管ⓓ，管ⓔが数本集まって束をつくっている。この束を何というか。

成績評価の観点　技…観察・実験の技能　思…科学的な思考・判断・表現

4 図は，ツバキの葉の断面を模式的に表したものである。思　24点

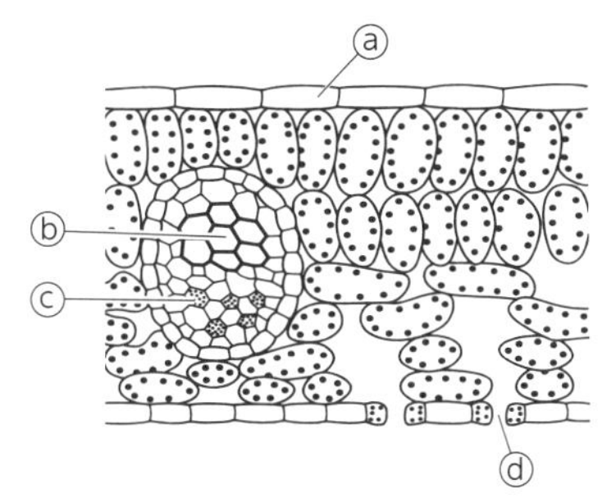

□(1) 葉の表面の細胞が1層に並んだものⓐを何というか。
□(2) 葉でつくられた栄養分が運ばれるのは，ⓑ，ⓒのどちらの管か。
□(3) 2つの孔辺細胞に囲まれたすきまⓓを何というか。
□(4) ⓓを通る気体を3つ書きなさい。
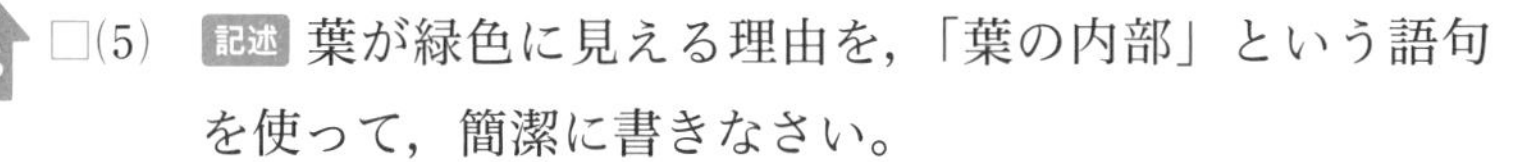
□(5) 記述 葉が緑色に見える理由を，「葉の内部」という語句を使って，簡潔に書きなさい。

5 葉の枚数や大きさがほぼ同じ3本のアジサイの枝A～Cを用意し，図のように，Aの葉の裏側，Bの葉の表側にワセリンをぬり，明るく風通しのよいところにしばらく置いた。技 思　20点

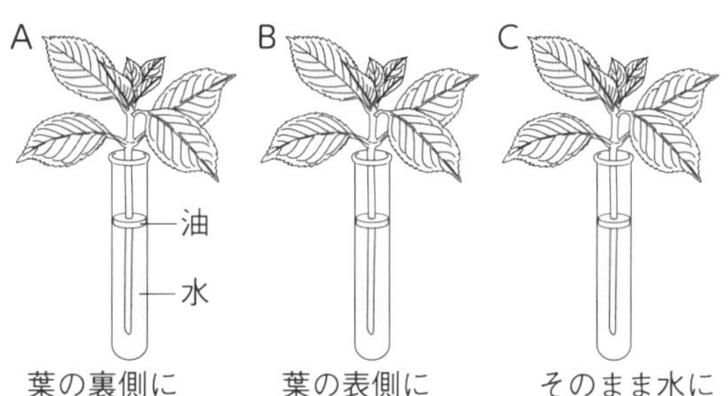

□(1) 記述 水面に油をたらす理由を簡潔に書きなさい。
□(2) この実験は，植物の何とよばれるはたらきを調べるものか。
□(3) (2)のはたらきは，昼・夜のどちらにさかんに行われているか。
□(4) 一定時間の水の減少量が多いほうから順に，A～Cを並べなさい。

1	(1) 3点	(2) 3点	(3) 3点
1	(4) 8点		
2	(1) 8点		
2	(2) 3点	(3) 5点	
3	(1) 4点	(2) 8点	
3	(3) 4点	(4) 3点	(5) 4点
4	(1) 4点	(2) 3点	(3) 4点
4	(4) 5点		
4	(5) 8点		
5	(1) 8点		
5	(2) 4点	(3) 3点	(4) → → 5点

1 /17点　2 /16点　3 /23点　4 /24点　5 /20点

定期テスト予想問題 2

3章 動物の体のつくりとはたらき 4章 動物の行動のしくみ

時間30分 ／100点 合格70点 解答p.34

よく出る **1** **図のように，試験管A，Bを5分間あたため，試験管A，Bの液をそれぞれ2等分し，一方にヨウ素溶液，もう一方にベネジクト溶液を加えて加熱した。** 思 18点

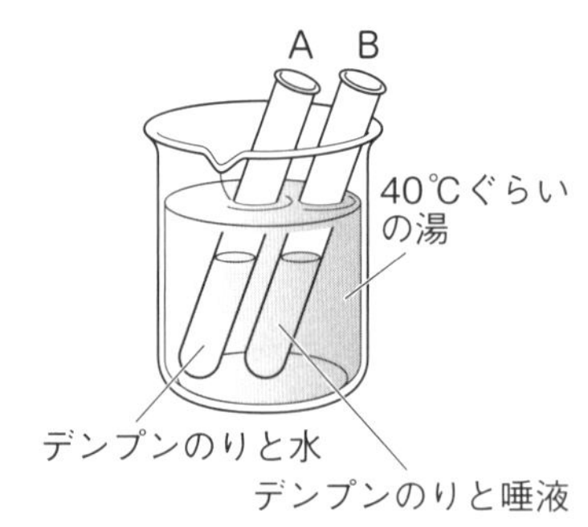

□(1) ヨウ素溶液を加えると青紫色に変わったのは，試験管A，Bどちらの液か。

□(2) ベネジクト溶液を加えて加熱すると色の変化が見られたのは，試験管A，Bどちらの液か。

点UP □(3) 記述 実験の結果から，唾液にはどのようなはたらきがあることがわかるか。

□(4) (3)のはたらきは，唾液にふくまれる何とよばれる消化酵素によるものか。

2 **図1は，ヒトの肺とその一部を拡大して模式的に表したものである。** 36点

図1

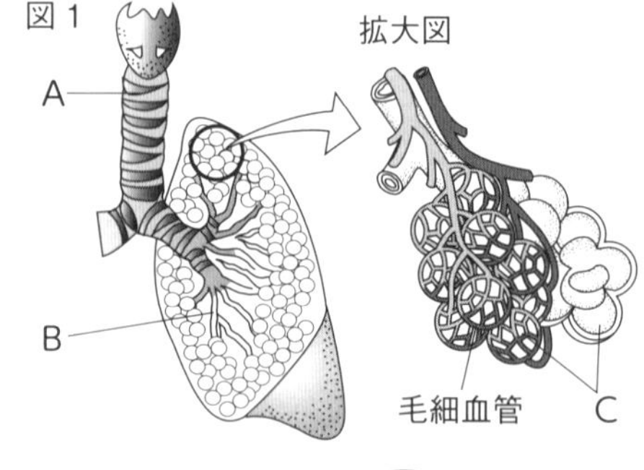

図2

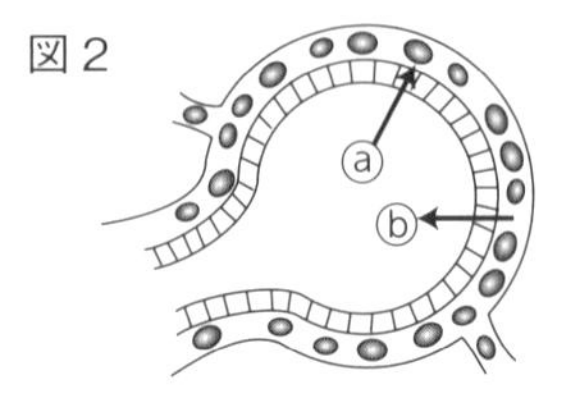

□(1) A～Cは，それぞれ何を表しているか。

□(2) 図2は，Cを拡大し，その断面を模式的に表したもので，ⓐ，ⓑはC内の空気と血管内の血液の間でやりとりされる気体である。ⓐ，ⓑはそれぞれ何を表しているか。

□(3) 肺などの呼吸にかかわる器官をまとめて何というか。

□(4) 呼吸運動は，ろっ骨とろっ骨の間の筋肉と何とよばれる膜によって行われるか。

□(5) 記述 ヒトの肺は，カエルなどと比べてCの数が多い。これは，肺のはたらきにおいてどのような点ですぐれているか。簡潔に書きなさい。

3 **図は，ヒトの血液の成分を表したもので，A～Cは固形成分，Dは液体成分である。** 28点

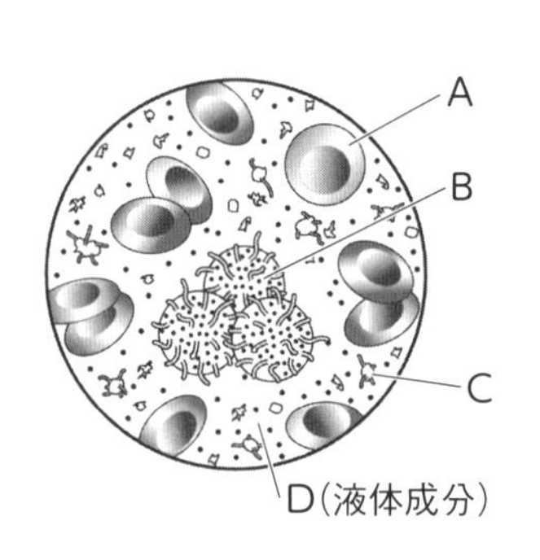

□(1) A～Dの成分をそれぞれ何というか。

□(2) A～Dのはたらきを，㋐～㋓から1つずつ選びなさい。

㋐ 酸素を運ぶ。

㋑ 栄養分や不要な物質をとかしている。

㋒ 出血したときに血液を固める。

㋓ ウイルスや細菌などの病原体を分解する。

□(3) 血液の液体成分が毛細血管からしみ出したものを何というか。

成績評価の観点 技…観察・実験の技能 思…科学的な思考・判断・表現

④ 沸騰した湯の入ったやかんの金属の部分にふれてしまい，①思わず手を引っこめ，②皮膚が赤くなっていたので水で冷やした。 思　18点

□(1) 皮膚のように，外界からの刺激を受けとる器官を何というか。

□(2) 下線部①のような反応を何というか。

□(3) 下線部①，②の反応について，それぞれ反応が起こるときの刺激や命令の信号が伝わる順に，図中のA～Eを並べなさい。

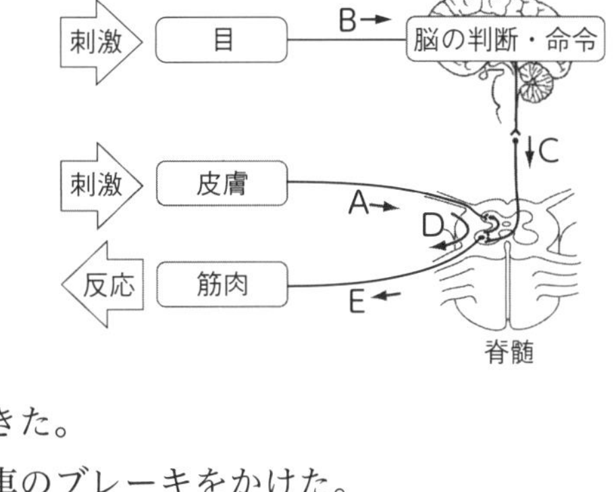

□(4) (2)の反応の例を，㋐～㋔からすべて選びなさい。

㋐ 口の中に食べ物が入ると，自然に唾液が出てきた。

㋑ 子どもが飛び出してきたので，あわてて自転車のブレーキをかけた。

㋒ 名前をよばれたので，思わず振り返った。

㋓ 暗いところに入ると，瞳が大きくなった。

㋔ たくさん汗をかいたので，水を飲んだ。

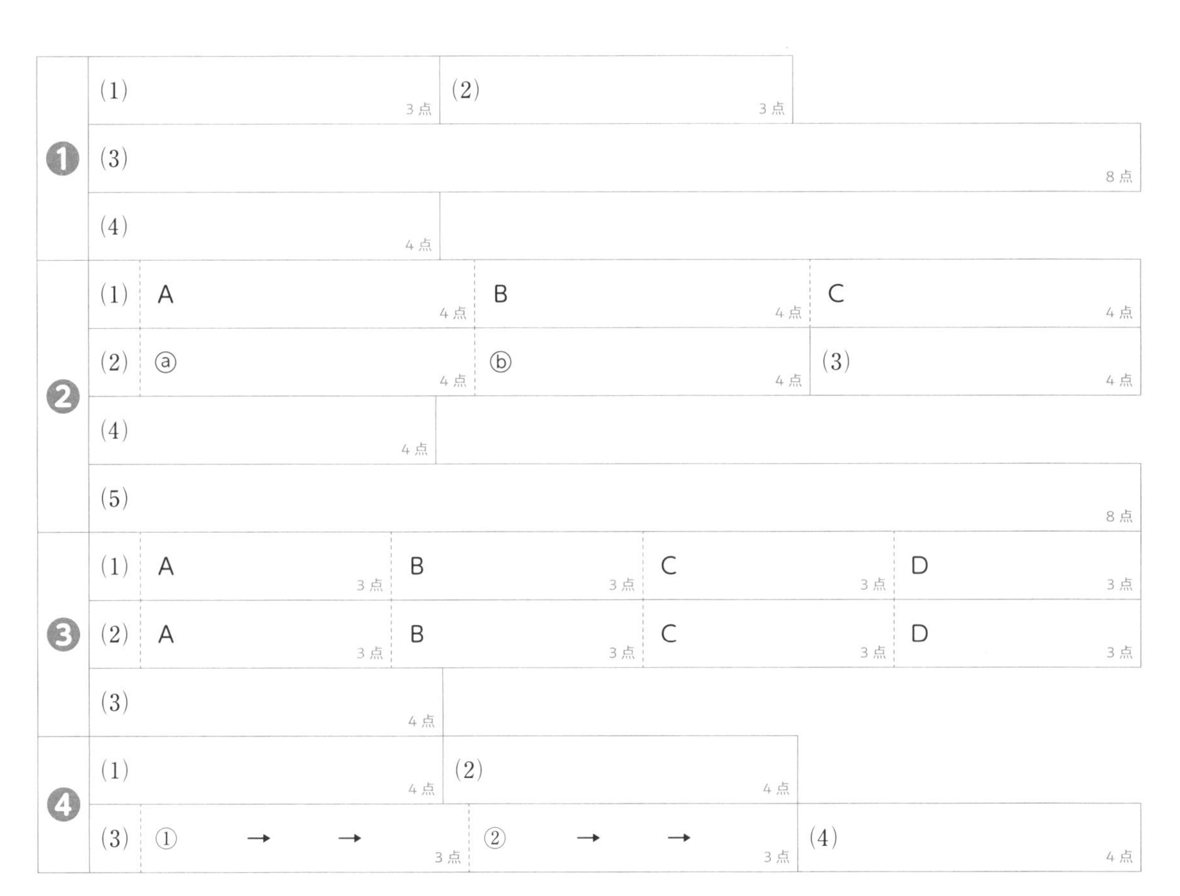

❶	(1) 3点	(2) 3点		
	(3) 8点			
	(4) 4点			
❷	(1) A 4点	B 4点	C 4点	
	(2) ⓐ 4点	ⓑ 4点	(3) 4点	
	(4) 4点			
	(5) 8点			
❸	(1) A 3点	B 3点	C 3点	D 3点
	(2) A 3点	B 3点	C 3点	D 3点
	(3) 4点			
❹	(1) 4点	(2) 4点		
	(3) ① → → 3点	② → → 3点	(4) 4点	

❶ /18点　❷ /36点　❸ /28点　❹ /18点

定期テスト
予想問題
3

1章　地球をとり巻く大気のようす
2章　大気中の水の変化

時間30分　合格70点　／100点　解答 p.35

1 計算 1.5 m² の板の上に質量 4 kg のいすを置き，その上に体重 50 kg の人が足を浮かせてすわった。ただし，100 g の物体にはたらく重力を 1 N とし，板の質量は無視できるものとする。思　20点

□(1)　板に加わる力は何Nか。

□(2)　床が板から受ける圧力は①何 Pa か。また，それは②何 N/m² か。

□(3)　板をとりはずし，床に直接いすを置き，その上に体重 50 kg の人が足を浮かせてすわった。このとき，床がいすの脚から受ける圧力は何 Pa か。ただし，いすの脚1本の断面積は 15 cm² で，すべての脚に同じように力が加わるものとする。

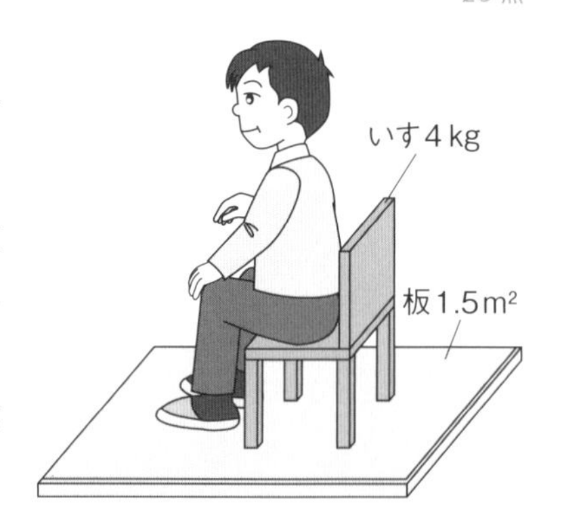

2 25 ℃の水を入れたビーカーに，線香のけむりを入れ，その上に氷水を入れた金属製の容器を置くと，図のように霧が発生し，金属の容器の底がくもった。　13点

□(1)　計算 図2は気温と飽和水蒸気量の関係を表したグラフで，点Pは実験室の気温と空気 1 m³ 中にふくまれる水蒸気量を表している。実験室の湿度は約何%か。小数第1位を四捨五入して，整数で求めなさい。

図1

図2

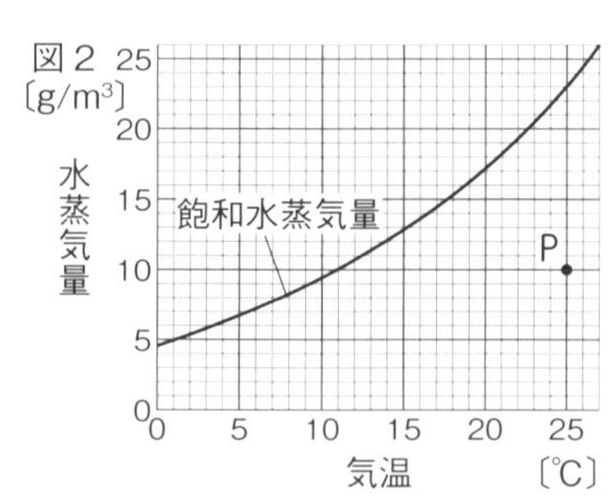

点UP □(2)　作図 図1の実験で，ビーカーの中に霧が発生しはじめたときの気温と空気中の水蒸気量の関係を，図2に点Pのように「・」で表しなさい。

よく出る **3** 図は，雲のでき方を説明したものである。思　20点

□(1)　次の文は，空気のかたまりが上昇したときのようすを説明したものである。［　　］にあてはまる語句を書きなさい。

　空気のかたまりが上昇すると，まわりの気圧が［　①　］なるため，空気のかたまりは［　②　］する。そのため，空気の温度が［　③　］がる。

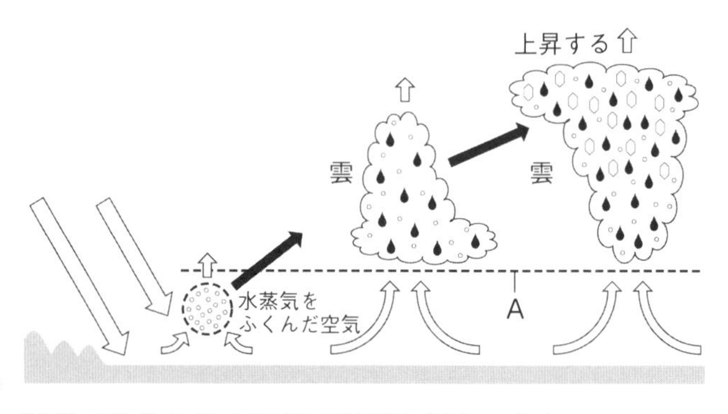

□(2)　Aは雲のできる高さを表している。雲ができるときの空気の温度を何というか。

□(3)　同じ温度で，水蒸気をより多くふくむ空気が上昇したとき，Aの高さはどうなるか。

　成績評価の観点　技…観察・実験の技能　思…科学的な思考・判断・表現

❹ 図は，気象観測を行ったときの乾湿計のようすを表したもので，このときの雲量は7，気圧は1005 hPaであった。 技 思

47点

□(1) 記述 乾湿計は，どのような場所に置くか。日当たりと風通しに着目して，簡潔に書きなさい。

□(2) ①このときの天気は何か。また，②その天気記号はどれか。ⓐ～ⓓから1つ選びなさい。

ⓐ ◯　　ⓑ ◎　　ⓒ ⊗　　ⓓ ⦶

□(3) 気圧の単位「hPa」の読み方を書きなさい。

□(4) 1005 hPaは何 N/m^2 か。

□(5) この気象観測を行ったときの①気温，②湿度を乾湿計から読みとりなさい。

湿　度　表

乾球	乾球と湿球との示度の差〔℃〕													
	0.5	1.0	1.5	2.0	2.5	3.0	3.5	4.0	4.5	5.0	5.5	6.0	6.5	7.0
40	97	94	91	88	85	82	79	76	73	71	68	66	63	61
39	97	94	91	87	84	82	79	76	73	70	68	65	62	60
38	97	94	90	87	84	81	78	75	73	70	67	64	62	59
37	97	93	90	87	84	81	78	75	72	69	67	64	61	59
36	97	93	90	87	84	81	78	75	72	69	66	63	61	58
35	97	93	90	87	83	80	77	74	71	68	65	63	60	57
34	97	93	90	86	83	80	77	74	71	68	65	62	59	56
33	96	93	89	86	83	80	76	73	70	67	64	61	58	56
32	96	93	89	86	82	79	76	73	70	66	63	61	58	55
31	96	93	89	86	82	79	75	72	69	66	63	60	57	54
30	96	92	89	85	82	78	75	72	68	65	62	59	56	53
29	96	92	89	85	81	78	74	71	68	64	61	58	55	52
28	96	92	88	85	81	77	74	70	67	64	60	57	54	51
27	96	92	88	84	81	77	73	70	66	63	59	56	53	50
26	96	92	88	84	81	76	73	69	65	62	58	55	52	48

□(6) 表は，気温と飽和水蒸気量の関係を表したものである。

気温〔℃〕	21	22	23	24	25	26	27	28	29	30
飽和水蒸気量〔g/m^3〕	18.3	19.4	20.6	21.8	23.1	24.4	25.8	27.2	28.8	30.4

① 計算 気象観測をしたときの空気1 m^3 中の水蒸気量は何gか。小数第2位を四捨五入して小数第1位まで求めなさい。

② このときの露点はおよそ何℃か。㋐～㋓から1つ選びなさい。

㋐ 約21℃　　㋑ 約23℃　　㋒ 約25℃　　㋓ 約27℃

③ 計算 この空気の温度を8℃下げたとき，生じた水滴は空気1 m^3 あたり何gか。

④ ③のときの湿度は何%か。

❶	(1) 5点	(2) ① 5点	② 5点
	(3) 5点		
❷	(1) 5点	(2) 図に記入 8点	
❸	(1) ① 4点	② 4点	③ 4点
	(2) 4点	(3) 4点	
❹	(1) 6点		
	(2) ① 4点	② 3点	(3) 4点
	(4) 4点	(5) ① 4点	② 4点
	(6) ① 5点	② 4点	③ 5点
	(6) ④ 4点		

❶ /20点　❷ /13点　❸ /20点　❹ /47点

時間30分　／100点　合格70点　解答 p.35

1 図1は，ある日の日本付近を通過する低気圧を表したものである。技　21点

□(1) A地点の天気図記号はどのようになると考えられるか。ⓐ～ⓓから1つ選びなさい。

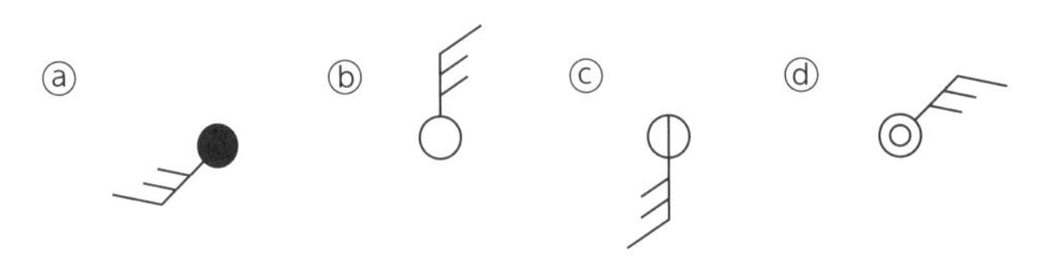

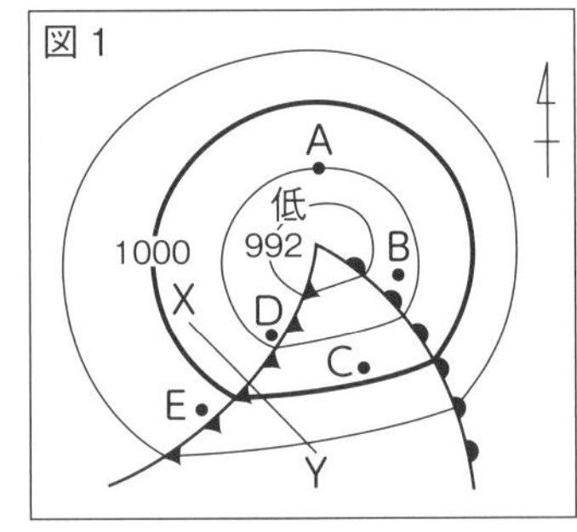

□(2) A地点の気圧は何 hPa か。

□(3) 作図 図2は，XYで切った前線付近の断面のようすを表したもので，PQは前線面である。寒気の部分に斜線を入れ，寒気の進む方向を ──▶ で記入しなさい。

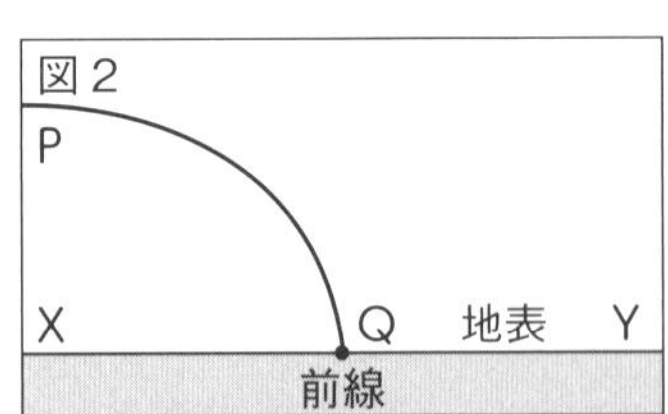

□(4) 地点B～Eのようすについて適切なものを，㋐～㋓から1つ選びなさい。

㋐ 地点Cのほうが地点Bよりも気温が高い。
㋑ 地点Bの天気は晴れ，地点Cの天気は雨である。
㋒ 地点D付近では，乱層雲が発達している。
㋓ 地点Eの風向は，ほぼ南東である。

よく出る **2** 図は，2地点A，Bで同じ日に観測した天気の変化を表したものである。思　26点

□(1) この日，同じ前線が地点A，Bを通過した。

① 前線が地点A，Bをそれぞれ通過した時刻を，㋐～㋓から1つずつ選びなさい。

㋐ 12時～13時
㋑ 13時～14時
㋒ 14時～15時
㋓ 15時～16時

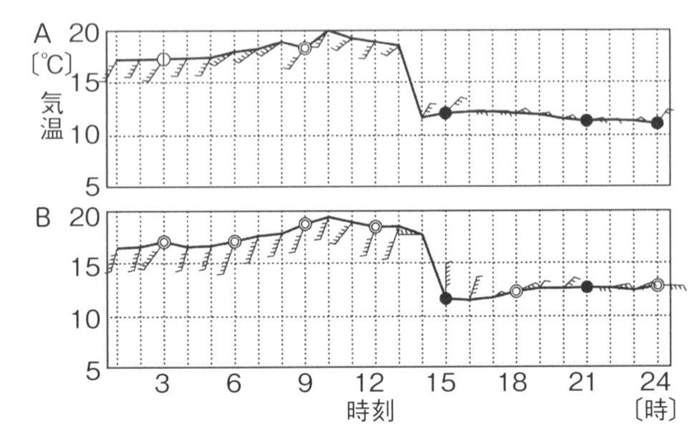

② このとき通過した前線は何か。

□(2) この観測結果から，地点A，Bのおおまかな位置関係を推測することができる。

① 記述 地点A，Bの位置関係を推測することができるのは，日本付近を通過する低気圧の移動に規則性があるためである。日本付近の低気圧の移動のしかたには，どのような規則性があるか。簡潔に書きなさい。

② ①のように低気圧が移動するのは，日本付近の上空にふく何とよばれる風の影響か。

成績評価の観点　技…観察・実験の技能　思…科学的な思考・判断・表現

くる ❸ 図１は，日本付近の気団を表している。また，図２は，日本のある季節に見られる典型的な天気図である。 思

53点

□(1) 図１のA～Cの気団を，それぞれ何というか。

□(2) 梅雨の時期には，A～Cのどの気団とどの気団の間に停滞前線ができるか。記号で答えなさい。

□(3) 太平洋高気圧が発達したときに形成される気団は，A～Cのどれか。

□(4) 春や秋に，日本付近を低気圧と交互に通過する高気圧を何というか。

□(5) 図２の季節は，春・夏・秋・冬のいつか。

□(6) 図２の季節に，日本の天気に影響をあたえる気団を，A～Cから１つ選びなさい。

□(7) 図２の季節にふく季節風の風向を，㋐～㋓から１つ選びなさい。

㋐ 北東　㋑ 北西

㋒ 南東　㋓ 南西

□(8) 図２のような気圧配置を何というか。

□(9) 図２の季節のとき，日本の天気は，①日本海側，②太平洋側でそれぞれどうなっているか。㋐～㋓から１つずつ選びなさい。

㋐ 雨が降り続く。　㋑ 大雪が降る。

㋒ 晴れて乾燥した日が続く。

㋓ 不安定な天気になり，周期的に天気が変わる。

図１

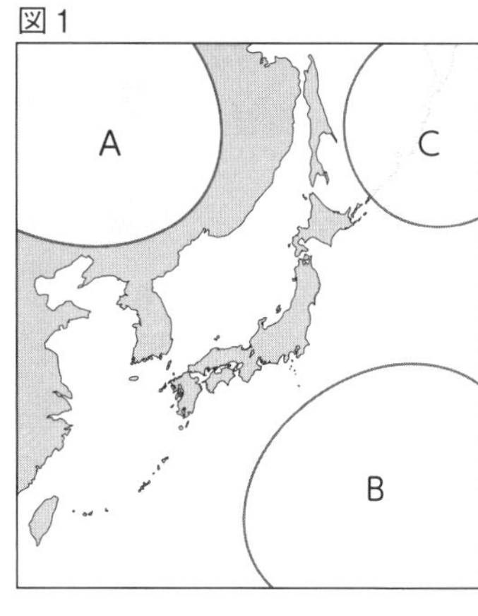

図２

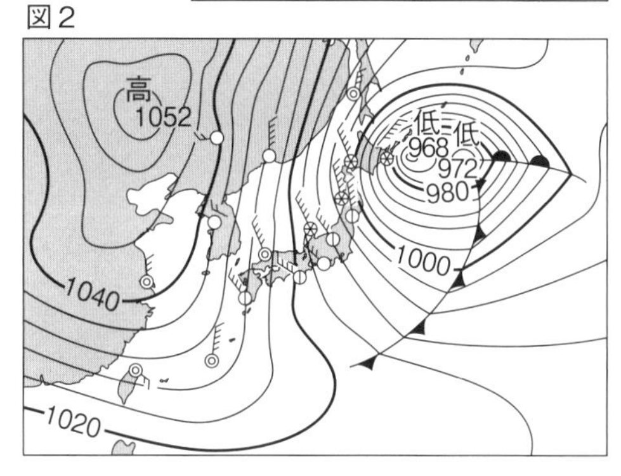

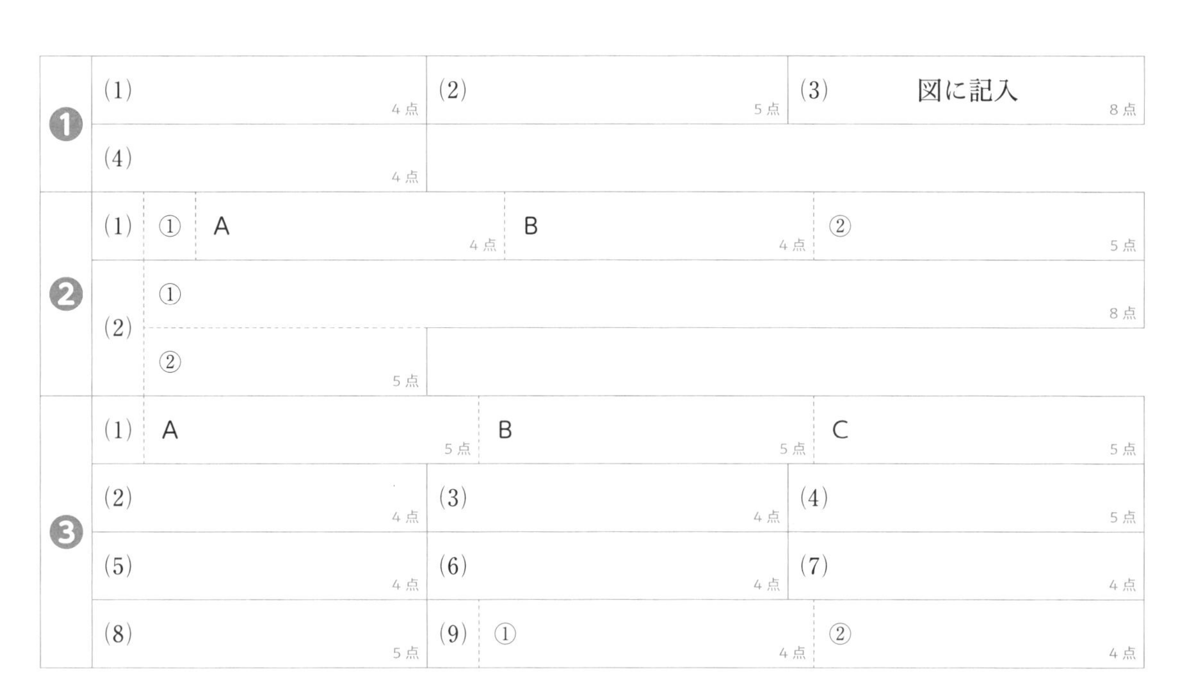

❶	(1) 4点	(2) 5点	(3) 図に記入 8点
	(4) 4点		
❷	(1) ① A 4点	B 4点	② 5点
	(2) ① 8点		
	(2) ② 5点		
❸	(1) A 5点	B 5点	C 5点
	(2) 4点	(3) 4点	(4) 5点
	(5) 4点	(6) 4点	(7) 4点
	(8) 5点	(9) ① 4点	② 4点

❶ /21点　❷ /26点　❸ /53点

1章　物質の成り立ち
2章　物質の表し方

時間30分　／100点　合格70点　解答 p.36

1 図のような装置で，炭酸水素ナトリウムを加熱した。発生した気体は，最初に出てきた気体から試験管Bに集めはじめ，3本分集めたところで加熱をやめた。 技 思　22点

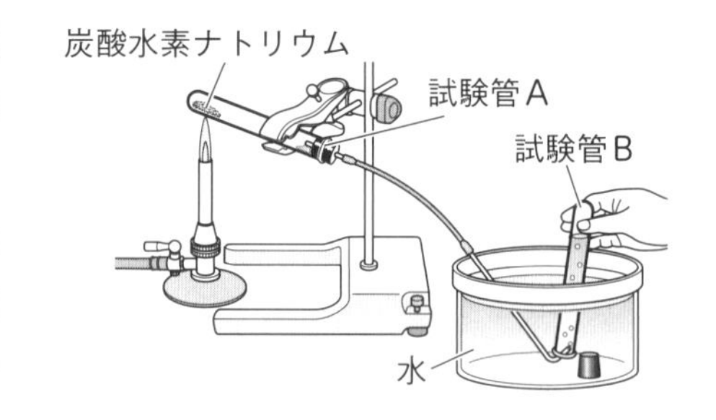

□(1) 記述 実験では，試験管Bに集めた最初の1本の気体は捨て，2，3本目に集めた気体の性質を調べた。その理由を簡潔に書きなさい。

□(2) ①炭酸水素ナトリウムと②加熱後に試験管Aに残った固体を，それぞれ別の試験管にとり，水にとかした。①，②の水溶液に，フェノールフタレイン溶液を入れたときの変化を，㋐～㋓から1つ選びなさい。

㋐　どちらも無色である。

㋑　どちらも赤くなるが，①のほうがより赤くなる。

㋒　どちらも赤くなるが，②のほうがより赤くなる。

㋓　どちらも同じくらい赤くなる。

□(3) 試験管Bに集めた気体が何であるかを確認するために使用する液体は何か。

□(4) 実験では，4種類の原子からできている炭酸水素ナトリウムが，気体P，液体Q，固体Rの3種類に分解した。4種類の原子のうち，固体Rにはふくまれているが，気体Pと液体Qのどちらにもふくまれていない原子を，元素記号で書きなさい。

□(5) この実験で起こっている化学変化を，化学反応式で書きなさい。

2 図のようにして，水と塩化銅水溶液に電流を通して電気分解を行った。ただし，水のかわりに水酸化ナトリウム水溶液を用いている。 技 思　34点

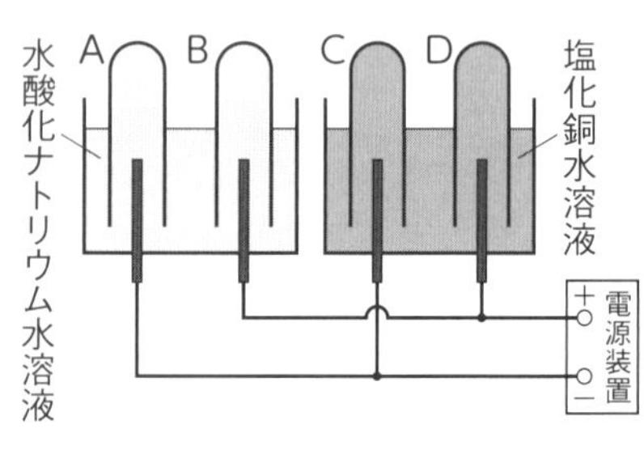

□(1) 記述 水を電気分解するのに，水酸化ナトリウム水溶液を用いるのはなぜか。簡潔に書きなさい。

□(2) それ自身が燃えて水ができる気体が集められるのは，A～Dのどの試験管か。

□(3) 電極近くの水溶液をとってにおいをかいだとき，刺激臭があるのは，A～Dのどの試験管か。

□(4) 電気分解が進むにつれて，電極の色に変化が見られるのは，A～Dのどの試験管か。

□(5) 火のついた線香を入れたとき，線香が激しく燃える気体が集められるのは，A～Dのどの試験管か。

□(6) 電気分解が進むと，試験管A～Dに集められた気体の量に，ちがいが見られた。集められた気体の量が多い順に，A～Dの記号を左から順に並べて書きなさい。

□(7) ①水酸化ナトリウム水溶液，②塩化銅水溶液で起こっている化学変化を，化学反応式で書きなさい。

成績評価の観点　技…観察・実験の技能　思…科学的な思考・判断・表現

③ 図のA～Dは，４種類の物質を原子のモデルで表したもので，●は銅原子，○は酸素原子，◎は水素原子を表している。 28点

□(1) ①単体，②化合物，③分子で存在しているものを，それぞれA～Dからすべて選びなさい。

A
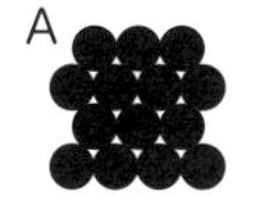
B
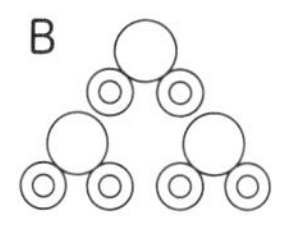
C
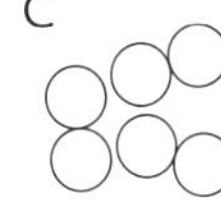
D
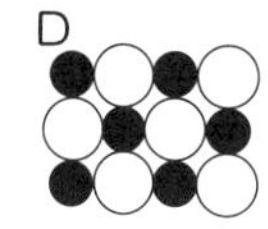

□(2) A～Dの物質名をそれぞれ書きなさい。

□(3) A～Dの化学式をそれぞれ書きなさい。

④ 図のように，乾いた試験管に酸化銀を入れて加熱し，発生した気体を集めた。 技 16点

□(1) 記述 加熱後の試験管に残った物質が金属であることを確かめる方法のうち，どれか１つを簡潔に書きなさい。

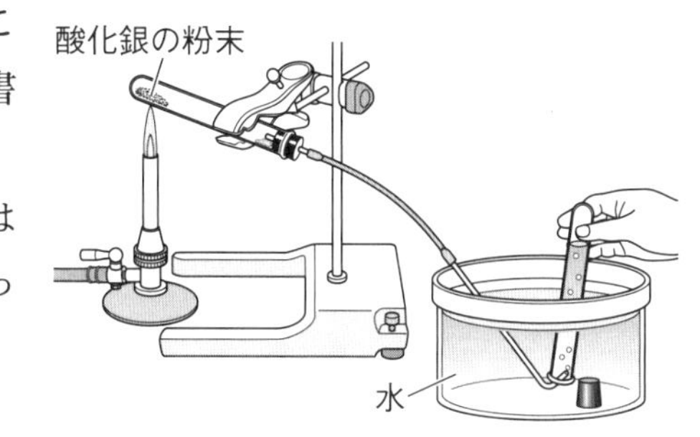

□(2) 銀原子を●，酸素原子を○と表すと，酸化銀は●○●と表すことができる。①この実験で起こった化学変化を●と○を使って表しなさい。また，②化学反応式を書きなさい。

□(3) この実験のように，加熱によって，１種類の物質が２種類以上の物質に分かれる化学変化を何というか。

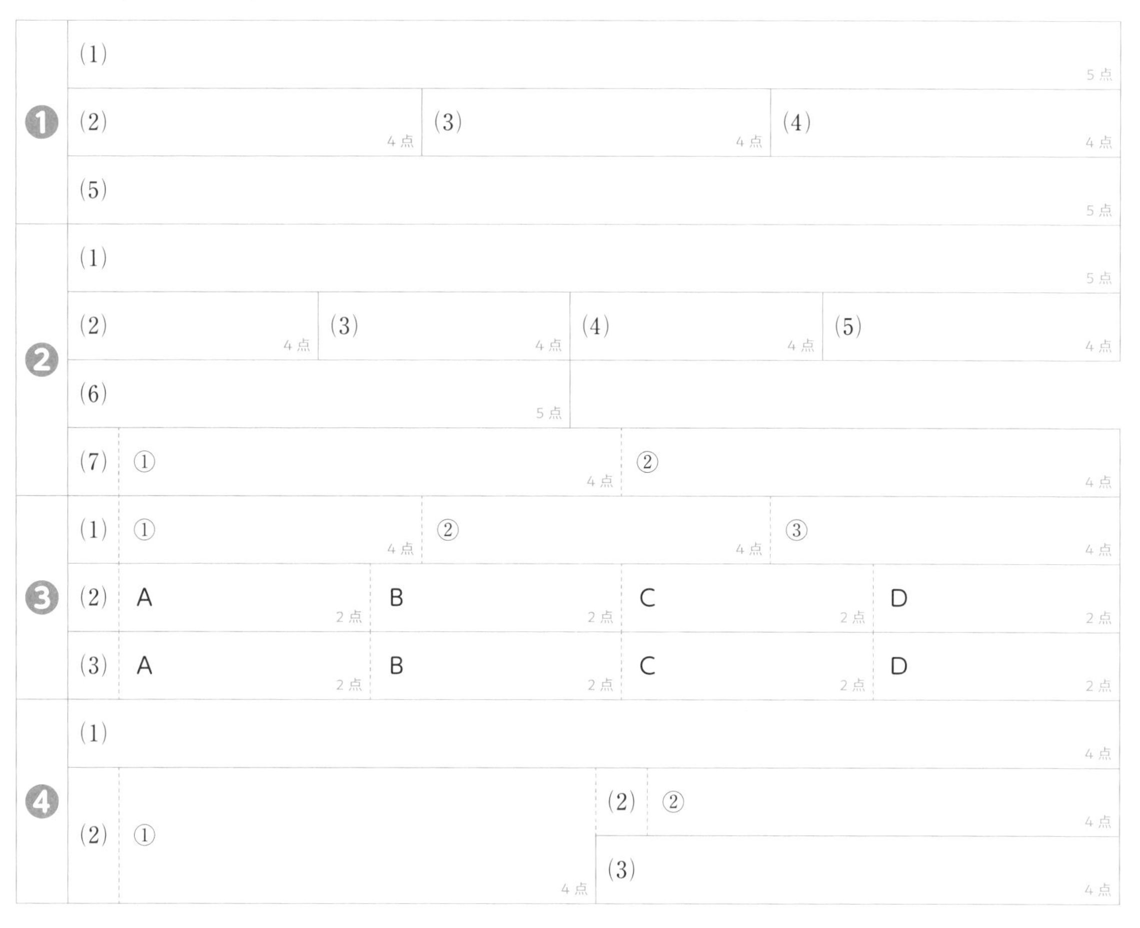

①	(1) 5点			
	(2) 4点	(3) 4点	(4) 4点	
	(5) 5点			
②	(1) 5点			
	(2) 4点	(3) 4点	(4) 4点	(5) 4点
	(6) 5点			
	(7) ① 4点	② 4点		
③	(1) ① 4点	② 4点	③ 4点	
	(2) A 2点	B 2点	C 2点	D 2点
	(3) A 2点	B 2点	C 2点	D 2点
④	(1) 4点			
	(2) ① 4点	(2) ② 4点		
		(3) 4点		

① /22点　② /34点　③ /28点　④ /16点

定期テスト予想問題 6

3章　さまざまな化学変化 4章　化学変化と物質の質量

時間30分　／100点　合格70点　解答 p.37

よく出る **1** **2つの試験管A，Bそれぞれに鉄粉2.8gと硫黄の粉末1.6gをよく混ぜ合わせて入れ，実験を行った。** 技 思　32点

実験 1．図のように，試験管Aの混合物を加熱し，試験管Bは加熱せずにそのままにした。

2．試験管Aの温度がじゅうぶんに下がってから，両方の試験管に磁石を近づけた。

3．試験管A，Bにうすい塩酸を入れた。

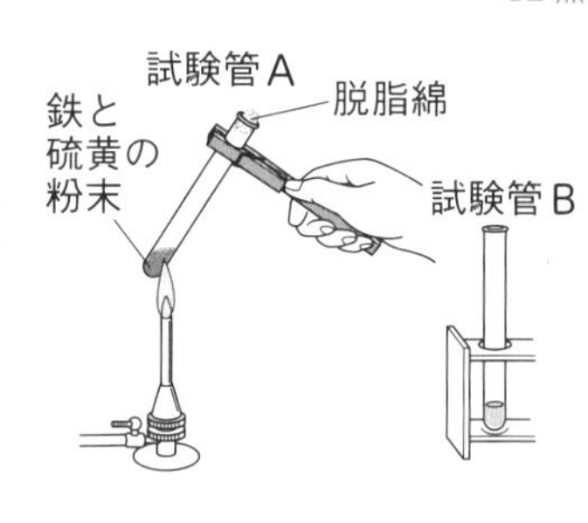

□(1) 次の文は，実験1の試験管Aの反応のようすについて述べている。(　)に入る適切な語句を書きなさい。

混合物の一部を(①)色に変化するまで加熱すると，(②)や熱を出して激しい反応が始まり，加熱をやめても反応は最後まで進んだ。

□(2) ①，②にあてはまるのは，試験管A，Bのどちらか選びなさい。

① 実験2で磁石に引きつけられた試験管

② 実験3で特有の刺激臭がある気体が発生した試験管

点UP □(3) 鉄粉2.8gと硫黄の粉末1.6gをよく混ぜ合わせると完全に反応した。次に，鉄粉4.2gと硫黄の粉末2.9gをよく混ぜ合わせて加熱すると，一方の物質が残った。

① 反応しないで残った物質を化学式で書きなさい。

② 計算 反応しないで残った物質の質量は何gか。

2 **図のように，酸化銅と活性炭の混合物を加熱する実験をした。** 技 思　28点

実験 1．酸化銅と活性炭の混合物を試験管Aに入れ，完全に反応させた。その後，ガラス管を石灰水からとり出し，ガスバーナーの火を消してから，目玉クリップでゴム管を閉じて冷ました。

2．その後，試験管Aに残った固体の質量を測定した。

3．1，2の操作を，酸化銅の質量は変えず，活性炭の質量を変えながら数回行ったところ，グラフのような結果を得た。

酸化銅と活性炭の混合物
試験管A
目玉クリップ
加熱をやめた後
ゴム管
石灰水

〔g〕 試験管Aに残った固体の質量　2.00　1.00　0
活性炭の質量〔g〕　0　0.15　0.30

□(1) 実験1の下線部の操作は，ある物質と空気中の酸素が化学変化するのを防ぐためである。ある物質の物質名を書きなさい。

□(2) 記述 活性炭の質量が0.15g以上のときは，活性炭の質量がふえると，試験管Aに残った固体の質量もふえている。その理由を簡潔に書きなさい。

□(3) 活性炭の質量を0.12gとしたとき，試験管Aに残った固体の物質名をすべて書きなさい。

□(4) この実験で，①酸化された物質と②還元された物質は何か。物質名を書きなさい。

成績評価の観点　技…観察・実験の技能　思…科学的な思考・判断・表現

❸ マグネシウムリボンに塩酸を加えて反応させた。技 思　　23点

実験 1．図1のようにして，マグネシウムリボンと塩酸を反応させ，発生する気体の体積をはかった。

2．1の操作を，一定量の塩酸に対しマグネシウムリボンの質量を変えて行い，図2の結果を得た。

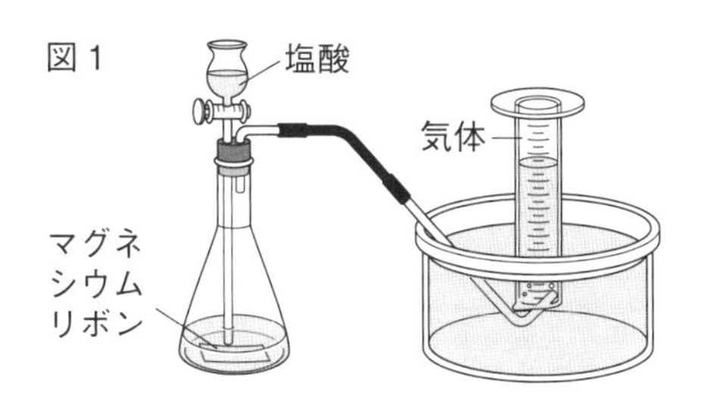

□(1) この実験で発生した気体の化学式を書きなさい。

□(2) マグネシウムリボン 0.2 g と塩酸を反応させたとき，発生した気体の体積は何 cm^3 か。

□(3) この実験で用いた塩酸と，過不足なく反応するマグネシウムリボンの質量は何 g か。

□(4) **計算** じゅうぶんな量の塩酸を用意して，マグネシウムリボン 1.0 g をすべて反応させた。このとき発生する気体の体積は何 cm^3 か。

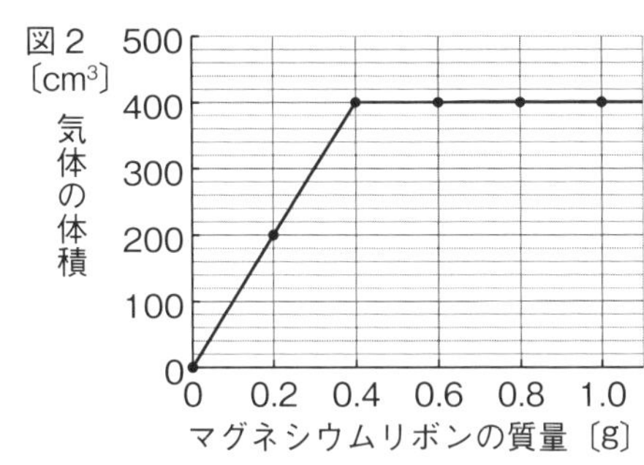

くる ❹ 化学かいろのしくみを調べるため，鉄粉と活性炭を厚手のポリエチレンの袋に入れ，次に，食塩水をしみこませた半紙を入れてよく振り混ぜた。思　　17点

□(1) 袋を振り混ぜてから温度をはかった。温度はどうなっているか。

□(2) この実験のように，化学変化のときの熱の出入りにより，まわりの温度が(1)のようになる反応のことを何というか。

□(3) **記述** この実験で，鉄粉はどのような化学変化をしているか。簡潔に書きなさい。

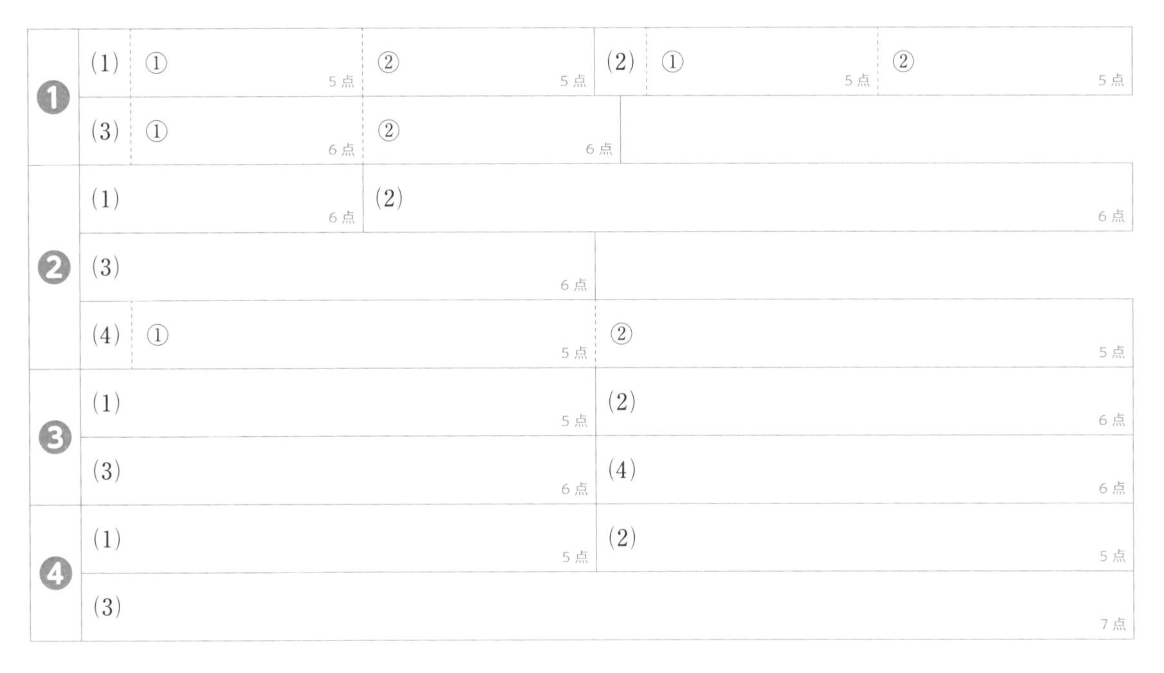

❶	(1) ① 5点	② 5点	(2) ① 5点	② 5点
	(3) ① 6点	② 6点		
❷	(1) 6点	(2) 6点		
	(3) 6点			
	(4) ① 5点	② 5点		
❸	(1) 5点	(2) 6点		
	(3) 6点	(4) 6点		
❹	(1) 5点	(2) 5点		
	(3) 7点			

❶ /32点　❷ /28点　❸ /23点　❹ /17点

定期テスト
予想問題
7

1章　電流の性質

解答 p.38

1 **同じ種類で電気抵抗が等しい豆電球a，b，電圧1.5 Vの乾電池，スイッチを，外から見てわからないように箱の中でつないで，図のような回路をつくった。** 20点

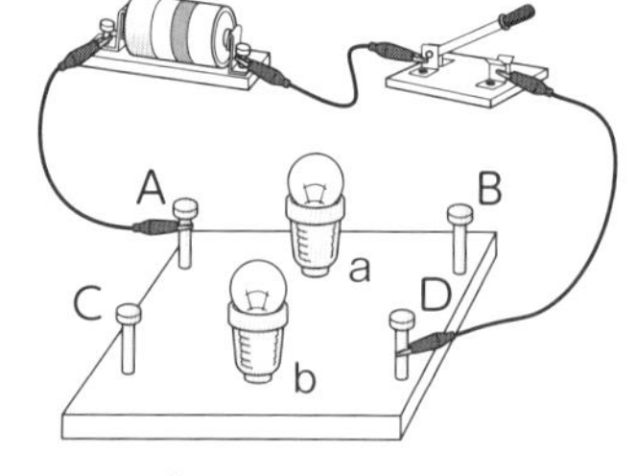

結果　スイッチを入れると，豆電球a，bは点灯した。また，B，C，D点を流れる電流の大きさを調べると，どの点も0.2 Aであった。

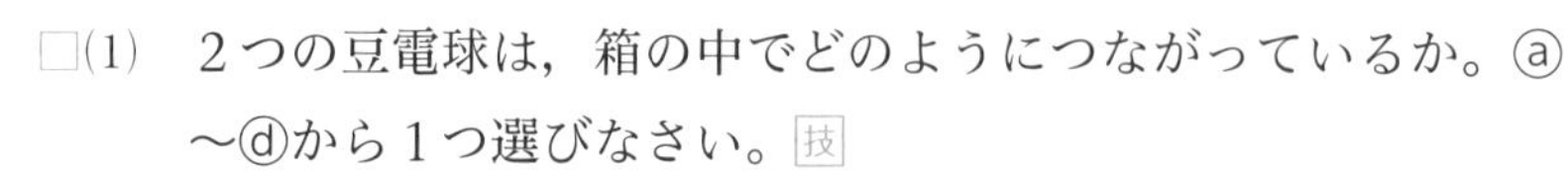

□(1)　2つの豆電球は，箱の中でどのようにつながっているか。ⓐ～ⓓから1つ選びなさい。技

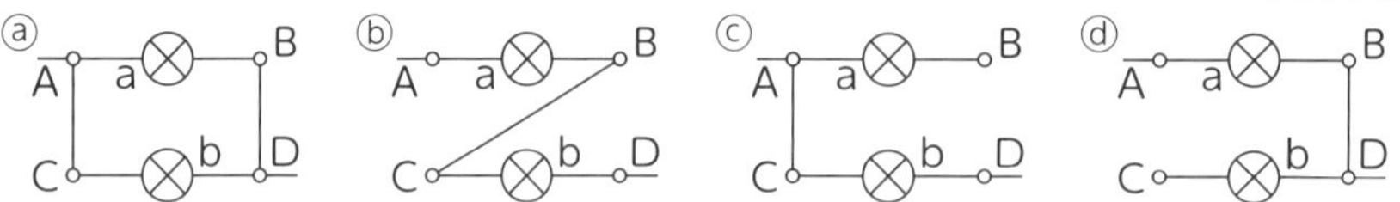

□(2)　豆電球aをゆるめると，豆電球bは点灯するか。

□(3)　計算 豆電球aの電気抵抗は何Ωか。

□(4)　豆電球bを豆電球aより電気抵抗の大きいものに変えると，2つの豆電球の明るさはどのようになるか。㋐～㋒から1つ選びなさい。思

㋐　aよりbのほうが明るくなる。　　㋑　bよりaのほうが明るくなる。

㋒　どちらも同じ明るさである。

よく出る **2** **電熱線A，B，C，Dを用いて，図1，図2のような直列回路と並列回路をつくり，電流と電圧の大きさを調べた。ただし，電熱線Cの電気抵抗は20 Ω，電熱線Dの電気抵抗は30 Ωである。** 40点

□(1)　電流計と電圧計のつなぎ方として適切なものを，㋐～㋓から1つ選びなさい。

㋐　電流計も電圧計も，測定する部分に直列につなぐ。

㋑　電流計は測定する部分に直列に，電圧計は測定する部分に並列につなぐ。

㋒　電流計は測定する部分に並列に，電圧計は測定する部分に直列につなぐ。

㋓　電流計も電圧計も，測定する部分に並列につなぐ。

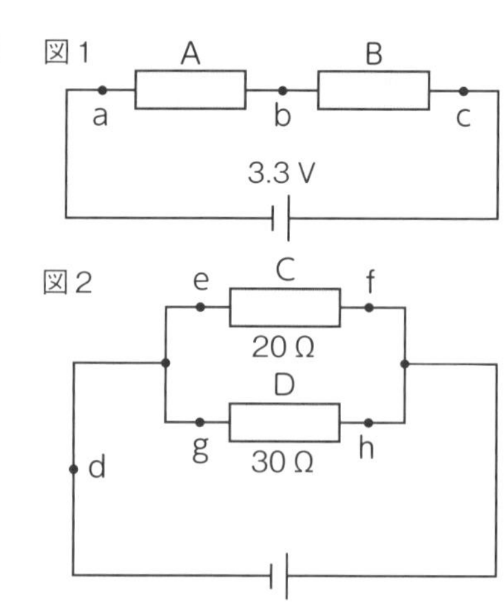

□(2)　計算 図1で，a点を流れる電流は300 mA，ab間に加わる電圧は1.5 V，電源の電圧は3.3 Vであった。

①　c点を流れる電流は何Aか。

②　bc間に加わる電圧は何Vか。

③　電熱線Aの電気抵抗は何Ωか。

④　図1の回路全体の電気抵抗は何Ωか。

□(3)　計算 図2で，e点を流れる電流は1.5 Aであった。

①　ef間に加わる電圧は何Vか。

②　d点を流れる電流は何Aか。

③　図2の回路全体の電気抵抗は何Ωか。

成績評価の観点　技…観察・実験の技能　思…科学的な思考・判断・表現

でる **3** 計算 **図のような装置で，電熱線Xに電流を流し，電流の大きさと，コップに入れた100 gのくみ置きの水の温度変化を調べたところ，表のような結果となった。** 25点

実験 1．2.0 Vの電圧を5分間加え，電流の大きさと水温を測定した。
2．加える電圧を3.0 V，4.0 V，5.0 Vと変えて，それぞれ1と同様の操作をくり返した。

電　圧〔V〕	2.0	3.0	4.0	5.0
電　流〔A〕	1.0	1.5	2.0	2.5
水の上昇温度〔℃〕	1.2	2.7	4.8	7.5

□(1) 電熱線Xの電気抵抗は何Ωか。

□(2) 電圧が3.0 Vのとき，電熱線Xが消費した電力は何Wか。思

□(3) 電圧が5.0 Vのとき，電熱線Xが5分間に消費した電力量は何Jか。思

□(4) 表の結果から，電熱線Xに3.0 Aの電流を5分間流したとき，水の温度は何℃上昇すると考えられるか。㋐～㋓から1つ選びなさい。思

㋐ 5.4 ℃　㋑ 10.8 ℃　㋒ 16.2 ℃　㋓ 19.2 ℃

点UP □(5) 10 Vで50 Wの電力を消費する電熱線に，5 Vの電圧を5分間加えると，消費する電力量は何Jか。思

4 **図は，破線で示した2つの部屋に照明器具A，Bとコンセント C，Dがつながれているようすを表した回路図である。Aの消費電力は40 W，Bは60 W，電源の電圧は100 Vである。** 15点

□(1) 計算 回路全体の電気抵抗は何Ωか。

□(2) 図の点Pで回路が切れたとき，使用できなくなるものを，A～Dからすべて選びなさい。

点UP □(3) 計算 この回路では，100 Vの電圧で合計5 Aまでの電流しか同時に使用できないとする。このとき，照明器具A，Bを同時に点灯し，コンセントCで250 Wの電気器具を使用したとき，コンセントDで使用できる電気器具の最大の消費電力は何Wか。思

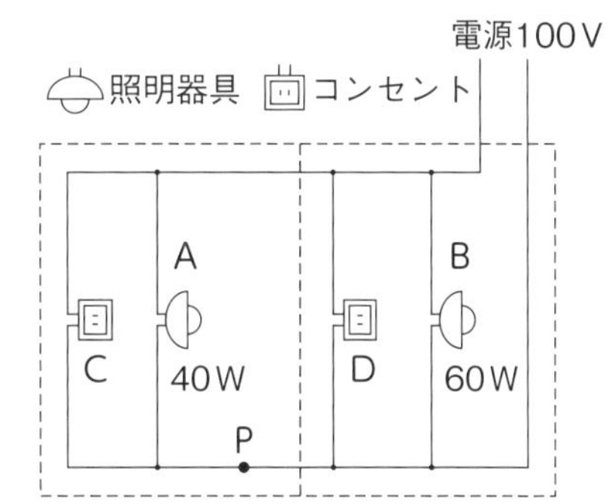

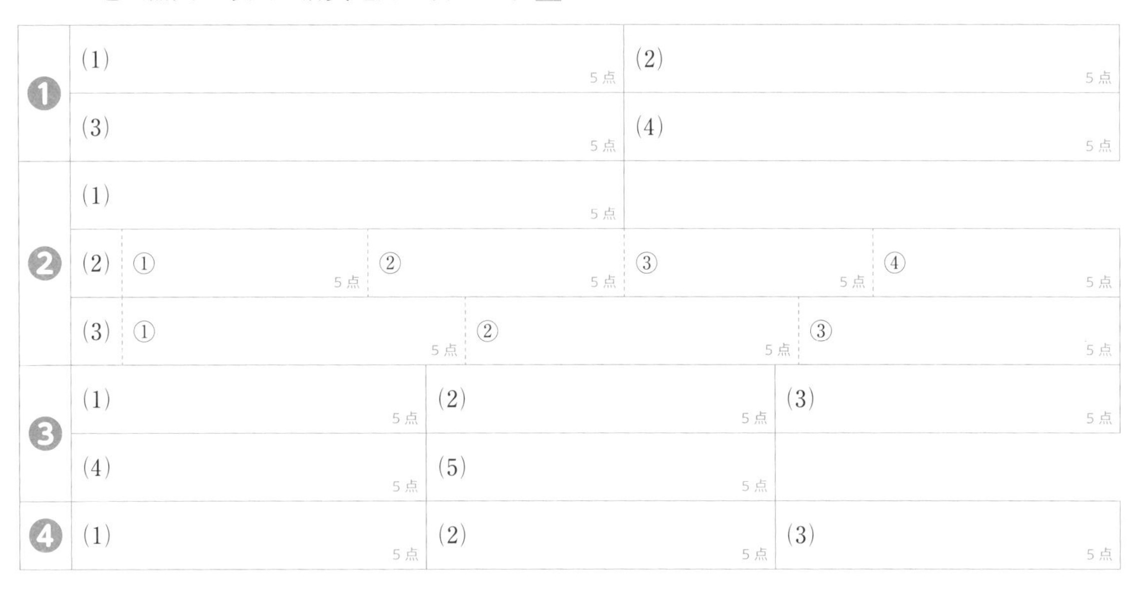

1	(1) 5点	(2) 5点
	(3) 5点	(4) 5点
2	(1) 5点	
	(2) ① 5点 ② 5点	③ 5点 ④ 5点
	(3) ① 5点 ② 5点	③ 5点
3	(1) 5点 (2) 5点	(3) 5点
	(4) 5点 (5) 5点	
4	(1) 5点 (2) 5点	(3) 5点

1 /20点　2 /40点　3 /25点　4 /15点

2章　電流の正体
3章　電流と磁界

時間30分　／100点　合格70点　解答 p.39

よく出る **1** **図のような，電極板P，Qを入れた放電管のA，Bの電極間に，Bが＋極となるように高い電圧を加えたところ，蛍光板に光るすじが見られた。** 25点

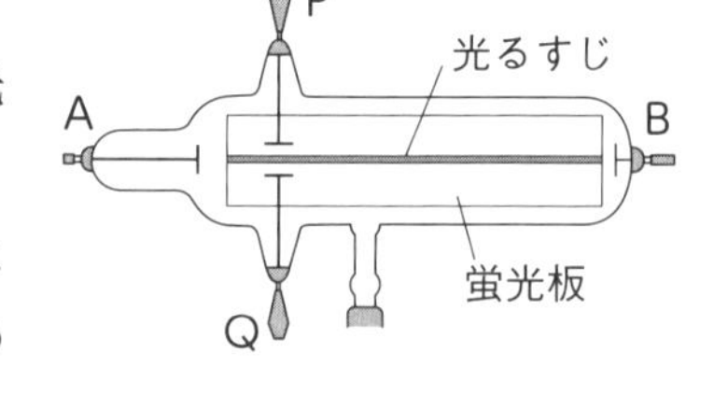

□(1)　1対の電極を入れたガラス管の内部の気体の圧力を小さくし，電極に高電圧を加えると，電流が流れてガラス管が光る。このような現象を何というか。

□(2)　図の光るすじは，電流のもとになるものの流れが蛍光板に当たってできたものである。この電流のもとになるものの流れを何というか。

□(3)　電流のもとになるものは，非常に小さな粒子である。この小さな粒子を何というか。

□(4)　ガラス管内を粒子が移動する向きと，電流の流れる向きを正しく組み合わせたものを，㋐～㋓から1つ選びなさい。

㋐　粒子の移動：A→B，電流：A→B　　㋑　粒子の移動：A→B，電流：B→A
㋒　粒子の移動：B→A，電流：A→B　　㋓　粒子の移動：B→A，電流：B→A

□(5)　作図 電極板P，Qの間に，Pが＋極となるように電圧を加えると，蛍光板に見られる光るすじはどうなるか。解答欄の図に，光るすじが途中までかかれているので，続きを実線でかき入れなさい。技

2 **図のように，厚紙に通したコイルと抵抗器，電源装置，スイッチをつないで電流を流し，方位磁針を使って磁界のようすを調べた。** 24点

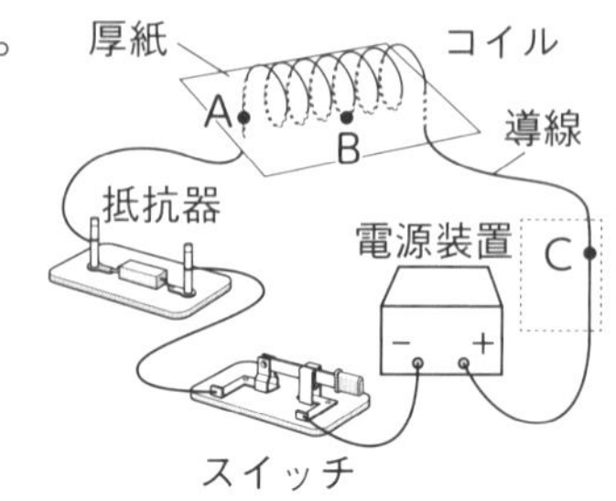

□(1)　磁界のようすを表すとき，磁界の向きを示す線を何というか。

□(2)　図で，厚紙上のA，Bの位置に磁針を置き，コイルに電流を流した。Aがコイルの左側に，Bがコイルの下側にあるようにして，コイルの真上から磁針を見たときの針の振れ方として正しいものを，それぞれⓐ～ⓓから1つずつ選びなさい。思

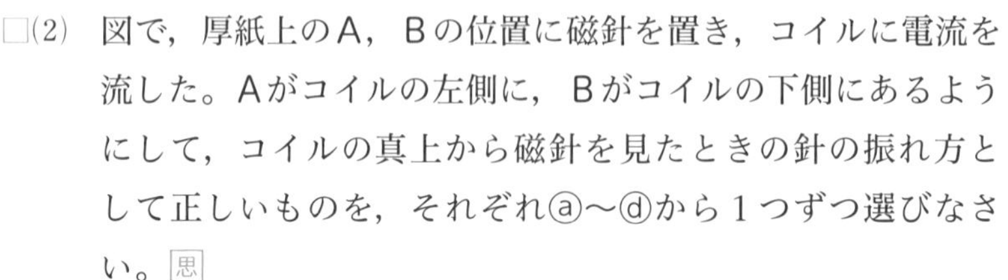

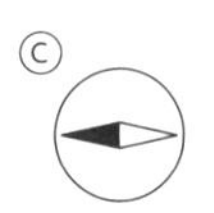

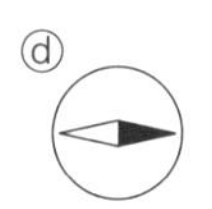

□(3)　導線に流れる電流を大きくすると，Aの磁針の振れの大きさはどのようになるか。㋐～㋓から1つ選びなさい。思

㋐　大きくなる。　㋑　小さくなる。　㋒　変わらない。　㋓　針は振れない。

□(4)　電流を流したとき，図のCの部分での磁界の向きを矢印で表すと，どのようになるか。ⓐ～ⓓから1つ選びなさい。思

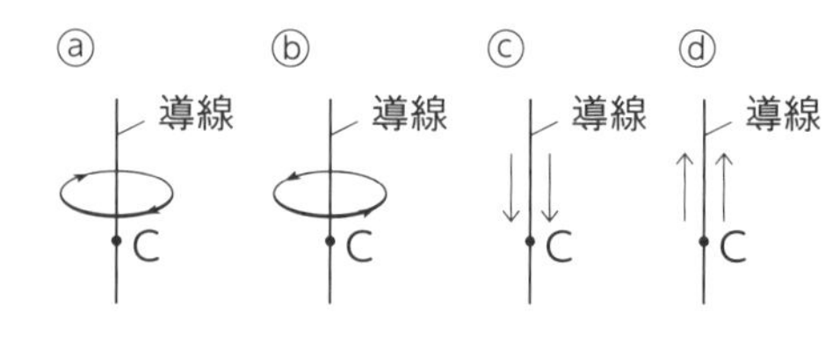

成績評価の観点　技…観察・実験の技能　思…科学的な思考・判断・表現

3 図はモーターの回転する原理を模式的に表したものである。 22点

□(1) コイルの中心における，向かい合った2個の磁石による磁界の向きを，図のⓐ～ⓕから1つ選びなさい。

□(2) 電流を流したとき，コイルの中心における電流がつくる磁界の向きを，図のⓐ～ⓕから1つ選びなさい。思

□(3) 電流を流すと，コイルは矢印のAの向きに回転した。モーターの回転の向きを逆にするためには，どのような方法があるか。㋐～㋓からすべて選びなさい。技

㋐ 磁力の強い磁石に変える。　㋑ 電流を大きくする。

㋒ 電流の向きを逆にする。　㋓ 磁石による磁界の向きを逆にする。

□(4) 記述 装置を変えずに，コイルをさらに速く回転させるには，どうしたらよいか。技

4 コイルに棒磁石のN極を近づけると，コイルに電流が流れ，検流計の針が左に振れた。 29点

□(1) このような現象について，(　)にあてはまる語句を答えなさい。

　コイルの中の(①)が変化すると，コイルの両端に電圧が生じ，電流が流れる。この現象を(②)といい，このとき流れる電流を(③)という。

□(2) このとき，電流は検流計の＋端子，－端子のどちらから検流計に流れこんでいるか。

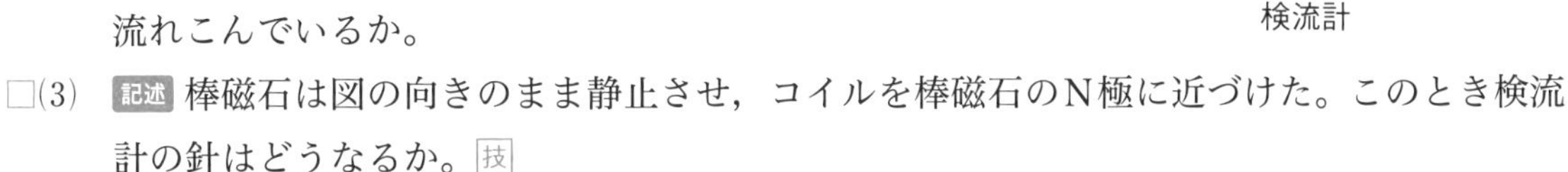

□(3) 記述 棒磁石は図の向きのまま静止させ，コイルを棒磁石のN極に近づけた。このとき検流計の針はどうなるか。技

□(4) 記述 検流計の針の振れ方を大きくするには，磁石の磁力を強くする，コイルの巻数を多くするという方法のほかに，もう1つは何か。技

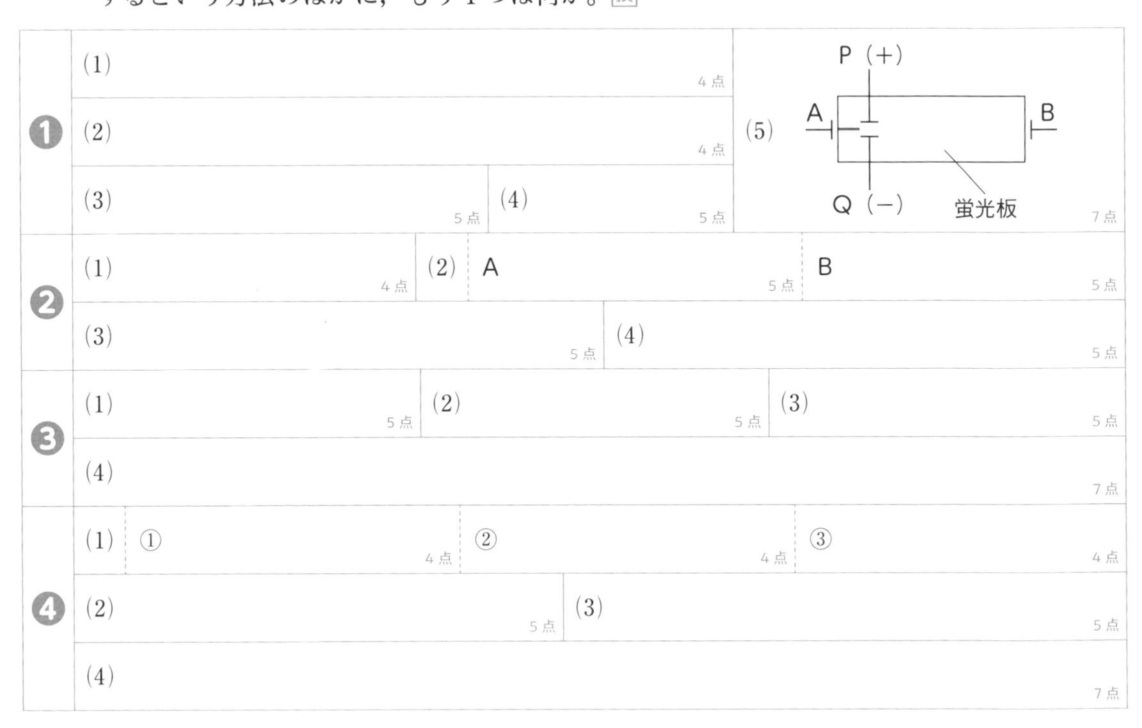

1	(1) 4点	(2) 4点	(3) 5点 / (4) 5点 / (5) 7点
2	(1) 4点	(2) A 5点 / B 5点	(3) 5点 / (4) 5点
3	(1) 5点	(2) 5点	(3) 5点 / (4) 7点
4	(1) ① 4点 / ② 4点 / ③ 4点	(2) 5点 / (3) 5点	(4) 7点

1 /25点　2 /24点　3 /22点　4 /29点

4章①～③
溶質(液体にとけている物質)と溶媒(溶質をとかしている液体)はまちがいやすいので注意する。
4章④
溶媒の粒子も溶質の粒子も，その種類によって決まった質量をもっているので，溶質が溶媒の中にとけて見えなくなっても，全体の質量は変化しない。
4章⑤
状態変化をしても，物質がなくなるわけではない。また，ある物質が固体・液体・気体と変化するとき，粒子の間隔は変わるが，粒子の数は変わらない。そのため，状態変化したときに体積は変化するが，質量は変化しない。

電流とその利用　の学習前に
1章／2章　①変わる(逆になる)　②速くなる　③変わらない
3章　①鉄　②極　③コイル　④逆　⑤強く　⑥強く

考え方
1章／2章①
乾電池の＋極と－極にモーターなどをつないで回路をつくると，＋極からモーターを通って－極に電気が流れる。この回路に流れる電気の流れを電流という。なお，電流の向きは，検流計を使って調べることができる。
1章／2章②～③
乾電池の＋極と別の乾電池の－極がつながっていて，回路が途中で分かれていないつなぎ方を直列つなぎという。一方，乾電池の＋極どうし，－極どうしがつながっていて，回路が途中で分かれているつなぎ方を並列つなぎという。
3章①～②
磁石は，鉄以外の金属や，紙，ガラス，プラスチック，木などの非金属は引きつけない。また，磁石にはN極とS極があり，同じ極どうしはしりぞけ合い，ちがう極どうしは引き合う。
3章③～⑥
導線を同じ向きに何回も巻いたものをコイルという。コイルに鉄心を入れて，電流を流したものを電磁石という。

生物の体のつくりとはたらき

p.10　ぴたトレ1

1　①接眼　②対物　③低　④反射鏡　⑤近づける　⑥離す　⑦せまく　⑧暗く　⑨近く(せまく)　⑩細胞　⑪上げる
2　①単細胞生物　②多細胞生物　③組織　④器官　⑤個体　⑥細胞

考え方
1 (1)はずすときは，対物レンズ，接眼レンズの順で行う。
(2)はじめは低倍率で，観察するものをさがす。
(4)プレパラートが割れないように，プレパラートと対物レンズを離す方向に調節ねじを回し，ピントを合わせる。
2 (1)単細胞生物は，いろいろなはたらきを1つの細胞だけで行っている。
(3)，(4)多細胞生物の体の成り立ちは，細胞→組織→器官→個体。

p.11　ぴたトレ2

1　(1)㋓　(2)A，B，D　(3)単細胞生物　(4)㋑
2　(1)組織　(2)器官　(3)個体　(4)細胞

考え方
1 (1)高倍率にすると，視野はせまく暗くなる。
(2)，(3)ゾウリムシ(A)，アメーバ(B)，ミカヅキモ(D)は，体が1つの細胞からできた単細胞生物である。ミジンコ(C)は体が多数の細胞からできた多細胞生物(節足動物の甲殻類)である。
(4)細胞が集まって組織ができ，組織が集まって器官ができるので，単細胞生物には組織や器官はない。単細胞生物は，いろいろなはたらきをすべて1つの細胞で行っている。
2 (1)組織をつくる細胞は，形やはたらきが同じである。
(2)器官は，いくつかの種類の組織が集まって特定のはたらきをもつ。

p.12　ぴたトレ1

1　①核　②細胞質　③細胞膜　④核　⑤細胞膜　⑥液胞　⑦葉緑体　⑧細胞壁
2　①エネルギー　②細胞呼吸　③酸素　④水　⑤二酸化炭素

教科書ぴったりトレーニング

〈啓林館版・中学理科２年〉

この解答集は取り外してお使いください。

p.6～9　ぴたトレ０

生物の体のつくりとはたらき　の学習前に

１章　①プレパラート
２章　①デンプン　②二酸化炭素　③酸素
　④葉　⑤蒸散
３章　①唾液　②小腸　③呼吸　④血液　⑤肺
４章　①筋肉

考え方
２章①
ヨウ素液（ヨウ素溶液）を使うと，デンプンがふくまれているかを調べることができる。
２章②～③
植物も呼吸をしているが，日光が当たっているときは二酸化炭素をとり入れて，酸素を出す。
３章①～②
口から食道，胃，小腸，大腸を通って肛門に終わる食べ物の通り道を消化管という。消化管では，消化にかかわる唾液などの消化液が出される。
３章③～⑤
肺は，体に必要な酸素をとり入れ，不要な二酸化炭素を体の外に出す。
血液は，心臓の拍動によって，全身の血管を流れていく。血管は，体のすみずみに網の目のようにはりめぐらされ，血液を全身に運んでいる。
４章①
ヒト以外の動物の体にも，骨，関節，筋肉があり，体を支えたり，動いたりしている。

地球の大気と天気の変化　の学習前に

１章　①日光　②晴れ　③くもり
２章　①水蒸気　②蒸発　③氷
３章／４章　①大きい　②小さい　③西　④東
　⑤西　⑥東　⑦南

考え方
１章②～③
「晴れ」と「くもり」のちがいは，空全体の雲の量で決まる。空をおおっている雲の量に関係なく，雨や雪が降っているときは「雨」や「雪」とする。
２章①～③
水は，水蒸気（気体），水（液体），氷（固体）とすがたを変えて，自然の中を循環している。
３章／４章①～②
天気によって，１日の気温の変化にはちがいがある。
３章／４章③～⑥
雲の色や形が変わることもある。黒っぽい雲の量がふえてくると雨になることが多い。

化学変化と原子・分子　の学習前に

１章　①状態変化　②電気　③熱
２章／３章　①物体　②物質　③酸素
　④二酸化炭素
４章　①溶質　②溶媒　③水溶液　④変化しない
　⑤変化しない

考え方
１章①
液体が沸騰して気体に変化する温度を沸点
固体がとけて液体に変化する温度を融点
いう。
１章②～③
鉄は磁石につくが，アルミニウムや銅
は磁石につかない。磁石につく性質は
属に共通の性質ではないことに注意す
なお，金属以外の物質を非金属という
２章／３章④
炭素をふくむ物質を有機物といい，
以外の物質を無機物という（二酸化炭
素をふくむが，無機物としてあつか

考え方

1 (1)染色液には，酢酸オルセイン溶液，酢酸カーミン溶液，酢酸ダーリア溶液などがある。

(2)核と細胞壁以外の部分をまとめて細胞質という。

(3)葉緑体は，葉や茎など緑色をした部分の細胞にしかない。液胞の中は細胞の活動でできた物質がとけた液で満たされているので，成長した細胞で大きい。

2 (2)細胞呼吸に使われる栄養分は，炭水化物などの有機物で，炭素と水素をふくむため，分解後に二酸化炭素と水ができる。

p.13 ぴたトレ2

1 (1)A (2)ⓐ細胞膜 ⓑ核

(3)ⓒ細胞壁 ⓓ液胞 ⓔ葉緑体

(4)㋒，㋓，㋔

(5)①ⓑ ②ⓓ ③ⓒ ④ⓔ

2 (1)細胞呼吸

(2)A酸素 B水 C二酸化炭素

(3)①有機物 ②・③水素・炭素

(4)日光を受けて，デンプンなどの栄養分をつくり出す。

考え方

1 (3)根など緑色をしていない部分の細胞には葉緑体がない。

(4)核は，酢酸カーミン溶液で赤色，酢酸ダーリア溶液で青紫色，酢酸オルセイン溶液で赤紫色に染まる。

2 (2)酸素(A)を使って栄養分を分解してエネルギーをとり出す。分解後には水(B)と二酸化炭素(C)が発生する。

(3)炭素をふくむ物質が有機物である。有機物には水素もふくまれる。

(4)「日光」という語句を必ず使うこと。

p.14～15 ぴたトレ3

1 (1)A

(2)酢酸カーミン溶液(酢酸オルセイン溶液)

(3)ⓑ，ⓓ，ⓔ (4)近くなる。

(5)ⓐ核 ⓔ葉緑体

(6)細胞を保護し，体の形を保つ点。

2 (1)多細胞生物 (2)器官 (3)個体

(4)形やはたらきが同じである。 (5)㋒

3 (1)ゾウリムシ (2)核 (3)㋑

(4)(単細胞生物の体をつくる細胞は，)1つの細胞で生命活動に必要なはたらきをすべて行わなければならないから。

4 (1)細胞呼吸

(2)(栄養分に)炭素と水素がふくまれるから。

考え方

1 (1)タマネギの表皮の細胞には葉緑体がない。Bはヒトのほおの内側の細胞，Cはオオカナダモの細胞である。

(2)核が赤く染まっているので，酢酸ダーリア溶液ではない。

(3)，(5)ⓐは核，ⓑは細胞質とよばれる部分，ⓒは細胞壁，ⓓは細胞膜，ⓔは葉緑体である。核と細胞壁以外は細胞質である。

(6)「細胞を保護する点。」「体の形を保つ点。」のどちらか一方でもよい。

2 (4)「形」「はたらき」の両方の語句を使うこと。

(5)アメーバは単細胞生物である。

3 (3)日光を受けて栄養分をつくり出すことができるのは，植物である。ゾウリムシやアメーバなどは，栄養分や酸素を直接体外からとり入れ，二酸化炭素などを直接体外に排出する。

(4)理由を答えるので，文末を「～から。」「～ため。」にする。

4 (2)栄養分になる有機物にふくまれる炭素が酸素と結びついて二酸化炭素になり，水素が酸素と結びついて水になる。

p.16 ぴたトレ1

1 ①光合成 ②葉緑体 ③二酸化炭素 ④デンプン ⑤酸素 ⑥熱湯 ⑦ヨウ素溶液 ⑧青紫

2 ①二酸化炭素 ②呼吸 ③光合成 ④呼吸 ⑤白くにごる

考え方

1 (1)光合成は，おもに葉で行われる。

(3)光合成は，水＋二酸化炭素 ⟶ デンプンなど＋酸素と表される。

(4)葉を熱湯につけるのは，葉をやわらかくするため。

2 (1)暗い場所では，光合成は行われていないが，呼吸は行われているので，葉は二酸化炭素を出す。このとき，葉は酸素をとり入れている。

(2)光が強い日中は，呼吸より光合成によって出入りする気体の量のほうが多いので，光合成だけが行われているように見える。

p.17 ぴたトレ 2

1 (1)㋓ (2)青紫色 (3)①ⓐ(と)ⓒ ②ⓐ(と)ⓑ
(4)ⓐ

2 (1)酸素 (2)A光合成 B呼吸 (3)図2
(4)光合成によって出入りする気体の量のほうが，呼吸によって出入りする気体の量より多いから。

考え方

1 (3)ふ(ⓑ)の部分は緑色をしていないので，この部分の細胞には葉緑体がふくまれていない。ⓐの部分は葉緑体があり，光が当たっている。ⓑの部分は葉緑体がなく，光が当たっている。ⓒの部分は葉緑体があり，光が当たっていない。

2 (2)Aは二酸化炭素をとり入れているので光合成，Bは昼も夜も行われているので呼吸である。
(4)「光合成のほうが呼吸よりさかんだから。」と答えるよりも，気体の量に注目して具体的に答えたほうがよい。

p.18 ぴたトレ 1

1 ①根毛 ②道管 ③師管 ④維管束
⑤双子葉類 ⑥単子葉類 ⑦師管 ⑧道管
⑨維管束 ⑩根毛 ⑪師管 ⑫道管 ⑬表皮
⑭孔辺細胞 ⑮気孔 ⑯水蒸気

2 ①水蒸気 ②蒸散 ③裏 ④裏 ⑤開き
⑥閉じる

考え方

1 (1)根毛によって根と土がふれ合う面積が大きくなり，水や水にとけた養分を効率よく吸収できる。
(3)維管束は根から茎，茎から葉へとつながっている。
(6)茎では，維管束の内側に道管，外側に師管がある。
(9)孔辺細胞のはたらきで気孔が開閉し，気体の出入りが調節される。

2 (1)蒸散によって，根からの水の吸い上げがさかんに行われる。
(3)気孔が開いている間は，さかんに蒸散が行われる。

p.19 ぴたトレ 2

1 (1)道管 (2)師管 (3)Aⓓ Bⓑ
(4)Aⓒ Bⓐ

2 (1)㋒ (2)A
(3)蒸散は，気孔の多い葉の裏側でさかんに行われるから。

考え方

1 (1)水は道管を通って運ばれる。
(3)，(4)Aはホウセンカ，Bはトウモロコシである。ホウセンカのような双子葉類の維管束は輪のように並び，トウモロコシのような単子葉類の維管束は散在している。

2 (1)水面から水が蒸発すると，蒸散による水の減少量が正確にわからない。
(2)，(3)ワセリンをぬった部分では蒸散が行われない。よって，Aでは葉の裏側と茎，Bでは葉の表側と茎で蒸散が行われている。

p.20〜21 ぴたトレ 3

1 (1)B (2)二酸化炭素 (3)対照実験
(4)線香が炎をあげて燃える。

2 (1)気孔 (2)A光合成 B呼吸 (3)㋑
(4)光合成で出入りする気体の量のほうが呼吸で出入りする気体の量よりも多いから。

3 (1)根毛 (2)B道管 C師管 (3)維管束
(4)(根毛が多数あることによって，)根と土がふれる面積が大きくなるから。

4 (1)気孔をふさぐため。
(2)(水面に)油を注ぐ。 (3)蒸散
(4)A(→)B(→)C (5)㋐

考え方

1 (1)，(2)石灰水は，二酸化炭素によって白くにごる。
(3)調べたい条件だけを変えてほかの条件をすべて同じにして行う実験を，対照実験という。
(4)酸素が発生したことにはふれなくてもよい。

2 (2)Aは二酸化炭素をとり入れて酸素を出しているので光合成，Bは酸素をとり入れて二酸化炭素を出しているので呼吸を表している。

(3)呼吸は昼も夜も行われているが，光合成は光の当たる昼間だけ行われる。

3 (1)根の先端付近にある根毛は，土の粒の間に入りこんでいる。

(4)根毛が多数あることで，根の表面積は非常に大きくなる。

4 (1)，(3)蒸散が行われるのは，ワセリンをぬらなかった部分だけである。

(2)水面が油でおおわれると，水が蒸発しない。

(4)蒸散が行われているのは，Aは葉の表＋葉の裏＋茎，Bは葉の裏＋茎，Cは葉の表＋茎である。

p.22 ぴたトレ1

1 ①ヨウ素溶液 ②ベネジクト溶液 ③麦芽糖 ④ベネジクト溶液 ⑤沸騰石

2 ①消化 ②消化管 ③消化液 ④消化酵素 ⑤消化系 ⑥口 ⑦食道 ⑧胃 ⑨小腸 ⑩大腸

考え方

1 (1)ベネジクト溶液は，麦芽糖やブドウ糖に反応して，青色から黄色(麦芽糖などが少ないとき)や赤褐色(麦芽糖などが多いとき)に変化する。

(3)突然沸騰するのを防ぐため，加熱する試験管に沸騰石を入れる。

2 (3)消化液には，唾液，胃液，胆汁，すい液がある。

(4)唾液にはアミラーゼ，胃液にはペプシン，すい液にはアミラーゼ，トリプシン，リパーゼという消化酵素がふくまれる。

p.23 ぴたトレ2

1 (1)突然沸騰するのを防ぐため。

(2)A変化しない。
A′赤褐色(または黄色)になる。
B青紫色になる。 B′変化しない。

(3)①A(と)B ②A′(と)B′

2 (1)ⓐ肝臓 ⓑ胆のう ⓒ大腸 ⓓ食道 ⓔ胃 ⓕすい臓 ⓖ小腸

(2)消化管 (3)消化液 (4)消化系

考え方

1 (2)試験管Aでは，唾液のはたらきでデンプンが麦芽糖に変わっている。試験管Bではデンプンがそのまま残っている。

(3)①試験管AとBのヨウ素溶液に対する反応を比べる。

②試験管A′とB′のベネジクト溶液に対する反応を比べる。

2 (3)胆汁以外の消化液には消化酵素がふくまれている。

p.24 ぴたトレ1

1 ①アミラーゼ ②小腸 ③ブドウ糖 ④ペプシン ⑤トリプシン ⑥アミノ酸 ⑦胆汁 ⑧リパーゼ ⑨・⑩脂肪酸・モノグリセリド ⑪デンプン ⑫ブドウ糖 ⑬タンパク質 ⑭アミノ酸 ⑮脂肪 ⑯・⑰モノグリセリド・脂肪酸

2 ①柔毛 ②毛細血管 ③肝臓 ④リンパ管 ⑤柔毛 ⑥毛細血管 ⑦リンパ管

考え方

1 (1)～(3)消化液と消化酵素は次のようにまとめられる。

消化液	消化酵素	はたらき
唾液	アミラーゼ	デンプンを分解。
胃液	ペプシン	タンパク質を分解。
胆汁	―	脂肪を水に混ざりやすくする。
すい液	アミラーゼ	デンプンを分解。
	トリプシン	タンパク質を分解。
	リパーゼ	脂肪を分解。

2 (2)肝臓に運ばれたブドウ糖の一部はグリコーゲンに合成され，たくわえられる。

(3)リンパ管は首の下で血管と合流する。

p.25 ぴたトレ2

1 (1)A肝臓 B胆のう Cすい臓

(2)ⓐアミラーゼ ⓑペプシン ⓒアミラーゼ ⓓトリプシン ⓔリパーゼ

(3)①㋑ ②㋒ ③㋐，㋓

2 (1)柔毛 (2)B毛細血管 Cリンパ管

(3)B㋑，㋒，㋓ C㋐ (4)肝臓 (5)大腸

考え方

1 (1)胆汁は肝臓でつくられ，胆のうに一時的にたくわえられ，十二指腸に出される。小腸のはじまりの部分を十二指腸という。

(2)小腸の壁にも消化酵素があり，食物は小腸を通る間にほぼ完全に消化される。

◆2 (1)柔毛がたくさんあることで，小腸の表面積が非常に大きくなり，消化された栄養分を効率よく吸収できる。
(3)脂肪が消化されてできた脂肪酸とモノグリセリドは，柔毛に吸収された後，再び脂肪になってリンパ管に入る。

p.26~27 ぴたトレ3

1 (1)㋑ (2)ペプシン (3)肝臓
(4)脂肪を水に混ざりやすい状態にするはたらき。
(5)Aアミラーゼ Bトリプシン Cリパーゼ
(6)①ブドウ糖 ②アミノ酸
③脂肪酸，モノグリセリド

2 (1)小腸の表面積が大きくなることで，栄養分を効率よく吸収できる。
(2)記号：C 名前：リンパ管
(3)記号：㋒ 物質：グリコーゲン

3 (1)①麦芽糖(ブドウ糖) ②赤褐色
(2)㋒ (3)デンプンを麦芽糖に変えるはたらき。
(4)アミラーゼ

考え方
1 (2)タンパク質にはたらく消化酵素には，胃液にふくまれるペプシンやすい液にふくまれるトリプシンがある。
(4)胆汁には消化酵素がふくまれていないので，脂肪を分解することはできない。
2 (2)突起Aは柔毛，Bは毛細血管，Cはリンパ管を表している。ブドウ糖やアミノ酸，無機物は柔毛の表面から吸収され，毛細血管に入る。脂肪酸とモノグリセリドは柔毛の表面から吸収され，再び脂肪となってリンパ管に入る。
(3)肝臓に運ばれたブドウ糖の一部は，グリコーゲンという物質に合成されてたくわえられ，必要に応じて再びブドウ糖に分解されて血液中に送り出される。
3 (1)青色のベネジクト溶液は麦芽糖やブドウ糖と反応し，麦芽糖の量が多いときは赤褐色になり，量が少ないと黄色になる。
(2)色の変化は，表のようになる。

	試験管A	試験管B
ヨウ素溶液	変化なし	青紫色
ベネジクト溶液	赤褐色 または黄色	変化なし

p.28 ぴたトレ1

1 ①横隔膜 ②気管 ③気管支 ④肺胞
⑤呼吸系 ⑥毛細血管 ⑦肺 ⑧気管
⑨気管支 ⑩肺胞

2 ①排出 ②窒素 ③アンモニア ④肝臓
⑤尿素 ⑥腎臓 ⑦尿 ⑧排出系 ⑨腎臓
⑩ぼうこう ⑪輸尿管

考え方
1 (1)横隔膜は，肺の下にある膜状の筋肉である。ろっ骨とろっ骨の間の筋肉と横隔膜のはたらきで胸こうの体積を変え，呼吸運動が行われる。
(3)たくさんの肺胞があることで，空気にふれる表面積が大きくなり，ガス交換の効率がよくなる。
2 (2)アンモニアは，体内に多くたまると有害である。
(3)肝臓には，アンモニアを尿素に変えるほかに，有害物質を無害化する，吸収した栄養分をつくり変える，胆汁をつくるなど多くのはたらきがある。

p.29 ぴたトレ2

◆1 (1)①気管 ②気管支 (2)肺胞
(3)空気とふれる表面積が大きくなるから。
(4)A酸素 B二酸化炭素 (5)横隔膜

◆2 (1)肺 (2)A腎臓 B輸尿管 Cぼうこう
(3)㋒ (4)㋒ (5)汗腺

考え方
◆1 (1)，(2)気管は細かく枝分かれして気管支になり，気管支の先に肺胞がつながる。
(3)ヒトの成人では肺胞の総表面積がテニスコートのほぼ半分(70～90 m^2)にもなる。
(4)肺胞内の空気中の酸素は血液中にとりこまれ，血液中の二酸化炭素は肺胞内に出される。
◆2 (3)脂肪やブドウ糖が分解されると，二酸化炭素と水ができる。
(4)アンモニアは肝臓で害の少ない尿素に変えられ，腎臓に送られて，ほかの不要な物質とともに血液中からこし出される。

p.30 ぴたトレ1

1 ①ヘモグロビン ②血しょう ③組織液
④組織液 ⑤リンパ管 ⑥赤血球 ⑦白血球
⑧血小板 ⑨血しょう

2 ①動脈　②厚く　③静脈　④弁　⑤拍動
⑥循環系　⑦肺循環　⑧体循環　⑨肺循環
⑩体循環　⑪静脈血　⑫動脈血

考え方

1 (1)ヘモグロビンは，肺胞など酸素の多いところでは酸素と結びつき，酸素の少ないところでは酸素をはなす性質をもつ。
(4)組織液の多くは，毛細血管にとりこまれて再び血しょうとなる。

2 (1)，(2)動脈は枝分かれしながら全身に広がり，末端では毛細血管になる。毛細血管は合流しながらしだいに太くなって静脈となる。
(7)二酸化炭素を多くふくむ血液を静脈血，酸素を多くふくむ血液を動脈血という。

p.31　ぴたトレ2

1 (1)A白血球　B赤血球　C血小板
D血しょう
(2)ヘモグロビン　(3)組織液

2 (1)A動脈　B静脈　(2)A　(3)A　(4)毛細血管

3 (1)A右心房　B右心室　C左心室　D左心房
(2)①肺循環　②体循環
(3)①静脈血　②動脈血

考え方

1 (1)白血球(A)はいろいろな形のものがあり，赤血球(B)は中央がくぼんだ円盤形をしている。血小板(C)は小さくて不規則な形をしている。

2 (1)〜(3)心臓から送り出された血液が流れる動脈の壁は厚くて弾力がある。心臓にもどる血液が流れる静脈の壁はうすく，逆流を防ぐ弁がある。

3 (1)向かって右，左ではないことに注意。
(2)肺動脈には静脈血，肺静脈には動脈血が流れている。

p.32〜33　ぴたトレ3

1 (1)①㋓　②㋑　③㋐　④㋒　(2)㋑

2 (1)細胞呼吸　(2)血しょう　(3)リンパ管
(4)酸素の多いところで酸素と結びつき，酸素の少ないところで酸素をはなす性質。
(5)二酸化炭素　(6)尿素

3 (1)①E　②B　③A　④F
(2)A，D　(3)B，D
(4)体循環　(5)拍動　(6)循環系
(7)塩分を体に適した濃さに保つはたらき。
(8)㋐，㋑，㋓

考え方

1 (2)図3のBのように，横隔膜が下がるとともにろっ骨が引き上げられ，胸こうの体積が大きくなると，肺の中に空気が吸いこまれる(図2)。
図3のAのように，横隔膜が上がるとともにろっ骨が下がると，胸こうの体積が小さくなって，肺から空気が押し出される。

2 (1)細胞が酸素(D)を使って栄養分(A)を分解して生きるためのエネルギーをとり出すはたらきを，細胞呼吸という。
(2)血しょう(E)の一部が毛細血管からしみ出して細胞のまわりを満たしているものを組織液(B)という。
(3)リンパ管は集まって太い管になり，首の下で静脈と合流する。
(4)赤血球(C)はヘモグロビンをふくみ，酸素(D)を全身に運ぶ。酸素と結びつくところ，酸素をはなすところの両方について書くこと。
(6)アミノ酸が分解すると，二酸化炭素と水以外にアンモニア(G)が生じる

3 (1)①ブドウ糖やアミノ酸は小腸で吸収されるので，Eを流れる血液にもっとも多くふくまれる。
②酸素は，肺で血液中にとりこまれるので，Bを流れる血液にもっとも多くふくまれる。
③二酸化炭素は，肺で血液中から出されるので，その直前のAを流れる血液にもっとも多くふくまれる。
④尿素は，腎臓で血液中からこし出されるので，Fを流れる血液にもっとも少ない。
(2)心臓から送り出された血液が流れる血管が動脈である。
(3)酸素を多くふくむ血液が動脈血，二酸化炭素を多くふくむ血液が静脈血である。肺動脈(A)には静脈血，肺静脈(B)には動脈血が流れている。
(7)腎臓では，尿素以外に余分な水分や塩分を血液中からこし出すので，塩分の濃度を一定に保つことができる。
(8)胆汁は肝臓でつくられ，胆のうに一時的にたくわえられる。

p.34 ぴたトレ1

1 ①刺激　②感覚器官　③感覚細胞　④レンズ　⑤網膜　⑥視神経　⑦鼓膜　⑧うずまき管　⑨聴神経　⑩虹彩　⑪レンズ　⑫網膜　⑬視神経　⑭脳　⑮耳小骨　⑯鼓膜　⑰聴神経　⑱うずまき管　⑲におい

考え方

1 (2)感覚器官には次のようなものがある。

感覚器官	刺激
目	光
耳	音
鼻	におい
舌	味
皮膚	あたたかさや冷たさ，痛み，圧力

(3)感覚細胞は，受けとった刺激を信号に変える。

(4)レンズ→網膜→視神経→脳と伝わっていく。

(5)鼓膜→耳小骨→うずまき管→聴神経→脳と伝わっていく。

(6)皮膚にはあたたかさや冷たさ，痛み，圧力などの刺激を受けとる感覚点という部分が分布している。感覚細胞から出た信号は，神経を通り，脳に送られ，脳で感覚が生じる。

p.35 ぴたトレ2

◆1 (1)感覚器官　(2)感覚細胞　(3)A舌　B皮膚
(4)C視覚　D聴覚　E嗅覚

◆2 (1)①記号：ⓑ　名前：虹彩
②記号：ⓒ　名前：レンズ
③記号：ⓓ　名前：網膜
(2)脳

◆3 (1)ⓐ鼓膜　ⓑうずまき管　ⓒ聴神経
ⓓ耳小骨
(2)ⓐ　(3)ⓑ

考え方

◆1 (2)感覚細胞は，目では網膜，耳ではうずまき管にある。

(3)，(4)鼻はにおいのもととなる刺激を受けとって脳に送り，嗅覚が生じる。舌は味のもとになる刺激を受けとって脳に送り，味覚が生じる。

◆2 (1)ⓐは角膜，ⓑは虹彩，ⓒはレンズ，ⓓは網膜，ⓔは視神経である。

(2)刺激の信号が脳まで伝わって，はじめて感覚が生じる。

◆3 (2)耳小骨(ⓓ)は，鼓膜(ⓐ)の振動をうずまき管(ⓑ)に伝える。うずまき管は，内部を満たす液体の振動を聴神経(ⓒ)に伝える。

p.36 ぴたトレ1

1 ①中枢神経　②末しょう神経　③感覚神経　④運動神経　⑤反射　⑥中枢神経　⑦感覚神経　⑧脊髄　⑨運動神経

2 ①背骨　②保護　③筋肉　④けん　⑤関節　⑥収縮　⑦内骨格　⑧曲げる　⑨のばす　⑩関節

考え方

1 (2)末しょう神経には，感覚神経や運動神経などがある。

(3)視神経や聴神経，嗅神経などが感覚神経である。

(5)反射は，危険から身を守ったり，体のはたらきを調節したりするのに役立っている。

2 (2)多数の骨がたがいに組み合わさったり，関節でつながったりして複雑なしくみをもつ骨格がつくられる。

(4)，(5)骨についている筋肉の両端はけんになっていて，関節をへだてた2つの骨についている。

(6)昆虫類や甲殻類は内骨格をもたず，体の外側をおおうかたい殻のような外骨格をもっている。

p.37 ぴたトレ2

◆1 (1)反射　(2)㋑，㋒
(3)ⓐ感覚神経　ⓑ運動神経　(4)ⓐ，ⓒ，ⓑ
(5)危険から体を守ったり，体のはたらきを調節したりするのに役立っている。

◆2 (1)内骨格　(2)Pけん　Q関節　(3)㋑

考え方

◆1 (2)㋒は虹彩のはたらきで，明るいところでは瞳は小さくなり(図1)，暗いところでは瞳は大きくなる(図2)。

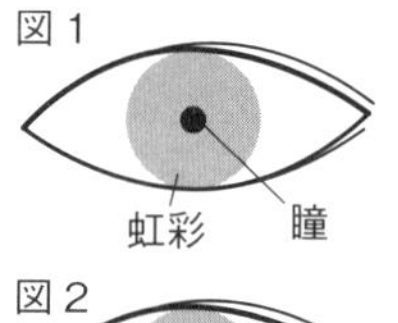

(3)皮膚などの感覚器官からの信号を中枢神経に伝える神経を感覚神経，中枢神経からの命令の信号を手などの運動器官に伝える神経を運動神経という。

(4)刺激の信号は感覚神経(ⓐ)を経て脊髄(ⓒ)に伝えられると，脊髄から直接命令の信号が運動神経(ⓑ)に出される。

(5)危険に関することと体のはたらきに関することの2つについて書く。

◆2 (3)Aはうでを曲げる筋肉，Bはうでをのばす筋肉である。骨についている筋肉は，骨の両側にあり，一方が収縮するときには他方がゆるむ。

p.38～39 ぴたトレ3

❶ (1)図1：ⓤ　図2：ⓐ
(2)図1：ⓔ　図2：ⓘ
(3)①感覚　②脊髄　③運動

❷ (1)記号：C　名前：網膜　(2)脳
(3)記号：A　名前：虹彩　(4)図3
(5)目に入る光の量がふえるから。　(6)反射

❸ (1)目　(2)15.0 cm　(3)0.18 秒
(4)ⓑ→ⓐ→ⓒ→ⓓ

考え方

❶ (1)ヒメダカには，流れに逆らって泳ぐという生まれつき身についている行動がある。このような行動を走性という。図1ではヒメダカが水流の刺激を受けとり，水流と逆向きに泳いでいる。図2では縦じま模様の紙の回転を見て，回転と同じ向きに泳いでいる。

(2)側線は，水圧や水流の向きを感じとる感覚器官である。

(3)刺激や命令の信号は，感覚器官→感覚神経→中枢神経(脳や脊髄)→運動神経→ひれや筋肉などの運動器官，と伝わっていく。

❷ (1)Aは虹彩，Bはレンズ，Cは網膜，Dは視神経である。物体の像は網膜に結ばれ，感覚細胞で受けとった刺激は信号に変えられ，視神経を通って脳に送られる。

(2)視覚や聴覚，嗅覚などの感覚は，刺激の信号が脳に伝わってはじめて生じる。

(4)暗いところでは瞳は大きくなり，明るいところでは瞳は小さくなる。

(5)理由を答えるので，文末は「～から。」「～ため。」とする。

❸ (2)測定結果の合計は，15.6 cm＋14.8 cm＋14.6 cm＝45.0 cm なので，3回の平均は，45.0 cm÷3＝15.0 cm

(3)図3のグラフで，ものさしが落ちた距離が 15.0 cm のときのものさしが落ちるのに要する時間を読みとる。

(4)目や耳，鼻などからの刺激の信号は，脊髄を通らずに，直接脳に送られる。

地球の大気と天気の変化

p.40 ぴたトレ1

1 ①大気　②重さ　③あらゆる　④垂直

2 ①圧力　②パスカル　③N/m^2　④大きさ
⑤面積　⑥1　⑦4

3 ①大気圧　②ヘクトパスカル　③100
④100　⑤小さく　⑥小さく　⑦1気圧

考え方

1 (2)，(3)大気の重さによる力は，物体の表面に垂直にあらゆる向きからはたらいている。

2 (2)圧力は，次の式で表される。

$$圧力〔Pa〕=\frac{力の大きさ〔N〕}{力がはたらく面積〔m^2〕}$$

$1\,Pa = 1\,N/m^2$ である。

(3)100 g の物体にはたらく重力の大きさは 1 N なので，$1\,m^2$ の板にはたらく圧力は，

$$\frac{1\,N}{1\,m^2} = 1\,N/m^2 = 1\,Pa$$

$0.25\,m^2$ の板にはたらく圧力は，

$$\frac{1\,N}{0.25\,m^2} = 4\,N/m^2 = 4\,Pa$$

3 (2)，(3)ヘクトとは 100 の意味である。
$1\,hPa = 100\,Pa = 100\,N/m^2$

(5)1気圧は，約 1013 hPa である。

p.41 ぴたトレ2

◆1 (1)A：4 N　B：4 N　(2)圧力
(3)①500 Pa　②5000 N/m^2
(4)(圧力の大きさは，)ふれ合う面積に反比例する。

◆2 (1)大気圧(気圧)　(2)ⓔ　(3)麓
(4)高さによって，その上にある大気の重さが変わるから。

考え方

◆1 (1)三角フラスコの重さは，$1\,N\times\frac{400\,g}{100\,g}=$ 4 N　三角フラスコの置き方を変えても，三角フラスコがスポンジを押す力(三角フラスコの重さ)は変化しない。

(3)①10000 cm^2 = 1 m^2 より，80 cm^2 = 0.008 m^2 である。

$$\text{圧力} = \frac{\text{力の大きさ}}{\text{力がはたらく面積}} \text{より，}$$

$$\text{圧力} = \frac{4\ \text{N}}{0.008\ \text{m}^2} = 500\ \text{N/m}^2 = 500\ \text{Pa}$$

② 8 cm^2 = 0.0008 m^2 より，圧力 =

$$\frac{4\ \text{N}}{0.0008\ \text{m}^2} = 5000\ \text{N/m}^2$$

(4)圧力の大きさは，力の大きさに比例し，力がはたらく面積に反比例する。

2 (2)大気圧は，あらゆる向きから物体の表面に垂直にはたらいている。

(3)，(4)上空にいくほど，その上にある大気の重さが小さくなるので，大気圧は小さくなる。菓子袋がふくらんだのは，麓に比べて高いところにある山頂のほうが，大気圧(気圧)が小さく，袋を押す力が小さいからである。

p.42 ぴたトレ1

1 ①雲量 ②快晴 ③晴れ ④くもり ⑤ふいてくる ⑥快晴 ⑦晴れ ⑧くもり ⑨雨 ⑩雪

2 ①湿度 ②気象要素 ③1.5 ④当たらない ⑤乾球 ⑥湿度表 ⑦低く ⑧低く ⑨乾球温度計 ⑩湿球温度計 ⑪乾湿計

考え方

1 (1)，(2)空全体を 10 としたとき，雲が空をしめる割合を雲量といい，雨や雪が降っていないとき，快晴(0～1)，晴れ(2～8)，くもり(9～10)に分けられる。

2 (2)気象要素には，気温や気圧，湿度，風向・風速，雲量，雨量などがある。

(4)湿球温度計が示す温度は，水が蒸発するときに熱を奪うので，ふつう気温よりも低くなる。

(6)ふつう，気圧が高くなると晴れになり，気圧が低くなるとくもりや雨になる。

p.43 ぴたトレ2

1 (1)雲量

(2)①天気：快晴　天気記号：○

②天気：晴れ　天気記号：⦶

③天気：くもり　天気記号：◎

(3)①天気：雨　風力：4　②㋐

2 (1)A (2)㋑ (3)晴れの日

(4)湿度の変化は，気温の変化と逆になる。

考え方

1 (2)雲量が 0～1 は快晴，2～8 は晴れ，9～10 はくもりである。天気記号は，表のようになる。

天気	快晴	晴れ	くもり	雨
天気記号	○	⦶	◎	●

(3)②風向は，風がふいてくる方向を 16 方位で表す。

2 (1)晴れの日の気温は昼すぎごろにもっとも高い値になるので，A が気温の変化を表すグラフである。

(2)10 月 25 日の気圧は 10 月 24 日よりも低い。晴れからくもりや雨に変わると気圧は低くなる。

(3)晴れの日は気温の変化が大きく，くもりや雨の日は気温の変化が小さい。

(4)気温が高くなると湿度が下がり，気温が低くなると湿度が上がる。

p.44～45 ぴたトレ3

1 (1)①㋒ ②16 N ③C (2)3200 N/m^2

(3)6400 Pa (4)$\frac{1}{4}$倍

2 (1)㋓ (2)14.0 ℃ (3)89 %

(4)(示度の差が大きいほど)湿度は小さくなっている。

3 (1)A気温　B湿度　C気圧

(2)およそ 1.5 m (3)ヘクトパスカル

(4)100 N/m^2 (5)(4月)3日

(6)湿度が高く，気温の変化が小さいから。

(7)右図

考え方

1 (1)①物体が床を押す力の大きさは，物体の重さと等しいので，床と接する面積を変えても変化しない。

$$② \ 1\ \text{N} \times \frac{1600\ \text{g}}{100\ \text{g}} = 16\ \text{N}$$

③圧力は，力がはたらく面積に反比例するので，圧力が大きいものから順に，C，B，A となる。

(2) $5\ \mathrm{cm} \times 10\ \mathrm{cm} = 50\ \mathrm{cm}^2 = 0.005\ \mathrm{m}^2$である。

$$\text{圧力} = \frac{16\ \mathrm{N}}{0.005\ \mathrm{m}^2} = 3200\ \mathrm{N/m}^2$$

(3)床を押す力が2倍になるので，圧力も2倍になる。$3200\ \mathrm{N/m}^2 \times 2 = 6400\ \mathrm{N/m}^2 = 6400\ \mathrm{Pa}$

(4)板の面積は，$10\ \mathrm{cm} \times 8\ \mathrm{cm} = 80\ \mathrm{cm}^2$
Cの面の面積は，$5\ \mathrm{cm} \times 4\ \mathrm{cm} = 20\ \mathrm{cm}^2$
圧力は接する面の面積に反比例するので，

$$\frac{20\ \mathrm{cm}^2}{80\ \mathrm{cm}^2} = \frac{1}{4}$$

❷ (1)乾湿計は，地上1.5 mぐらいの風通しのよい日かげに置く。

(2)Aは乾球温度計，Bは湿球温度計である。気温は乾球温度計の示度を読みとる。

(3)示度の差は，14.0 ℃－13.0 ℃＝1.0 ℃
湿度表より，乾球の示度14 ℃，示度の差1.0 ℃のところを読みとる。

(4)湿度表を見ると，示度の差が大きいほど湿度が低くなっている。

❸ (1)昼すぎにもっとも高い値になっているAが気温のグラフ，気温と逆の変化をしているBが湿度のグラフである。

(5)，(6)くもりや雨だったと考えられるのは，気温の変化が小さく，湿度が高い4月3日と考えられる。

p.46 ぴたトレ1

1 ①水滴 ②水蒸気 ③晴れた ④水蒸気 ⑤水蒸気

2 ①上昇気流 ②下降気流 ③低 ④膨張 ⑤下 ⑥上昇 ⑦下降 ⑧降水 ⑨乱層雲 ⑩上昇 ⑪熱 ⑫あたたかい ⑬冷たい ⑭山

考え方

1 (2)，(3)霧は，内陸の盆地などで，風がない晴れた日の深夜から早朝にかけて発生する。

(5)太陽が出て気温が上がると，水滴が再び水蒸気になって霧が消える。

2 (2)気圧は上空にいくほど低くなる。そのため，地表付近の空気が上昇すると，膨張して体積が大きくなり，空気の温度が下がって，空気中の水蒸気の一部が小さな水滴や氷の粒になる。これが雲である。

(6)上昇気流は，地表からの熱によって空気があたためられたときや，あたたかい空気(暖気)と冷たい空気(寒気)がぶつかったとき，空気が山の斜面に沿って上昇するときなどに発生する。

p.47 ぴたトレ2

❶ (1)㋑
(2)水蒸気を多くふくんだ空気にするため。
(3)㋐ (4)㋐ (5)霧

❷ (1)上昇気流 (2)㋒ (3)①㋑ ②㋑
(4)A㋑ B㋐ C㋒

考え方

❶ (1)大気中には，目に見えないとても小さなちりがただよっている。このちりは，大気中の水蒸気が水滴になるときの芯になる役割をしている。この実験では，水蒸気が水滴になるときの芯になる役割をするのが線香のけむりである。

(2)水蒸気の量をふやすことが書かれていればよい。

(3)Aのビーカー内の空気には水蒸気が多くふくまれるので，水滴が生じやすい。

❷ (2)暖気と寒気がぶつかると，暖気は寒気の上を上昇する。

(3)気圧は上空のほうが低い。空気が上昇するとまわりの気圧は低くなるので，空気は膨張して温度は低くなる。

p.48 ぴたトレ1

1 ①固体 ②液体 ③気体 ④太陽光 ⑤降水 ⑥陸地 ⑦降水 ⑧蒸散

2 ①飽和水蒸気量 ②大きく ③小さく ④露点 ⑤水蒸気量 ⑥飽和水蒸気量 ⑦湿度 ⑧水滴 ⑨露点 ⑩飽和水蒸気量

考え方

1 (2)海水などの水の一部は，太陽の光によってあたためられて蒸発し，空気中の水蒸気になる。水蒸気の一部は雲をつくり，雨や雪などの降水になる。

(3)土の中の水の一部は，植物の蒸散によって水蒸気に変わる。

2 (1)飽和水蒸気量の単位は$\mathrm{g/m}^3$である。

(3)露点のときの水蒸気量は，飽和水蒸気量と等しい。

(6)水蒸気をふくむ空気の温度を下げていくと，やがて露点に達し，さらに温度を下げると水滴が現れる。

p.49 ぴたトレ2

1 (1)A㋐　B㋒　C㋑　(2)液体
(3)太陽光(のエネルギー)

2 (1)飽和水蒸気量　(2)㋓
(3)① 54.3 %　②露点　③10 ℃

3 (1)3 ℃　(2)㋓

考え方

1 (2)水蒸気や雲など大気中の水は約 0.001 % である。
(3)降水などにより陸地や海に降った水が太陽の光であたためられて蒸発することによって，水が循環している。

2 (3)①20 ℃のときの飽和水蒸気量は 17.3 g/m³ より，
$$湿度〔\%〕= \frac{9.4\ g/m^3}{17.3\ g/m^3} \times 100 = 54.33\cdots$$
よって，54.3 %になる。
③水蒸気量が飽和水蒸気量と等しくなるときの温度が露点である。

3 (2)水蒸気量が一定のとき，温度が高いほど飽和水蒸気量が大きいので，湿度が低くなる。

p.50~51 ぴたトレ3

1 (1)水蒸気が水滴になるときの芯にするため。
(2)㋑　(3)①大きく　②下　③小さく

2 (1)くもりはじめがよくわかるようにするため。
(2)露点　(3)1900 g　(4)ⓓ　(5)㋐

3 (1)A，B　(2)D　(3)67 %　(4)㋒

4 (1)㋑　(2)①太陽光(のエネルギー)　②蒸散

考え方

1 (1)「水蒸気を水滴にしやすくするため。」と答えてもよい。
(2)，(3)ペットボトルから手をはなすと，ペットボトル内の空気の体積が大きくなるため，空気の温度が下がる。空気の温度が露点以下まで下がると，水蒸気が水滴に変わる。

2 (1)セロハンテープをはった部分はくもりにくいので，セロハンテープの端などを見ると，くもりはじめがよくわかる。
(3)実験室の空気の露点は 19 ℃なので，実験室の空気の水蒸気量は 16.3 g/m³ である。よって，実験室の空気全体にふくまれている水蒸気の量は，
$16.3\ g/m^3 \times 200\ m^3 = 3260\ g$
よって，この実験室の空気にさらにふくむことのできる水蒸気の量は，
$25.8\ g/m^3 \times 200\ m^3 - 3260\ g = 1900\ g$
(4)露点である 19 ℃以下の温度では湿度は 100 %のままである。
(5)$$湿度〔\%〕= \frac{16.3\ g/m^3}{25.8\ g/m^3} \times 100 = 63.1\cdots$$
よって，約 63 %になる。

3 (1)水蒸気量が等しいと露点が等しい。
(2)露点と気温の差が小さいものを選ぶ。
(3)$$湿度〔\%〕= \frac{20\ g/m^3}{30\ g/m^3} \times 100 = 66.6\cdots$$
よって，67 %になる。
(4)空気Dの水蒸気量は25 g/m³，10 ℃のときの飽和水蒸気量は約 9 g/m³ より，生じる水滴は，$25\ g/m^3 - 9\ g/m^3 = 16\ g/m^3$

4 (1)地球上の水の分布の割合は，海 97.4 %，陸上約 2.0 %，地下水約 0.6 %，大気中約 0.001 %である。
(2)①海水などの水の一部は，太陽の光によってあたためられて蒸発する。

p.52 ぴたトレ1

1 ①等圧線　②気圧配置　③高気圧　④低気圧
⑤天気図　⑥時計　⑦反時計
⑧上昇　⑨やすく　⑩くもり　⑪下降
⑫にくく　⑬晴れ　⑭強く　⑮下降気流
⑯高気圧　⑰上昇気流　⑱低気圧

2 ①西　②東　③西

考え方

1 (1)等圧線は 1000 hPa を基準に，4 hPa ごとに細い実線で結び，20 hPa ごとに太い実線で結ぶ。
(4)，(5)北半球の高気圧のまわりでは中心から時計回りに風がふき出し，低気圧のまわりでは中心に向かって反時計回りに風がふきこむ。
(8)等圧線の間隔がせまいほど，一定区間での気圧の差が大きくなり，風が強くなる。

2 (1)，(2)日本付近の低気圧や高気圧は，およそ西から東へ移動する。それにともなって天気も西から東へ変わっていくことが多い。

p.53 ぴたトレ2

◆1 (1)①等圧線　②4hPa　③気圧配置
(2)A高気圧　B低気圧　(3)B　(4)P
(5)Aⓑ　Bⓓ

◆2 (1)C(→)A(→)B
(2)(天気は)くもりや雨になりやすい。

考え方

◆1 (1)② 4hPaごとに細い実線を引き，20hPaごとに太くする。
(2)BからAに向かって気圧が高くなっている。
(3)低気圧の中心付近では，まわりからふきこんだ大気が上昇気流になるため，雲が発生しやすい。
(4)等圧線の間隔がせまいほど，風が強い。
(5)高気圧の中心付近では時計回りに風がふき出し，低気圧の中心付近では反時計回りに風がふきこむ。

◆2 (1)低気圧はおよそ西から東へ移動するので，低気圧が西にあるものから順に並べる。

p.54 ぴたトレ1

1 ①気団　②乾燥　③湿った　④前線面
⑤前線　⑥前線面　⑦前線　⑧寒気　⑨暖気

2 ①停滞前線　②寒冷前線　③温暖前線
④寒冷　⑤温暖　⑥温帯低気圧
⑦速い　⑧閉塞　⑨寒気　⑩停滞前線
⑪寒冷前線　⑫温暖前線　⑬閉塞前線

考え方

1 (1)大陸上や海洋上に大規模な高気圧ができ，その中の大気があまり動かないと，大陸や海洋の影響を受けて，気温や湿度が一様になることがある。
(4)前線面では上昇気流が生じるので，雲ができやすく，地表付近の天気の変化は前線付近で起こりやすい。

2 (2)寒気は暖気よりも重いので，暖気を押し上げながら進む。
(3)暖気は寒気よりも軽いので，暖気が寒気の上にはい上がって進む。

p.55 ぴたトレ2

◆1 (1)A暖気　B寒気　(2)P前線面　Q前線
(3)上昇気流
(4)前線面では上昇気流が生じるため，雲ができやすいから。

◆2 (1)温帯低気圧　(2)①寒冷前線　②温暖前線
(3)①ⓐ　②ⓓ　(4)ⓐ　(5)閉塞前線　(6)ⓒ
(7)寒気　(8)停滞前線

考え方

◆1 (1)図は，温暖前線付近のようすを表している。暖気(A)は寒気(B)よりも軽いので，暖気は寒気の上をはい上がる。
(3)暖気が寒気の上をはい上がるので，ゆるやかな上昇気流が生じる。
(4)雲ができやすい理由を書く。

◆2 (1)，(2)温帯低気圧の西側には寒冷前線，東側には温暖前線ができる。
(3)ⓐは寒冷前線，ⓑは停滞前線，ⓒは閉塞前線，ⓓは温暖前線である。
(4)寒冷前線付近では寒気が暖気を押し上げながら進み，温暖前線付近では暖気が寒気の上にはい上がって進む。
(7)寒冷前線の進み方は温暖前線よりも速いので，暖気の範囲がしだいにせまくなり，ついに寒冷前線が温暖前線に追いつくと閉塞前線ができ，地表付近は寒気におおわれる。
(8)寒気と暖気の勢力が同じぐらいのときには，ほとんど同じ場所に停滞する停滞前線ができる。

p.56 ぴたトレ1

1 ①寒気　②暖気　③急　④強い　⑤積乱
⑥せまく　⑦短い　⑧北　⑨下がる　⑩暖気
⑪寒気　⑫ゆるやか　⑬広い　⑭広く
⑮長い　⑯南　⑰上がる　⑱北　⑲下がる
⑳寒冷

2 ①移動性高気圧　②偏西風　③低　④緯度

考え方

1 (1)，(2)寒冷前線の前線面の傾きは急で，強い上昇気流が生じるので，垂直に発達する積乱雲が発達する。
(4)寒冷前線の通過後は寒気におおわれるため，気温が下がる。
(5)温暖前線の前線面はゆるやかなので，層状に発達する乱層雲などが発達する。
(6)温暖前線の通過後は暖気におおわれるため，気温が上がる。

2 (2)偏西風は，南北に蛇行しながら地球の中緯度帯を西から東へ1周して移動する大気の動きである。

p.57 ぴたトレ2

◆1 (1)㋒ (2)南から北に変わった。 (3)寒冷前線
(4)積乱雲 (5)㋐

◆2 (1)偏西風 (2)①上昇気流 ②下降気流
(3)低緯度地方 (4)太陽光(のエネルギー)

考え方

◆1 (1)気温のグラフが急な右下がりになっている時刻をさがす。
(2)10 時の風向は南，11 時の風向は北。
(3)，(4)前線面の傾きが急で，強い上昇気流が生じるので，積乱雲が発達する。
(5)雲のできる範囲はせまいので，雨の降る時間は短い。

◆2 (2)赤道付近など気温の高いところでは上昇気流が起こり，極付近など気温が低いところでは下降気流が起こる。
(3)低緯度地方では，太陽の当たる角度が垂直に近いので，高緯度地方よりも太陽から受ける光の量が多い。

p.58〜59 ぴたトレ3

❶ (1)右図 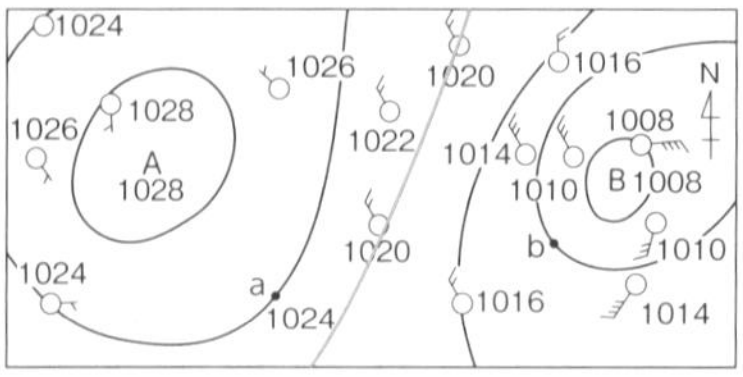
(2)A
(3)a ⓐ
b ⓒ
(4)㋒
(5)①大きく ②強く

❷ (1)気圧配置 (2)1008 hPa
(3)A快晴 Bくもり C雨
(4)B(→)C(→)A
(5)日本付近の上空を西よりの風(偏西風)がふいているから。

❸ (1)X寒冷前線 Y温暖前線 (2)温帯低気圧
(3)㋐ (4)ⓐ (5)ⓓ (6)B (7)㋑

考え方

❶ (1)1020 hPa のところを通るようになめらかな曲線を引く。なお，等圧線は途中で新しくはじまったりなくなったりせず，枝分かれしたり交わったりもしない。
(3)高気圧の中心から時計回りに風がふき出し，低気圧の中心に向かって反時計回りに風がふきこむ。

❷ (2)X地点の南にある太い等圧線は 1000 hPa である。
(4)日本付近では，低気圧は西から東へ移動することが多い。Bの天気図で，大陸の南にある低気圧に注目する。
(5)理由を答えるので，文末は「〜から。」「〜ので。」「〜ため。」などとする。

❸ (1)低気圧の西側に寒冷前線(X)，東側に温暖前線(Y)ができる。
(4)寒冷前線付近では寒気が暖気を押し上げて進み，温暖前線付近では暖気が寒気の上をはい上がるように進む。寒冷前線の前線面は傾きが急で，温暖前線の前線面はゆるやかである。
(5)温帯低気圧の雨の降る範囲と風向は下図のようになる。

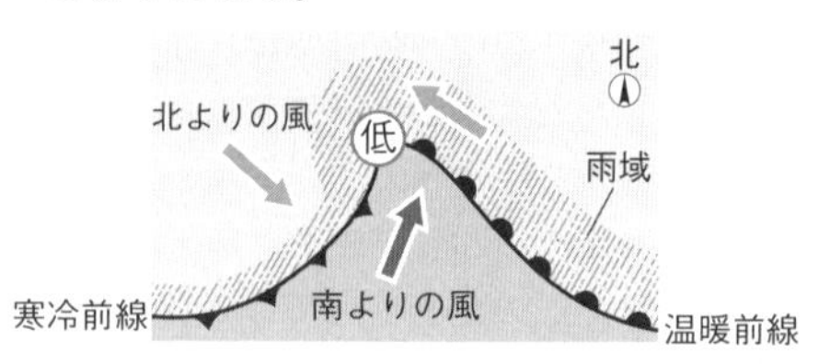

(6)強い雨が降り，突風がふくのは，寒冷前線付近である。

p.60 ぴたトレ1

1 ①やすく ②やすい ③小さく ④上昇
⑤低く ⑥大きく ⑦下降 ⑧高く
⑨海風 ⑩陸風 ⑪冬 ⑫シベリア ⑬夏
⑭太平洋 ⑮季節風

2 ①シベリア ②シベリア ③太平洋
④小笠原 ⑤シベリア ⑥オホーツク海
⑦小笠原

考え方

1 (2)晴れた日の昼は，あたたまりやすい陸上の気温が海上より高くなり，陸上の大気の密度が小さくなって上昇気流が生じ，地表付近の気圧が低くなるために海から陸に向かって風がふく。
(3)晴れた日の夜は，冷めやすい陸上の気温が海上より低くなり，陸上の大気の密度が大きくなるので下降気流が生じ，地表の気圧が高くなるために陸から海に向かって風がふく。

2 (1)，(2)大陸にある気団は乾燥していて，海洋にある気団は湿っている。また，北にある気団は冷たく，南にある気団はあたたかい。

p.61 ぴたトレ2

◆1 (1)㋐ (2)海上 (3)上昇気流 (4)海(から)陸
(5)海風

❷ (1)C　(2)A　(3)①A　②C
(4)Aシベリア気団　Bオホーツク海気団
Ｃ小笠原気団

考え方
❶(1)陸に比べて海の温度変化が小さいのは，水にはあたたまりにくく，冷めにくいという性質があるからである。また，風や波によって，海水がかき混ぜられるためでもある。
(2)あたためられると空気は膨張（ぼうちょう）するので，密度（みつど）が小さくなる。
❷(1)南にある気団はあたたかく，北にある気団は冷たい。
(2)大陸にある気団は乾燥（かんそう）しているが，海洋にある気団は湿（しめ）っている。
(3)オホーツク海気団は初夏や初秋に発達する。

p.62　ぴたトレ1

1 ①シベリア　②西高東低　③北西　④水蒸気
⑤雪　⑥乾燥　⑦晴れ　⑧偏西
⑨オホーツク海　⑩停滞　⑪太平洋
⑫小笠原　⑬南高北低　⑭海
⑮ともなわない　⑯西高東低　⑰南高北低
⑱停滞

2 ①高潮　②局地的大雨

考え方
1(1)日本の西側に低気圧，東側に高気圧がある気圧配置を西高東低（せいこうとうてい）という。
(2)日本海には，南からあたたかい海流（暖流（だんりゅう））が流れている。
(3)移動性高気圧におおわれると，おだやかな晴天になる。
(4)6月ごろ，オホーツク海上にオホーツク海高気圧が発達し，冷たく湿（しめ）ったオホーツク海気団ができる。一方，太平洋上に太平洋高気圧が発達し，あたたかく湿った小笠原（おがさわら）気団ができる。
(5)夏は，日本の南側に高気圧，北側に低気圧がある南高北低（なんこうほくてい）の気圧配置になることが多い。
(6)台風は前線をともなわず，天気図では，間隔（かんかく）がせまいほぼ同心円状の等圧線で示される。
2(1)高潮（たかしお）は，気圧の低下による海面の吸（す）い上げや，強い風による海水の海岸へのふき寄せなどが原因になる。

p.63　ぴたトレ2

❶ (1)北西　(2)シベリア高気圧　(3)ⓤ
(4)日本海の上を通過する間に多量の水蒸気をふくんだ大気が，山脈にぶつかって上昇するときに雲が発達するから。

❷ (1)①ⓤ
②北側：オホーツク海気団
南側：小笠原気団
(2)西高東低　(3)冬　(4)①積乱雲　②ⓘ，ⓔ

考え方
❶(2)，(3)大陸の北のほうにあるシベリア高気圧からふき出した大気（たいき）は，冷たく乾燥（かんそう）している。
(4)「日本海を通過する間に水蒸気（すいじょうき）をふくむようになる」ことと「山脈にぶつかって雲が発達する」ことの2点について書く。
❷(2)日本の西側に高気圧，東側に低気圧がある気圧配置を西高東低（せいこうとうてい）という。
(4)①中心に向かって強い風がふきこむため，激（はげ）しい上昇（じょうしょう）気流を生じて，鉛直（えんちょく）方向に積乱雲（せきらんうん）が発達する。
②津波（つなみ）は地震（じしん）による災害である。

p.64〜65　ぴたトレ3

❶ (1)①やすく　②やすい　(2)陸上
(3)A，D　(4)海上　(5)E，H

❷ (1)A西高東低　B南高北低　(2)Aⓘ　Bⓤ
(3)Aⓘ　Bⓐ　(4)①移動性高気圧　②偏西風
(5)①停滞前線　②ⓘ，ⓤ
③オホーツク海気団と小笠原気団の勢力がほぼ同じとき。

❸ (1)シベリア高気圧
(2)大気の温度が低く，湿度が低い気団。
(3)あたたかい海流が流れる日本海を通過する間に多量の水蒸気をふくむようになるから。
(4)ⓐ　(5)ⓐⓐ　ⓑⓤ

考え方
❶(3)昼は陸上のほうが大気（たいき）の密度（みつど）が小さくなるので上昇（じょうしょう）気流が生じ，海上には下降（かこう）気流が生じる。
(4)上昇気流が生じる陸上の気圧は低く，下降気流が生じる海上の気圧は高い。

❷(1)A日本の西側に高気圧，東側に低気圧があるので，西高東低である。
B日本の南側に高気圧，北側に低気圧があるので，南高北低である。
(2)Aは冬，Bは夏の天気図である。
(3)オホーツク海気団は，初夏や初秋にできる。
(4)②偏西風は，日本付近の上空にふいている西よりの風である。
(5)②6月ごろに見られる停滞前線を梅雨前線，9月ごろに見られる停滞前線を秋雨前線という。
❸(2)「温度」と「湿度」について答えるので，「冷たく乾燥している。」では適当でない。
(4)Bの大気は，日本海側に雪を降らせて水蒸気が少なくなっている。

化学変化と原子・分子

p.66 ぴたトレ1

1 ①石灰水 ②二酸化炭素 ③赤 ④水
⑤(試験管の)口 ⑥ガラス管 ⑦赤色
⑧炭酸ナトリウム ⑨とける ⑩濃い赤

2 ①銀 ②酸素 ③・④化学変化・化学反応
⑤分解 ⑥熱分解

考え方

1 (1)〜(4)炭酸水素ナトリウムを加熱すると，固体・液体・気体の3種類の物質が発生する化学変化が起こる。
炭酸水素ナトリウム
⟶炭酸ナトリウム＋水＋二酸化炭素
(固体)　(液体)　(気体)

2 (1)〜(4)酸化銀の加熱による化学変化も 1 の炭酸水素ナトリウムの加熱による化学変化も，いずれも加熱による分解なので，熱分解である。

p.67 ぴたトレ2

❶ (1)㊀ (2)白くにごる。 (3)赤色 (4)㋑
(5)液体：水　気体：二酸化炭素

❷ (1)㋒ (2)㋒ (3)激しく燃える。 (4)熱分解

考え方

❶(1)加熱部分に冷たい液体が流れると，試験管が割れることがあるので，必ず試験管の口を少し下げる。
(2)集めた気体は二酸化炭素である。二酸化炭素は無色無臭で，石灰水を白くにごらせる性質がある。
(3)発生した液体は水で，青色の塩化コバルト紙を赤色に変える性質がある。
(4)炭酸水素ナトリウムは弱いアルカリ性だが，加熱後に残った炭酸ナトリウムは強いアルカリ性を示す。フェノールフタレイン溶液は，弱アルカリ性で淡い赤色，強アルカリ性で濃い赤色を示す。

❷(1)酸化銀は黒色，酸化銀が分解されてできる銀は白色である。
(2)金属の性質は，「電気をよく通す，熱をよく伝える，みがくと特有の光沢が出る，たたいて広げたり引きのばしたりできる」である。磁石につくのは，金属でも鉄などに限られる。
(3)集めた気体は酸素である。酸素はものを燃やすはたらきがある。
(4)1種類の物質が2種類以上の物質に分かれる化学変化を分解といい，加熱による分解を熱分解という。

p.68 ぴたトレ1

1 ①電流 ②陰 ③陽 ④陰
⑤水素 ⑥陽 ⑦酸素 ⑧水素 ⑨2

2 ①陰 ②陽 ③陰 ④銅 ⑤陽 ⑥塩素
⑦塩素 ⑧電気分解

考え方

1 (1)〜(4)水に電流を流すと，水素と酸素に分解する。水⟶水素＋酸素

2 (1)〜(3)塩化銅水溶液に電流を流すと，銅と塩素に分解する。塩化銅⟶銅＋塩素
(4)水に電流を流したときの化学変化も，塩化銅水溶液に電流を流したときの化学変化も，どちらも電気分解である。

p.69 ぴたトレ2

❶ (1)㋒ (2)水素 (3)㋐ (4)酸素 (5)㊀ (6)㋐

❷ (1)陽極側：塩素　陰極側：銅 (2)㋑ (3)㋐
(4)電気分解

考え方

❶(1)純粋な水は電流を流しにくい。水酸化ナトリウム水溶液に電流を流すと，水酸化ナトリウムは分解されず，水が分解する。

(2)〜(6)水を電気分解すると，陽極側に酸素，陰極側に水素が発生する。発生した気体の体積比は，酸素：水素＝1：2である。

◆2 (1)塩化銅水溶液を電気分解すると，陽極側に塩素が発生し，陰極側に銅が付着する。

(2)塩化銅水溶液は青色であるが，陰極側に発生した銅は，赤色をしている。

(3)塩素は，黄緑色，刺激臭がある気体で，水によくとけ，空気より密度が大きい。漂白作用，殺菌作用があり，洗剤や消毒に使われる。

p.70 ぴたトレ1

1 ①ドルトン ②原子 ③化学変化 ④種類 ⑤質量 ⑥原子 ⑦120

2 ①分子 ②アボガドロ ③分子 ④性質 ⑤数 ⑥2 ⑦2 ⑧1 ⑨酸素分子 ⑩酸素原子

考え方

1 (1)〜(3)原子は化学変化でそれ以上分けることができない，非常に小さな粒子であり，どの物質も，もとになる原子からできている。

2 (1)〜(4)分子は，いくつかの原子が結びついてできた粒子で，物質の性質のもとになる最小の粒子である。

p.71 ぴたトレ2

◆1 (1)ドルトン (2)原子 (3)㋐，㋓，㋔

◆2 (1)アボガドロ (2)㋒ (3)㋑ (4)A酸素 B水

考え方

◆1 (3)問題の図が表している原子の性質を考えよう。左から順に①化学変化でそれ以上分けることができない。②化学変化で新しくできたり，種類が変わったり，なくなったりしない。③種類によってその質量や大きさが決まっている。

◆2 (1)，(2)アボガドロが発表した考えは，「気体は2個以上の原子が集まった分子でできている」というものであった。現在では，気体だけではなく，固体や液体でも分子からできている物質があることがわかっている。また，分子をつくらない物質もある。

(3)分子は物質の性質のもとになる最小の粒子で，分子をつくる原子の種類や数は，それぞれの分子によって異なる。炭水化物やタンパク質などのように，たくさんの原子が結びついた大きな分子でできているものもある。

p.72 ぴたトレ1

1 ①水素 ②2 ③酸素 ④アンモニア ⑤窒素分子 ⑥アンモニア分子 ⑦分子 ⑧金属 ⑨原子 ⑩塩素 ⑪分子

2 ①状態 ②酸素 ③化学 ④状態 ⑤化学

考え方

1 (6)〜(8)分子をつくらない物質は，原子どうしが結びついているのではなく，たくさんの原子が集まって規則的に並んでいる。

2 (1)〜(3)状態変化では，物質の分子の運動のようすや分子の集まり方が変わるだけで，分子そのものは変化しないが，化学変化では，分子がばらばらになったり結びついたりして，物質そのものが変化する。

p.73 ぴたトレ2

◆1 (1) 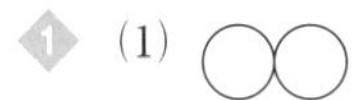 (2) 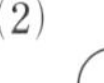 

(3) 

◆2 (1)A分子からできていない物質
B分子からできていない物質
(2)銀
(3)(2種類の原子が，)交互に規則的に並んでいる。

◆3 (1)状態変化 (2)化学変化 (3)状態変化 (4)化学変化

考え方

◆1 (1)水素分子は，水素原子2個が結びついてできた分子である。

(2)水分子は，酸素原子1個と水素原子2個が結びついてできた分子である。

(3)二酸化炭素分子は，炭素原子1個と酸素原子2個が結びついてできた分子である。

◆2 (1)金属や炭素，塩化ナトリウムや酸化銅などは，分子をつくらない。

(2), (3)Aは1種類の原子(銀原子)がたくさん集まってできている銀，Bは2種類の原子(塩素原子とナトリウム原子)が交互に規則的に並んでいる塩化ナトリウムである。

3 (1)液体が固体になる変化は，状態変化である。
(2)塩化銅水溶液の電気分解は，化学変化である。
(3)固体が気体になる変化は，状態変化である。
(4)炭酸水素ナトリウムの熱分解は，化学変化である。

p.74〜75 ぴたトレ3

1 (1)右図
(2)ガラス管を試験管からとり出す。
(3)塩化コバルト紙

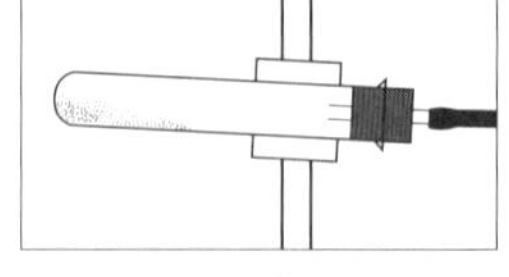

(4)石灰水 (5)①すべてとける。 ②濃い赤色

2 (1)水に電流が流れやすくするため。
(2)＋極 (3)酸素 (4)A㋑ B㋐
(5)㋒ (6)2：1

3 (1)①× ②○ ③× ④○ ⑤×
(2)アルミニウムは分子をつくらず，アルミニウム原子がたくさん集まってできている。
(3)①  ②  ③  ④ 

考え方
1 (1)生じた液体が加熱部分に流れると試験管が割れることがあるので，試験管の口を少し下げる。試験管の口の向きが正しくかけていればよい。
(2)ガラス管を入れたままガスバーナーの火を消すと，水溶液Aが逆流するおそれがある。
(3)生じた液体は水である。水にふれると青色から赤色に変化するのは，塩化コバルト紙である。
(4)生じた気体は二酸化炭素で，二酸化炭素を通すと白くにごるのは，石灰水である。
(5)加熱後に残った物質は炭酸ナトリウムで，炭酸水素ナトリウムとは異なる性質をもつ。炭酸ナトリウムは，炭酸水素ナトリウムより水によくとけ，水溶液は強いアルカリ性を示す。

2 (1)純粋な水は電気を通しにくい。
(2), (3)線香が激しく燃えたことより，たまった気体Bは酸素である。酸素は陽極で発生し，陽極は電源の＋極につながっている。
(4)気体Aは水素で，燃える性質がある(㋑)。気体Bの酸素は，ものを燃やすはたらきがある(㋐)。㋒の石灰水を白くにごらせる性質があるのは二酸化炭素，㋓の緑色のBTB溶液を青色に変えるのは，水溶液がアルカリ性を示すアンモニアである。
(5)水素は亜鉛にうすい塩酸を加えて発生させる(㋒)。㋐の石灰石にうすい塩酸を加えて発生させるのは二酸化炭素，㋑の二酸化マンガンにうすい過酸化水素水を加えて発生させるのは酸素である。
(6)発生した気体は水素(気体A)が酸素(気体B)の約2倍になっている。

3 (1)①「物質はそれ以上分割できない原子という粒子からできている」という原子説を発表したのはドルトンである。アボガドロは，「気体は2個以上の原子が集まった分子でできている」という分子の考えを発表した。③物質の性質を示す最小の単位は分子である。⑤金属や金属の化合物などは，原子が多数集まってできている物質で，分子というまとまりをもたない。
(2)アルミニウムは，アルミニウム原子が集まってできていること，分子をつくらないことを述べる。

p.76 ぴたトレ1

1 ①元素 ②元素記号 ③Fe ④周期表

2 ①化学式 ②元素記号 ③O_2 ④CO_2
⑤NaCl

考え方
1 (1)原子とは，1個1個の粒子のことを表しており，その原子の種類のことを元素という。現在，およそ120種類の元素が知られている。
(2)周期表の横の行は，第1周期から第7周期まであり，縦の列は1属から18属まである。同じ属には化学的な性質のよく似た元素が並んでいる。

2 (1)〜(3)物質を表す化学式は，分子からできている物質と，分子からできていない物質とでは表し方がちがうので注意する。

p.77 ぴたトレ2

1 (1)銅，銀，鉄，ナトリウム

(2)①Cu　②C　③Ag　④O　⑤H
⑥Fe　⑦S　⑧Na

(3)(元素の)周期表

2 (1)①　O O　　②　H O H

③　O C O　　④　Cu O

(2)①O_2　②H_2O　③CO_2　④CuO

(3)$CuCl_2$

(4)窒素原子：2個　水素原子：6個

考え方

1 (2)元素記号は，元素を簡単に表現し，理解しやすくするため，アルファベット1文字または2文字で表される。1文字の場合は大文字の活字体で，2文字の場合は，1文字目は大文字，2文字目は小文字の活字体で表す。

2 (2)，(3)化学式を書くときに気をつけること。

・原子の数は元素記号の右下に書く。右上に書かないように注意する。
○H_2O　×H^2O

・2文字で表す元素記号は，大文字と小文字の組み合わせで書く。小文字だけの元素記号を書かないように注意する。
○$CuCl_2$　×$Cucl_2$

・化学式中の元素記号の順番は，金属を先に書く。
○CuO　×OCu

(4)$2NH_3$は，アンモニアNH_3分子2個を表している。NH_3分子1個は，窒素原子1個，水素原子3個が結びついてできているから，NH_3分子2個では，窒素原子が2個，水素原子が6個あることを表す。

p.78 ぴたトレ1

1 ①単体　②化合物　③単体　④混合物
⑤単体　⑥化合物

2 ①化学反応式　②反応後　③化学式　④数
⑤$2H_2O$　⑥$2H_2$　⑦O_2

考え方

1 (4)物質は，混合物と純物質に分類でき，純物質は単体と化合物に分類できる。

2 (3)水の電気分解の化学反応式のつくり方

水 ⟶ 水素 ＋ 酸素

H_2O ⟶ H_2 ＋ O_2

このとき，左辺と右辺の原子の種類と数を確認する。

	左辺	右辺
水素原子H	2個	2個
酸素原子O	1個	2個

左辺の酸素原子が右辺と同じ数になるように，左辺の水分子を2個にする。

$2H_2O$ ⟶ H_2 ＋ O_2

左辺の水素原子が4個になるので，右辺の水素分子も2個にする。

$2H_2O$ ⟶ $2H_2$ ＋ O_2

	左辺	右辺
水素原子H	4個	4個
酸素原子O	2個	2個

これで，左辺と右辺の原子の種類と数が等しくなっている。

p.79 ぴたトレ2

1 (1)①ウ，ク，サ　②ア，オ，カ，キ，シ
③イ，エ，ケ，コ，ス

(2)①オ，キ　②ア，カ，シ　③イ，ス
④エ，ケ，コ

2 (1)左辺：1個　右辺：2個

(2)左辺：2個　右辺：1個

(3)2個　(4)4個

(5)①$2Ag_2O$　②4Ag　(6)オ

考え方

1 (1)①混合物は，複数の物質が混ざり合ったものである。食塩水は食塩と水が，空気は酸素や窒素などが，塩化銅水溶液は塩化銅と水が混ざり合ったものである。混合物以外の1種類の物質でできているものは純物質である。②純物質のうち，1種類の元素からできているのが単体である。銀Ag，塩素Cl，銅Cu，酸素O_2，炭素Cは，1種類の元素からできている。③純物質のうち，2種類以上の元素からできているのが化合物である。水H_2O，酸化銀Ag_2O，塩化銅$CuCl_2$，塩化ナトリウムNaCl，二酸化炭素CO_2はいずれも2種類の元素からできている。

(2)単体のうち金属や炭素，化合物のうち金属の化合物は，分子をつくらない。

❷(1)～(4)左辺と右辺の原子の種類と数が同じになるようにしていく。

(5)同じ化学式で表されるものが複数あるときは，その数を化学式の前につけてまとめる。

(6)㋐は，原子の数は合っているが，右辺の水素と酸素が分子になっていない。㋑は，酸素の数が左辺と右辺で合っていない。㋒は，左辺は水分子だけなのに，酸素原子が入っている。㋓は水素の数が左辺と右辺で合っていない。

p.80～81 ぴたトレ3

❶ (1)原子番号 (2)(元素の)周期表
(3)①H ②C ③Na ④Cl (4)F，S

❷ (1)ⓓ (2)ⓐO_2 ⓑ$2H_2$ ⓒN_2 ⓓNH_3
(3) (4)$2H_2O \longrightarrow 2H_2+O_2$

❸ (1)H_2O (2)CO_2
(3)ナトリウム，水素，炭素，酸素
(4)$2NaHCO_3 \longrightarrow Na_2CO_3+CO_2+H_2O$

❹ (1)ⓐ㋓ ⓑ㋒ ⓒ㋐ ⓓ㋑
(2)①A ②C ③B ④D ⑤× ⑥D ⑦C ⑧×
(3)混合物

考え方

❶(1)，(2)元素の周期表は，原子を原子番号の順に並べたものである。

(4)非金属元素は，周期表の右上のほうにまとまっている。非金属元素よりも金属元素のほうが，種類が多い。

❷(1)化合物は2種類以上の原子からできている物質である。

(2)ⓐは酸素分子，ⓑは水素分子，ⓒは窒素分子，ⓓはアンモニア分子である。分子中に同じ原子が複数あるときは，その数を元素記号の右下に書く。水素分子は2個あるので，化学式の前に2をつける。

(3)酸素原子1個に，水素原子2個が結びついた形となる。

(4)水H_2Oを電気分解すると，水素H_2と酸素O_2ができる。化学反応式の両辺で，原子の種類と数が等しくなるようにする。

❸(1)，(2)炭酸水素ナトリウム$NaHCO_3$を熱分解すると，固体の炭酸ナトリウムNa_2CO_3と，液体の水H_2Oと，気体の二酸化炭素CO_2ができる。

(3)$NaHCO_3$は，ナトリウム(Na)，水素(H)，炭素(C)，酸素(O)からできている。

(4)反応前の物質と反応後の物質を化学式で表すと，
$NaHCO_3 \longrightarrow Na_2CO_3+CO_2+H_2O$
右辺にナトリウム原子が2個あるので，左辺の炭酸水素ナトリウムを2個にする。
$2NaHCO_3 \longrightarrow Na_2CO_3+CO_2+H_2O$
水素原子，炭素原子，酸素原子についても，左辺と右辺で数が等しいか確認する。

❹(1)ⓐ酸素O_2，窒素N_2，銅Cu，銀Ag，硫黄Sは，どれも1種類の原子からできているので単体である。ⓑ水H_2O，二酸化炭素CO_2，アンモニアNH_3，酸化銅CuO，塩化ナトリウムNaClは，どれも2種類以上の原子からできているので化合物である。ⓒの物質はどれも分子からできている物質で，ⓓの物質はどれも分子からできていない物質である。

(2)Aは分子からできている単体，Bは分子からできている化合物，Cは分子からできていない単体，Dは分子からできていない化合物があてはまる。

(3)A～Dに分類されるのは，どれも純物質であり，ここにあてはまらない物質は，混合物である。

p.82 ぴたトレ1

1 ①反応 ②黒 ③硫化鉄 ④FeS ⑤性質

2 ①炭素 ②二酸化炭素 ③酸化銅 ④CO_2 ⑤O_2 ⑥酸化 ⑦酸化物 ⑧燃焼

考え方

1(1)反応がはじまると熱が発生するため，加熱をやめても，発生する熱で反応が進む。

(2)，(3)鉄と硫黄の混合物を加熱すると，硫化鉄ができる。

(4)銅と硫黄が結びついて硫化銅ができる化学変化，銅と塩素が結びついて塩化銅ができる化学変化なども，2種類の物質が結びついて，もとの物質とは別の化合物ができる化学変化である。

2 (1)～(4)炭素が酸化されると二酸化炭素が，銅が酸化されると酸化銅ができる。

(6)スチールウールやマグネシウムを加熱すると，激しく熱や光を出しながら酸素と結びつく。これらの化学変化は燃焼である。

p.83 ぴたトレ 2

1 (1)赤色　(2)水　(3)$2H_2O$

2 (1)ⓐ　(2)㋑　(3)硫化鉄

3 (1)㋐　(2)㋑

(3)銅が空気中の酸素と結びついたから。

(4)酸化物　(5)燃焼

考え方

1 (1)，(2)水素と酸素が結びつくと水ができる。青色の塩化コバルト紙を水につけると，赤色になる。

(3)水の電気分解と逆の反応である。

水の電気分解：$2H_2O \longrightarrow 2H_2+O_2$

水素と酸素が結びつく反応：

$$2H_2+O_2 \longrightarrow 2H_2O$$

2 (1)混合物の上部を加熱する。

(2)，(3)加熱後にできた物質は硫化鉄である。硫化鉄に塩酸を加えると，卵の腐ったような特有のにおいのある気体(硫化水素)が発生する。

3 (1)木炭を加熱すると，木炭の主成分である炭素が酸素と結びついて二酸化炭素が発生する。発生した二酸化炭素は空気中に逃げるため，質量は減少する。

(2)，(3)銅を加熱すると，銅が空気中の酸素と結びついて酸化銅ができるため，質量は増加する。

(4)物質が酸素と結びつくとき，その物質は酸化されたといい，酸素と結びついてできた物質を酸化物という。

(5)スチールウールやマグネシウムを加熱したときの化学変化や，石油などの有機物を燃やしたときの化学変化は，激しく熱や光を出しながら酸化される燃焼の例である。

p.84 ぴたトレ 1

1 ①銅　②二酸化炭素　③酸素　④還元　⑤銅　⑥酸化　⑦還元　⑧還元された　⑨$2CuO$　⑩CO_2

2 ①酸化　②下がる　③発熱反応　④吸熱反応　⑤発熱　⑥吸熱

考え方

1 (1)～(4)炭素のかわりに水素やエタノールを用いても，酸化銅は還元される。ある物質の酸化物から酸素をとり除くには，その物質よりも酸素と結びつきやすい物質と反応させればよい。

2 (3)有機物の燃焼も発熱反応であり，わたしたちは，燃焼によって，多量の熱や光をとり出して使っている。

p.85 ぴたトレ 2

1 (1)酸化銅：㋒　加熱後の物質：㋐

(2)白くにごる。　(3)二酸化炭素　(4)銅

(5)㋑(→)㋐(→)㋒

(6)酸化された物質：炭素

還元された物質：酸化銅

2 (1)実験１：㋐　実験２：㋑

(2)実験１：発熱反応　実験２：吸熱反応

考え方

1 (1)～(4)黒色の酸化銅と活性炭(炭素)が反応して，赤色の銅と二酸化炭素が生じる。

(5)ガラス管を石灰水に入れたまま火を消すと，石灰水が吸いこまれて加熱部分に流れ込み，試験管が割れることがあるため，ガラス管を石灰水からぬいてから火を消す。また，火を消した後，目玉クリップでゴム管を閉じないと，空気(酸素)が試験管に吸いこまれて，銅が再び酸化されてしまう。

(6)この化学変化の化学反応式は，

$$2CuO+C \longrightarrow 2Cu+CO_2$$

酸化銅は炭素に酸素を奪われて(還元されて)銅になった。また，炭素は酸化銅から酸素を奪いとり(酸化されて)二酸化炭素になった。

2 (1)，(2)実験１は化学かいろ，実験２は簡易冷却パックに応用される反応である。

p.86～87 ぴたトレ 3

1 (1)化学反応で熱が発生し，その熱で次々に反応が起こるから。

(2)①A　②A無臭　B特有のにおい(卵の腐ったようなにおい)

(3)$Fe+S \longrightarrow FeS$

2 (1)激しく熱と光を出しながら燃える。
(2)㋑，㋓　(3)(加熱前より)増加する。
(4)鉄が空気中の酸素と結びつくから。
(5)㋐，㋔　(6)二酸化炭素

3 (1)$2CuO+C \longrightarrow 2Cu+CO_2$
(2)ⓐ還元された　ⓑ酸化された
(3)銅より酸素と結びつきやすい性質。

4 (1)水にとけやすい性質。　(2)NH_3　(3)㋐
(4)赤くなる。

考え方

1 (1)鉄と硫黄の混合物を加熱すると起こる化学変化は，発熱反応で，いったん反応がはじまると，加熱をやめてもみずから発熱しながら反応が進む。
(2)①Aでは混合物の中の鉄が磁石につくが，Bでは鉄と硫黄が反応して別の物質(硫化鉄)になっているので，磁石につかない。②Aでは鉄が塩酸と反応して，無臭の水素を発生する。Bでは硫化鉄が塩酸と反応して，卵の腐ったような特有なにおいのある硫化水素を発生する。

2 (1)スチールウールを酸素の中で加熱すると，激しく熱や光を出して酸化される燃焼が起こる。
(2)加熱後にできた物質は酸化鉄で，スチールウール(鉄)とは異なる性質をもつ。鉄は金属光沢があるが，酸化鉄にはない，鉄は塩酸と反応して水素を発生するが，酸化鉄は塩酸に入れても気体が発生しない。
(3)，(4)鉄が酸素と結びつくと，酸素の分だけ質量が増加する。
(5)燃焼とは，物質が激しく熱や光を出しながら酸化される変化のことである。マグネシウムを加熱したときの変化(㋐)や，メタンや石油などを燃やしたときの変化(㋔)が燃焼の例である。㋓の鉄と硫黄の混合物を加熱したときの変化でも，激しく熱と光を出して反応するが，酸化される変化ではないので，燃焼ではない。
(6)有機物には炭素がふくまれているので，燃焼すると炭素が酸素と結びつき，二酸化炭素が発生する。金属のように炭素をふくまない物質は，燃焼しても二酸化炭素は発生しない。

3 (1)，(2)酸化銅と炭素の反応

還元された
$$2CuO+C \longrightarrow 2Cu+CO_2$$
酸化された

(3)酸化銅から酸素をとり除くには，銅よりも酸素と結びつきやすい炭素や水素，エタノールなどと反応させる。

還元された
$$CuO+H_2 \longrightarrow Cu+H_2O$$
酸化された

4 (1)，(2)水酸化バリウムと塩化アンモニウムを混ぜると，アンモニアが発生して温度が下がる。発生するアンモニアを吸いこまないようにするため，ビーカーにぬれたろ紙をかぶせておくと，アンモニアは水に非常にとけやすいため，ぬれたろ紙に吸着する。
(4)アンモニアが水にとけると，アルカリ性を示し，フェノールフタレイン溶液を赤く変える。

p.88　ぴたトレ1

1 ①硫酸バリウム　②沈殿　③変化しない
④硫酸バリウム　⑤184.46　⑥二酸化炭素
⑦変化しない　⑧減少する(変化する)
⑨二酸化炭素　⑩66.80　⑪酸化銅
⑫変化しない　⑬増加する
⑭質量保存　⑮数

考え方

1 (1)，(2)沈殿ができる反応では，反応の前後で全体の質量は変化しない。
(3)，(4)気体が発生する反応では，容器が密閉されているときは，全体の質量は変化しない。容器のふたをゆるめると，気体の一部が逃げるため，全体の質量は減少する。
(6)，(7)化学変化の前後では，物質をつくる原子の組み合わせは変わるが，反応に関係する物質の原子の種類と数は変わらない。そのため，その反応に関係している物質全体の質量は反応の前後で変わらないという「質量保存の法則」が成り立つ。

p.89　ぴたトレ2

1 (1)色：白　物質名：硫酸バリウム　(2)㋒
(3)質量保存の法則　(4)①組み合わせ　②種類

❷ (1)90.0 g (2)㋒ (3)CO_2
(4)気体の一部が逃げたため。

考え方
❶ (1)この反応の化学反応式は，
$H_2SO_4+Ba(OH)_2 \longrightarrow \underline{BaSO_4}+2H_2O$
硫酸バリウム(白い沈殿)
(2)反応の前後で，気体の出入りがない。
(3)，(4)反応の前後で，その反応に関係している物質全体の質量が変わらないことを質量保存の法則という。反応に関係する物質の原子の種類と数が，反応の前後で変わらないために，この法則が成り立つ。
❷ (1)密閉容器中では，気体の発生する化学変化が起きても，質量保存の法則が成り立つため，質量は反応前の 90.0 g から変化しない。
(2)気体が空気中に逃げるときに，気体がもれる音がする。
(3)この反応で発生する気体は，二酸化炭素である。
$NaHCO_3+HCl \longrightarrow NaCl+H_2O+\underline{CO_2}$
(4)空気中に逃げた気体の分だけ，質量が減少する。

p.90 ぴたトレ1

1 ①酸化銅 ②大きく ③一定 ④質量
⑤酸化物 ⑥金属 ⑦限界 ⑧酸素
⑨酸化銅 ⑩銅 ⑪比例 ⑫比例 ⑬1
⑭2 ⑮原点 ⑯0.24 ⑰一定

考え方
1 (1)～(3)銅と酸素が結びつく反応の化学反応式は， $2Cu+O_2 \longrightarrow 2CuO$
つまり，銅原子2個に対し，酸素分子1個が反応し，酸化銅が2個できる。このとき，反応前と反応後では，どちらも銅原子(Cu)2個，酸素原子(O)2個である。したがって，化学反応式からも，一定質量の銅に対して結びつくことができる酸素の質量は決まっていることがわかる。
(4)，(5)質量保存の法則が成り立つ。
(6)～(9)金属(ⓐ)＋酸素(ⓑ) ⟶ 金属の酸化物(ⓒ)
の化学変化においては，ⓐとⓑ，ⓐとⓒの質量はどちらも比例の関係にある。
(10)どのような化学変化においても，関係する物質の質量の比は，つねに一定である。

p.91 ぴたトレ2

❶ (1)㋒ (2)酸素 (3)㋑
❷ (1)加熱したときに飛び散るのを防ぐため。
(2)2.5 g (3)1.0 g (4)㋑

考え方
❶ (1)うすく広げると，空気とふれ合う面積が大きくなり，空気中の酸素との反応が起こりやすくなる。
(2)この実験では，銅が酸素と結びついて，酸化銅ができる。
(3)図2のグラフから，加熱後の質量はじょじょに大きくなり，やがて一定となってそれ以上大きくならないことがわかる。これより，一定量の銅に結びつく酸素の質量には限界があることがわかる。
❷ (1)マグネシウムは反応が激しいので，粉末ではなくけずり状のものを用い，飛び散らないように金網でふたをする。
(2)，(3)図2のグラフより，1.5 g のマグネシウムに対し，2.5 g の酸化マグネシウムができることがわかる。このとき反応した酸素の質量は，2.5 g − 1.5 g = 1.0 g
(4)マグネシウムの質量：酸素の質量
＝1.5：1.0＝3：2

p.92～93 ぴたトレ3

❶ (1)㋓ (2)$A=B$ (3)$A>C$
(4)質量保存の法則
(5)(化学変化の前後では，原子の)種類と数は変わらないから。
❷ (1)①0.20 ②0.40 ③0.60 ④0.80
(2)
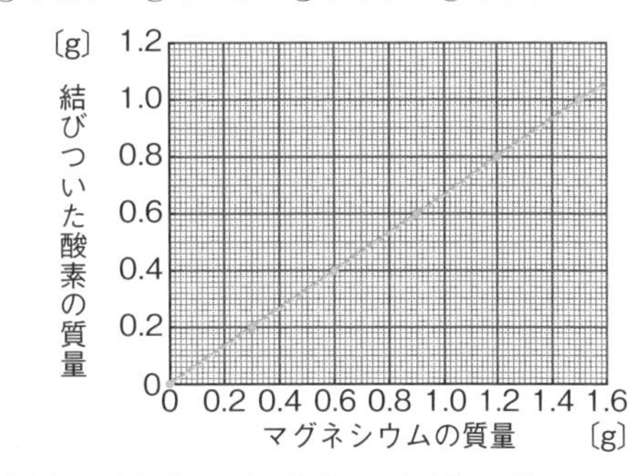

(3)比例 (4)2.0 g (5)5.0 g (6)3：5
❸ (1)①$2Cu+O_2 \longrightarrow 2CuO$
②$2Mg+O_2 \longrightarrow 2MgO$
(2)比例 (3)1.6 g (4)0.5 g
(5)①4：1 ②3：2 ③3：8
❹ (1)硫黄 (2)1.0 g

考え方

❶(1)うすい塩酸と石灰石(せっかいせき)を反応させると，二酸化炭素が発生する。二酸化炭素には石灰水(せっかいすい)を白くにごらせる性質がある。㋐は酸素，㋑はアンモニア，㋒は水素の性質である。

(2)，(4)容器が密閉(みっぺい)されているので，容器内では質量保存(しつりょうほぞん)の法則が成り立ち，反応の前後で全体の質量は変化しない。

(3)ふたをゆるめると，気体の一部が空気中に出ていくため，質量は減少する。

(5)化学変化の前後では，原子(げんし)の組み合わせは変わるが，反応に関係する物質の原子の種類と数は変わらないので，質量も変わらない。原子の「種類と数」という語句を使うこと。

❷(1)結びついた酸素の質量〔g〕＝酸化マグネシウムの質量〔g〕－マグネシウムの質量〔g〕で求められる。

(2)(1)で求めた数値(すうち)を使って，原点を通る直線を引く。

(3)(2)のグラフより，比例関係であることがわかる。

(4)1.5 g のマグネシウムと結びつく酸素の質量は 1.0 g であるから，求める酸素の質量を x〔g〕とすると，

$1.5:1.0=3.0:x$　　$x=2.0$ g

(5)(4)より，3.0 g のマグネシウムと結びつく酸素の質量は 2.0 g であるから，このとき生じる酸化マグネシウムの質量は，

3.0 g＋2.0 g＝5.0 g

あるいは，表から 0.30 g のマグネシウムから生じる酸化マグネシウムの質量は 0.50 g であるから，0.30 g の 10 倍の 3.0 g のマグネシウムから生じる酸化マグネシウムの質量は，0.50×10＝5.0 g と考えてもよい。

(6)マグネシウム：酸化マグネシウム

＝3.0：5.0＝3：5

❸(1)①銅(Cu)が酸素(O_2)と結びついて酸化銅(CuO)ができる反応である。

②マグネシウム(Mg)が酸素(O_2)と結びついて酸化マグネシウム(MgO)ができる反応である。

(2)マグネシウムも銅も，グラフが原点を通る直線となっているので，加熱前の金属の質量と加熱後の酸化物の質量は比例している。

(3)グラフより酸化銅 1.0 g が生じるときの加熱前の銅の質量は 0.8 g であるから，酸化銅 2.0 g をつくるのに必要な銅の質量は，0.8 g×2＝1.6 g

(4)銅 0.8 g から酸化銅 1.0 g が生じるのだから，銅 0.8 g と結びつく酸素の質量は，

1.0 g－0.8 g＝0.2 g

銅 2.0 g と結びつく酸素の質量を x〔g〕とすると，$0.8:0.2=2.0:x$

$$x=\frac{0.2\times2.0}{0.8}=0.5〔g〕$$

(5)①(4)より，銅：酸素＝0.8：0.2＝4：1

②グラフより，0.6 g のマグネシウムから 1.0 g の酸化マグネシウムが生じるので，結びついた酸素の質量は，

1.0g－0.6 g＝0.4 g　これより，

マグネシウム：酸素＝0.6：0.4＝3：2

③①より，銅：酸素＝4：1＝8：2

②より，マグネシウム：酸素＝3：2

同じ質量の酸素と結びつく質量の比は，

マグネシウム：銅＝3：8

マグネシウム原子も銅原子も酸素原子と 1：1 の数の比で結びつくから，同じ質量の酸素と結びつくマグネシウム原子と銅原子の数は等しい。したがって，原子 1 個の質量の比は，

マグネシウム：銅＝3：8

❹(1)，(2)鉄 4.2 g と硫黄(いおう) 2.4 g が完全に反応したのだから，完全に反応するときの質量比は，鉄：硫黄＝4.2：2.4＝7：4

これより，鉄 7.0 g と完全に反応する硫黄の質量は，4.0 g であるから，5.0 g－4.0 g＝1.0 g の硫黄が反応しないで残る。

電流とその利用

p.94　ぴたトレ 1

1　①回路　②＋　③－　④電気用図記号　⑤回路図　⑥電源　⑦スイッチ　⑧電球　⑨抵抗器　⑩電流計　⑪電圧計　⑫直列回路　⑬並列回路

2　①アンペア　②1000　③電圧　④ボルト　⑤＋　⑥－　⑦電流計　⑧直列　⑨電圧計　⑩並列

考え方

1 (1)小学校3年で学習したように，電流が流れる道すじがつながっていないと，回路に電流は流れない。回路につなぐ乾電池や豆電球などのことを素子という。
(2)電流には向きがあるため，LED 豆電球や電子オルゴールなどのように，一方の向きにしか電流を通さないものは，乾電池の向きを変えると明かりがつかなかったり，音が鳴らなかったりする。
(3)回路図では，つなぐものとつなぐ順番が同じであれば，つなぐ位置が異なっていても同じ回路を表す。

2 (3)つないだ－端子に合った数値を，目盛り板の正面から読みとる。目盛りを読みとるときは，最小目盛りの10分の1まで目分量で読みとる。
(4)電流計は回路に直列につなぐ。並列につないだり，電流計だけを電源につないだりすると，電流計がこわれることがある。電圧計は回路に並列につなぐ。直列につなぐと，回路に電流が流れなくなる。

p.95 ぴたトレ2

◆1 (1)回路 (2)ⓐ (3)回路図
(4)A豆電球 Bスイッチ C電源(乾電池)

◆2 (1)図1：直列回路 図2：並列回路 (2)ⓐ
(3)図2

◆3 (1)①5A ②300V (2)①㋐ ②㋑

考え方

◆1 (1)スイッチを入れると，電気が切れ目なく流れる道すじ(回路)がつながり，電流が流れて，豆電球の明かりがつく。
(2)電流の向きは，電源の＋極から出て，－極に入る向きと決められている。
(3)図1のように，実際の形に近い状態で表した図を実体配線図といい，図2のように，電気用図記号を使って表した図を回路図という。

◆2 (1)図1は電流の流れる道すじが1本道なので直列回路，図2は枝分かれしているので並列回路である。
(2)乾電池はつなぐ個数やつなぎ方に関係なく，電源の電気用図記号1つで表す。縦の線の長いほうが＋極を，短いほうが－極を表している。
(3)並列回路は，豆電球1個が切れても回路がつながっているので，電流が流れる。

◆3 (1)電流計も電圧計も，もっとも大きい値の－端子につなぐ。
(2)誤ってつなぐと，電流計がこわれたり，電流が流れなくなったりするので，正しいつなぎ方を覚えておく。

p.96 ぴたトレ1

1 ①等しい ②和 ③等しい ④明るく
⑤・⑥ I_2・I_3 ⑦・⑧ I_1・I_2

2 ①和 ②同じ ③明るく
④・⑤ V_1・V_2 ⑥・⑦ V_1・V_2

考え方

1 (1)，(2)電流を水の流れに置きかえて考えてみると，直列回路では，流れる水の量はどこでも等しく，並列回路では，水が分かれて流れても，流れる水の量の合計は変わらない。

2 (1)，(2)電圧を水の流れの落差に置きかえて考えてみると，直列回路では，落差 V_1 と落差 V_2 の合計は全体の落差 V と等しい，並列回路では，落差 V_1 と落差 V_2 と全体の落差 V はすべて等しい。

p.97 ぴたトレ2

◆1 (1)アンペア (2)㋓
(3)①0.3 A ②点ⓑ：0.3 A 点ⓒ：0.3 A
(4)点ⓕ：0.5 A 点ⓖ：1.25 A

◆2 (1)ボルト (2)並列 (3)2.0 V
(4) V_1：6.0 V V_2：6.0 V

考え方

◆1 (1)電流の単位「アンペア」は，フランスの物理学者アンペールにちなんでつけられた。
(2)図1では，豆電球アをはずすと回路が切れてしまうので，イは消えてしまう。図2では，アをはずしてもイのほうの道すじはつながっているので，イはついたままである。
(3)① 1 A＝1000 mA 300 mA＝0.3 A
②図1は直列回路なので，回路のどの点でも電流の大きさは等しい。
(4)図2は並列回路であるから，枝分かれする前の電流の大きさが，枝分かれした電流の大きさの和であり，合流した後の電流の大きさである。したがって，点ⓕの電流の大きさは，1.25 A－0.75 A＝0.5 A
点ⓖの電流の大きさは，点ⓓの電流の大きさと等しい。

❷ (1)電圧の単位「ボルト」は，イタリアの物理学者ボルタにちなんでつけられた。
(2)電圧計は，電圧を測定したい部分の両端に並列につなぐ。
(3)図1は直列回路であるから，各部分に加わる電圧の和が，電源の電圧に等しい。
$V_1 + 4.0\ \mathrm{V} = 6.0\ \mathrm{V}$　$V_1 = 2.0\ \mathrm{V}$
(4)図2は並列回路であるから，それぞれの部分に加わる電圧は同じで，電源の電圧と等しい。$V_1 = V_2 = 6.0\ \mathrm{V}$

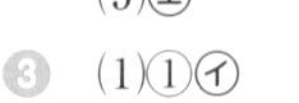

p.98~99 ぴたトレ3

❶ (1)右図
(2)C，D
(3)直列回路

❷ (1)㋒　(2)A ⓑ　B ⓒ
(3)右図
(4)180(mA)，0.18(A)
(5)㋓

❸ (1)①㋑
②B：0.25 A　C：0.25 A　D：0.25 A
③AC間：2.1 V　CD間：3.9 V
(2)①B：450 mA　D：250 mA
E：200 mA
②電圧計の＋端子と－端子につないだ導線を逆につなぎ変える。
③CD間：4.5 V　EF間：4.5 V

考え方

❶ (1)点灯した組み合わせの2点が導線でつながっている。
(2)どことどこをつなげば，ひとつながりの回路ができるかを考える。E，Fに乾電池をつないだときは，C，Dに豆電球をつなげば回路ができる。
(3)回路図をかくと右図のようになり，直列回路である。

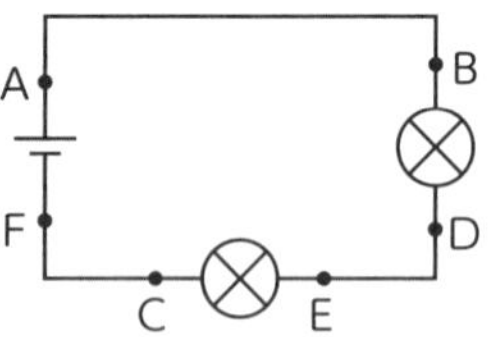

❷ (1)電流の大きさがわからないときは，指針が振り切れないように，いちばん大きな値の－端子につなぐ。
(2)電流計の－端子(A)は乾電池の－極側の導線に，＋端子(B)は乾電池の＋極側の導線につなぐ。
(3)乾電池の＋極側にスイッチ，－極側に豆電球をつないだ回路図をかく。
(4)500 mAの－端子を使っているので，電流計の1目盛りは10 mAである。0から18目盛り分なので，180 mA＝0.18 A
(5)電圧計は豆電球に対して並列につなぐ。このとき，＋端子を電源の＋極側の導線に，－端子を－極側の導線につなぐ。

❸ (1)①50 mAの端子では針が振り切れ，5 Aの端子では振れ幅が小さく読みとりにくい。
②直列回路なので，電流の大きさはどの点でも等しい。「何Aか。」と問われているので，250 mA＝0.25 A
③直列回路では，各豆電球に加わる電圧の和が，電源の電圧と等しい。AC間の電圧はAB間とBC間の電圧の和になるから，1.2 V＋0.9 V＝2.1 V
CD間の電圧は，6.0 V－2.1 V＝3.9 V
(2)①並列回路では，枝分かれする前の電流の大きさが，枝分かれした電流の大きさの和や，合流した後の電流の大きさと等しい。点Bは合流した後だから，枝分かれ前の点Aと同じ450 mA。点Dは点Cと同じ250 mA。点Eは，450 mA－250 mA＝200 mA
②＋端子と－端子の接続が逆になっていると，指針が－の向きに振れてしまう。
③並列回路では，各豆電球に加わる電圧は同じで，電源の電圧と等しい。

p.100 ぴたトレ1

1 ①比例　②オーム　③電気抵抗　④抵抗
⑤オーム　⑥1 A　⑦電圧　⑧電流　⑨V
⑩I　⑪RI　⑫V　⑬R　⑭大きい
⑮40Ω

2 ①大きく　②和　③小さく　④$\dfrac{1}{R_1}+\dfrac{1}{R_2}$
⑤異なる　⑥小さく　⑦導体　⑧大きく
⑨・⑩不導体・絶縁体

考え方

1 (4)，(5)電圧，電流，電気抵抗のうちのどれか2つの値がわかれば，残りの1つの値はオームの法則の式にあてはめて求めることができる。

(6)グラフの傾き(かたむ)である$\frac{電流}{電圧}$が大きいほど，電流が流れやすい。また，電気抵抗はグラフの傾きの逆数であるから，傾きが小さいほど電気抵抗が大きく，電流が流れにくい。

2 (3)直列回路，並列(へいれつ)回路ともに，電流の関係，電圧の関係を式で表し，オームの法則を代入すると，回路全体の抵抗の大きさを求める式が得られる。

(5)実験に用いる導線には，電気抵抗が非常に小さい銅が使われることが多い。抵抗器や電熱線には，銅よりも電気抵抗がずっと大きいニクロムなどが使われる。

(6)導線の外側は，不導体(絶縁体(ぜつえんたい))であるポリ塩化ビニルなどでおおわれている。このように，日常では導体と不導体を，用途(ようと)に応じて組み合わせて使っている。

p.101 ぴたトレ2

1 (1)イ (2)①比例(の関係) ②オームの法則 (3)ⓑ (4)ⓐ20 Ω ⓑ50 Ω (5)0.25 A (6)240 mA (7)電流は流れない。 (8)導体 (9)㋐，㋒，㋓

2 (1)50 Ω (2)60 mA (3)①1.2 V ②1.8 V (4)①3.0 V ②3.0 V (5)①0.15 A ②0.1 A (6)250 mA (7)12 Ω

考え方

1 (1)電流計は，はかりたい点に直列につなぐ。

(2)①グラフは，原点を通る直線で，比例のグラフになっている。

②「Ωの法則」と書いてはいけない。

(3)グラフから，同じ電圧のときの電流の強さを比べる。グラフの傾き(かたむ)が小さいほうが，電気抵抗(ていこう)が大きく，電流が流れにくいといえる。

(4)グラフで10 Vのとき，ⓐは0.5 A，ⓑは0.2 Aで，$R=\frac{V}{I}$より，

$R_a=\frac{10\ V}{0.5\ A}=20\ \Omega$ $R_b=\frac{10\ V}{0.2\ A}=50\ \Omega$

(5)オームの法則にあてはめると，

$I=\frac{V}{R}=\frac{5.0\ V}{20\ \Omega}=0.25\ A$

(6)$I=\frac{V}{R}=\frac{12\ V}{50\ \Omega}=0.24\ A$

0.24 A = 240 mA

(7)ガラスは不導体(絶縁体(ぜつえんたい))なので，電流は流れない。

(8)，(9)銀，アルミニウム，鉄，銅などの金属は電気抵抗が小さく，電流が流れやすい導体である。

2 (1)直列回路なので，20 Ω + 30 Ω = 50 Ω

(2)$I=\frac{V}{R}=\frac{3.0\ V}{50\ \Omega}=0.06\ A$

0.06 A = 60 mA

(3)①$V=RI=20\ \Omega\times0.06\ A=1.2\ V$

オームの法則の式にあてはめるときは，電流の単位はmAではなくAを使う。

②30 Ω × 0.06 A = 1.8 V

または，3.0 V − 1.2 V = 1.8 V

(4)並列(へいれつ)回路では，各抵抗に加わる電圧の大きさはどれも電源(でんげん)の電圧と等しい。

(5)①$I=\frac{V}{R}=\frac{3.0\ V}{20\ \Omega}=0.15\ A$

②$I=\frac{V}{R}=\frac{3.0\ V}{30\ \Omega}=0.1\ A$

(6)電流計に流れる電流の大きさは，２つの抵抗器に流れる電流の大きさの和になる。

0.15 A + 0.1 A = 0.25 A = 250 mA

(7)$R=\frac{V}{I}=\frac{3.0\ V}{0.25\ A}=12\ \Omega$ $\frac{1}{R}=\frac{1}{R_1}+\frac{1}{R_2}$の式にあてはめて計算してもよい。

p.102 ぴたトレ1

1 ①電気エネルギー ②電力 ③ワット ④積 ⑤× ⑥VI ⑦大きい ⑧小さい ⑨大きい

2 ①熱 ②比例 ③電力 ④ジュール ⑤電力 ⑥時間 ⑦１秒 ⑧kJ ⑨1200 W ⑩電力量 ⑪電力 ⑫時間 ⑬ワット時 ⑭消費電力

考え方

1 (2)1000 Wを１キロワット(記号kW)と表すこともある。

2 (1)温度が高いことを「熱がある」と表現することがあるが，理科では「熱」と「温度」を使い分ける。

(5)電流による発熱量を求める式では，時間の単位は「秒」であることに気をつける。

(7)消費電力が大きいほど，電気器具のはたらきは大きくなり，消費される電気エネルギーも大きくなる。2個以上の電気器具を同時に使うと，全体の消費電力はそれぞれの消費電力の和になる。

(10)電気料金は，キロワット時の単位で電力量を測定して計算されている。

1 Wh = 1 W × 1 h = 1 W × 3600 s = 3600 J

p.103 ぴたトレ2

❶ (1)電気エネルギー　(2)㋐

❷ (1)水の質量

(2)器具X：電圧計

器具Y：電流計

(3)右図

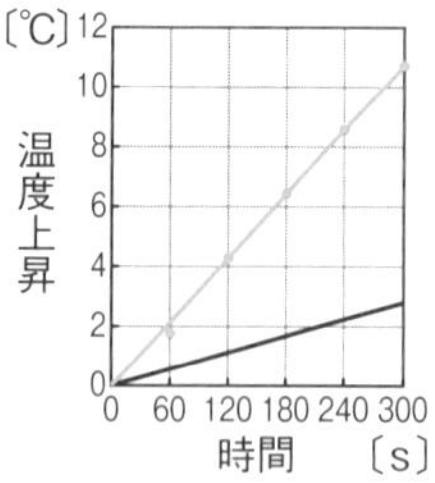

(4)1 A　(5)16 W

(6)240 J　(7)960 J

❸ (1)1100 W

(2)480000 J　(3)電力量

考え方

❶ (1)電流には，光や熱などのほかに，音を発生させたり，物体を動かしたりする能力がある。このような電流がもっている能力のことを電気エネルギーという。

(2)並列(へいれつ)につないだ電球には，どれも同じ電圧が加わるので，消費電力が大きいものには大きな電流が流れ，明るくなる。

❷ (1)水の質量が同じでないと，水温の上がり方が変わってしまう。

(2)器具Xは回路に並列につないであるので電圧計，器具Yは直列につないであるので電流計とわかる。

(3)電熱線ⓑの電気抵抗(ていこう)は，電熱線ⓐの電気抵抗の$\frac{1}{4}$であるから，オームの法則より流れる電流は4倍になる。電圧が等しいので，単位時間当たりの発熱量(温度上昇(じょうしょう))は4倍になる。

(4)$I = \frac{V}{R} = \frac{4\ \mathrm{V}}{4\ \Omega} = 1\ \mathrm{A}$

(5)$I = \frac{V}{R} = \frac{4\ \mathrm{V}}{1\ \Omega} = 4\ \mathrm{A}$　4 V × 4 A = 16 W

(6)4 V × 1 A = 4 W　4 W × 60 s = 240 J

(7)16 W × 60 s = 960 J

❸ (1)800 W + 300 W = 1100 W

(2)800 W × (60 × 10)s = 480000 J

(3)電気器具が電流によって消費した電気エネルギーの量は電力量といい，発熱量と同様，電力と時間の積で表せる。単位も発熱量と同じジュールを使う。

p.104~105 ぴたトレ3

❶ (1)20 Ω

(2)13 Ω

(3)0.2 A

(4)8 V

(5)右図

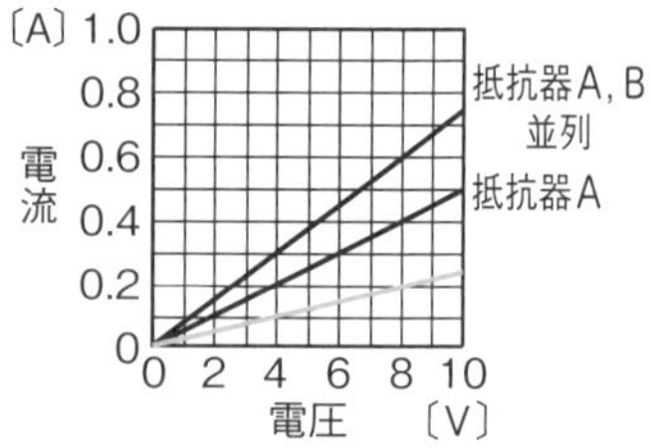

(6)40 Ω

❷ (1)12 V　(2)12 V　(3)12 V　(4)1 A

(5)12 Ω　(6)12 V

(7)6 Ω　(8)3 Ω　(9)1.6 A

❸ (1)10 A　(2)300 kJ　(3)㋐，㋒，㋔

❹ (1)ビーカー内の水温を均一にするため。

(2)2.0 A　(3)12000 J

(4)① 1.6 W　② 6.4 W　③ 40 W　④ 10 W

(5)ⓒ，ⓓ，ⓑ，ⓐ

(6)発生する熱量は，電圧と電流の積に比例する。

考え方

❶ (1)グラフより，抵抗器(ていこうき)Aに加わる電圧が8 Vのとき，電流の大きさは0.4 Aである。

$R = \frac{V}{I} = \frac{8\ \mathrm{V}}{0.4\ \mathrm{A}} = 20\ \Omega$

(2)グラフより，並列(へいれつ)回路全体に加わる電圧が8 Vのとき，電流の大きさは0.6 Aである。$R = \frac{V}{I} = \frac{8\ \mathrm{V}}{0.6\ \mathrm{A}} = 13.3\cdots\Omega$　四捨五入して整数で答えるのだから，13 Ωとなる。

(3)抵抗器Aに流れる電流が0.4 Aのとき，グラフより並列回路全体には0.6 Aの電流が流れているから，0.6 A − 0.4 A = 0.2 A

(4)グラフより8 Vとわかる。または，抵抗器Aについてオームの法則より，

0.4 A × 20 Ω = 8 V

(5)抵抗器Bについても電流は電圧に比例するから，グラフは，原点を通る直線となる。(3)，(4)より，8 Vのとき0.2 Aであるから，この点と原点を結ぶ直線を引く。

(6)$R = \frac{V}{I} = \frac{8\ \mathrm{V}}{0.2\ \mathrm{A}} = 40\ \Omega$

❷ (1)$V = IR$ = 4 A × 3 Ω = 12 V

(2), (3), (6)抵抗器QとRは並列なので，加わる電圧は同じである。24 V－12 V＝12 V

(4)抵抗器Qに流れる電流とRに流れる電流の和が，抵抗器Pに流れる電流の大きさと等しい。4 A－3 A＝1 A

(5)$R=\dfrac{V}{I}=\dfrac{12\ \mathrm{V}}{1\ \mathrm{A}}=12\ \Omega$

(7)$R=\dfrac{V}{I}=\dfrac{24\ \mathrm{V}}{4\ \mathrm{A}}=6\ \Omega$

(8)6 Ω－3 Ω＝3 Ω

(9)抵抗器Qをはずすと，PとRの直列回路となるから，全体の抵抗は，
3 Ω＋12 Ω＝15 Ω
$I=\dfrac{V}{R}=\dfrac{24\ \mathrm{V}}{15\ \Omega}=1.6\ \mathrm{A}$

❸(1)電力〔W〕＝電圧〔V〕×電流〔A〕であるから，
1000 W÷100 V＝10 A

(2)1000 W×(60×5)s＝300000 J＝300 kJ

(3)同時に使う消費電力の合計が100 V×20 A＝2000 Wをこえてはいけない。アイロンは1000 Wだから，2000 Wをこえないようにするには，消費電力が1000 W以下のものを選ぶ。

❹(1)あたたまった水は上方に，冷たい水は下方に移動し，容器内で温度差ができる。

(2)図2の電流計は，電熱線Aに流れる電流の大きさを示す。$I=\dfrac{V}{R}=\dfrac{20\ \mathrm{V}}{10\ \Omega}=2\ \mathrm{A}$

(3)20 V×2 A×(60×5)s＝12000 J

(4)図1は直列回路であるから，全体の電気抵抗は，10 Ω＋40 Ω＝50 Ω　流れる電流の大きさは，$I=\dfrac{V}{R}=\dfrac{20\ \mathrm{V}}{50\ \Omega}=0.4\ \mathrm{A}$

①加わる電圧は，$V=IR$＝0.4 A×10 Ω＝4 V
よって電力は，4 V×0.4 A＝1.6 W

②加わる電圧は，20 V－4 V＝16 V
よって電力は，16 V×0.4 A＝6.4 W

③20 V×2 A＝40 W

④流れる電流は，$I=\dfrac{V}{R}=\dfrac{20\ \mathrm{V}}{40\ \Omega}=0.5\ \mathrm{A}$
よって電力は，20 V×0.5 A＝10 W

(5)電流を流す時間，水の質量がすべて同じなので，水の温度上昇(じょうしょう)の大きさの順は，(4)で求めた電力の大きさの順になる。

(6)発生する熱量＝電力×時間
＝(電圧×電流)×時間

p.106　ぴたトレ1

1　①静電気　②しりぞけ　③引き　④＋　⑤－　⑥引き合う　⑦同じ　⑧離れて　⑨電気力　⑩電流

2　①放電　②真空放電　③－　④＋　⑤陰極線　⑥電子　⑦質量　⑧－　⑨電子　⑩－極　⑪＋極

考え方

1 (2)ストローをティッシュペーパーでこすると，ストローには－(マイナス)の電気，ティッシュペーパーには＋(プラス)の電気がたまる。

(3)しりぞけ合う力や引き合う力がはたらくこと，離(はな)れていてもはたらくことなど，電気の性質は磁石(じしゃく)の性質と似ている。

(5)静電気によってネオン管や蛍光灯(けいこうとう)を点灯させることができる。これは，たまっていた電気がネオン管や蛍光灯に移動して，電気の流れが生じるからである。しかし，たまっていた電気はすぐに移動してしまうので，一瞬(いっしゅん)しか点灯しない。

2 (1)雷(かみなり)は，雲にたまった静電気が空気中を一気に流れる自然現象で，放電の一種である。

(2)放電管とは，ガラスなどの容器内の気体の圧力を小さくし，2つ以上の金属の電極を入れたもののことで，いろいろな形がある。放電管に誘導(ゆうどう)コイルで電圧を加えると，放電管内の気体の圧力のちがいによって異(こと)なる放電のようすが観察できる。

(3), (4)十字板入り放電管では，－極側から出た電子(でんし)が十字板に当たり，そのうしろに影(かげ)をつくる。ガラス壁(へき)に衝突(しょうとつ)した電子は，＋極側に移動していく。－極と接続した電極を陰極(いんきょく)といい，電流のもとになるものの流れは陰極から出ていることから，陰極線と名づけられた。現在では，電子線とよぶことが多い。

p.107　ぴたトレ2

❶ (1)静電気　(2)①電気力(電気の力)　②㋑　(3)㋐

❷ (1)陰極線(電子線)　(2)A：－極　B：＋極　(3)電子
(4)①質量　②－　③－　④＋
(5)C：＋極　D：－極

考え方

◆1 (1)摩擦によって起きた電気を摩擦電気ともいう。
(2)①電気の間にはたらく力を電気力(電気の力)という。
②2種類の物質を摩擦して物体が電気を帯びるとき，一方は＋の電気，他方は－の電気を帯びる。
(3)電気の性質は磁石の性質と似ている。

◆2 (1)，(2)－極(A)を出た電子の流れが十字板に当たり，そのうしろに影をつくる。この電子の流れは，－極(陰極)から出ていることから，陰極線と名づけられたが，現在では電子線とよばれることが多い。
(3)，(4)電流のもとになる電子は，質量をもった非常に小さな粒子で，－の電気をもっている。
(5)明るいすじ(陰極線)のもとになっている電子は－の電気をもっているので，＋極側に曲がる。

p.108 ぴたトレ1

1 ①電子 ②＋ ③中性 ④－ ⑤＋ ⑥電流 ⑦－ ⑧＋ ⑨逆 ⑩電子 ⑪電流 ⑫電子 ⑬電子 ⑭＋ ⑮－

2 ①X線 ②放射線 ③放射性物質 ④α ⑤β ⑥透過 ⑦農業 ⑧ジャガイモ

考え方

1 (3)，(4)金属に電圧が加わっていないときは，自由に動き回れる電子はいろいろな向きに動いているが，金属の両端に電圧を加えると，電子は－の電気をもっているために，全体として＋極のほうへ移動する。この移動が電流である。
(5)電流の向きは＋極から－極の向きと決められていて，電子の動く向きとは逆である。これは，電子の動く向きについてわかる前に，電流の向きをこのように決めていたためである。
(7)静電気が起こる前の物体は，電気的に中性であるが，－の電気をもつ電子を受けわたしすることにより，どちらかの電気を帯びるようになる。

2 (1)マリー・キュリーとピエール・キュリーは，放射線を出す物質を研究し，ポロニウムとラジウムという物質を発見した。
(2)放射線を出す能力を放射能という。
(3)このほかに中性子線などがある。
(4)，(5)放射線の物質を透過する性質は，いろいろな分野に利用されている。物質や放射線の量，種類によって透過する力(透過力)が異なる。

p.109 ぴたトレ2

◆1 (1)㋒ (2)電気的に中性 (3)①㋐ ②㋑

◆2 (1)電子
(2)ストロー：－の電気
ティッシュペーパー：＋の電気

◆3 (1)透過 (2)㋓

考え方

◆1 (1)電子はすべての物質の原子中に存在するが，自由に動き回れる電子をもつのは金属である。
(2)電気を帯びる前の状態では，どの物質中の原子も＋の電気と－の電気が打ち消し合っていて，電気的に中性である。
(3)電子は－の電気をもつので，－極から＋極の向きに移動する。電流の向きはその逆である。

◆2 (1)摩擦によって静電気が起こるときは，物体間で電子が受けわたしされている。
(2)ティッシュペーパーは電子をわたすので＋の電気を帯び，ストローは電子を受けとるので－の電気を帯びる。

◆3 (1)放射線が物質を透過する性質は，さまざまな分野で利用されている。
(2)㋐これらは自然放射線とよばれる。㋑ほかにもタンク内の水量の測定などにも使われる。㋒放射線を当てることにより，物質の性質が変わるものがある。㋓放射能がウランから出ているのを発見したのは，フランスのベクレルである。ドイツのレントゲンは，X線を発見した。

p.110〜111 ぴたトレ3

1 (1)＋ (2)ⓓ (3)ⓐ，ⓑ (4)①㋑ ②㋑ ③㋑
(5)①放電
②たまった電気はすぐに移動してしまうから。

2 (1)A：－極 B：＋極 (2)ⓒ (3)ⓑ
(4)①電子 ②－の電気 ③電極A (5)電流

3 (1)図1 (2)㋒ (3)D (4)㋓

(5)①電子

②自由に動ける電子が存在しないから。

考え方

❶(1)小球ⓑは，＋の電気を帯びた小球ⓐとしりぞけ合っているので，ⓐと同じ＋の電気を帯びている。

(2)小球ⓒはⓐと引き合っているので，－の電気を帯びている。また，小球ⓓはⓒとしりぞけ合っているので，－の電気を帯びている。よって，ⓐとⓑが＋の電気，ⓒとⓓが－の電気を帯びている。

(3)布に電子をわたすと＋の電気を帯びる。

(4)①～③いずれも＋の電気と－の電気の組み合わせなので，引き合って㋑のようになる。

(5)①たまっていた電気が流れ出す現象を放電という。

②たまっていた電気が移動することにより，電流が流れネオン管が点灯する。このとき，たまっていた電気はすぐに移動してしまうので，一瞬しか点灯しない。

❷(1)電子は，－極から飛び出して，＋極に向かう。

(2)－極から出た電子はスリットを通りぬけて直進する。

(3)電子は－の電気をもつので，平行な電極の＋極(電極D)側に曲がる。

(4)明るいすじのもとになっているのは，－の電気をもつ電子で，－極から飛び出し＋極に向かう。

(5)電子の移動が電流である。

❸(1)電圧を加える前は，自由に動き回れる電子がいろいろな向きに動き回っている。

(2)－の電気をもつ電子がたくさん存在するが，それを打ち消す＋の電気も存在するので，全体としては電気的に中性である。

(3)電圧を加えると，－の電気をもつ電子が＋極の向きに動きはじめる(図2)。したがって，Dが＋極側，Cが－極側である。

(4)電流の向きは，電子の移動する向きと逆なので，＋極側Dから－極側Cの向きである。

(5)電流は電子の移動であるから，電子が移動しなければ電流は流れない。金属では自由に動き回れる電子がたくさん存在するが，不導体では自由に動き回れる電子が存在しないため，電流が流れない。

p.112 ぴたトレ1

1 ①磁力 ②磁界 ③磁界の向き ④磁力線 ⑤矢印 ⑥N極 ⑦S極 ⑧磁界 ⑨強い ⑩しない ⑪交差

⑫ ⑬ 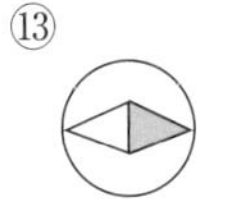 ⑭ 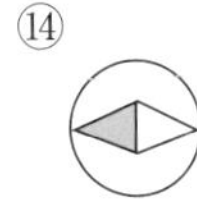 ⑮ 

2 ①同心円 ②逆 ③大きい ④近い ⑤電流 ⑥電流 ⑦磁界 ⑧電流 ⑨磁界

考え方

1 (3)磁石のまわりに鉄粉をまくと模様ができる。これは，鉄粉の1つ1つが小さな磁石となって磁界から磁力を受け，磁界の向き(磁力線)に沿って並ぶからである。

(4)異極どうしは磁力線がつながり，同極どうしは磁力線がさけ合う。

(5)磁針のN極の向きは，その点の磁力線の矢印の向きと同じである。

2 (1)同心円とは，中心が同じで半径が異なる円のことをいう。

(2)コイルに流れる電流の向きが逆になると，磁界の向きも逆になる。

(3)右ねじが進む向きに電流を流すと，右ねじを回す向きに磁界ができる。コイルに流れる電流では，右手の4本の指先を電流の向きに合わせたとき，親指の向きがコイルの内側の磁界の向きと一致する。コイルの外側の磁界は，棒磁石の磁界と同じようになっている。

p.113 ぴたトレ2

❶ (1)磁力 (2)磁界 (3)磁力線 (4)B (5)㋐

❷ (1)㋑ (2)㋒ (3)A (4)ⓐ㋒ ⓑ㋐ ⓒ㋒

考え方

❶(3)，(4)磁力線の向きは，N極から出てS極に入る向きであるから，BがN極，AがS極である。

(5)磁力線の間隔がせまいほど磁界が強いので，ⓐ点のほうがⓑ点より磁界が強い。

❷(1)磁界の向きは図のように時計回りの向きとなる。磁界の強さは，導線に近いほど強く，離れるほど弱くなる。

(2)(1)の解説の図(p.31)の導線のまわりの磁力線で，各点の磁力線の向きが，その点での磁針のN極の向きとなる。

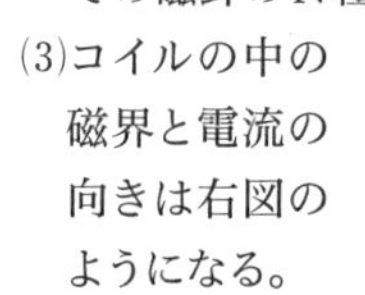
(3)コイルの中の磁界と電流の向きは右図のようになる。

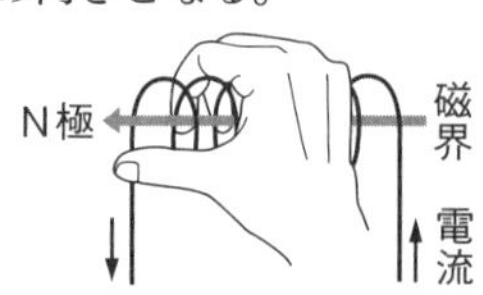

(4)コイルのまわりの磁力線は下図のようになる。各点の磁力線の向きが，磁針のN極がさす向きとなる。

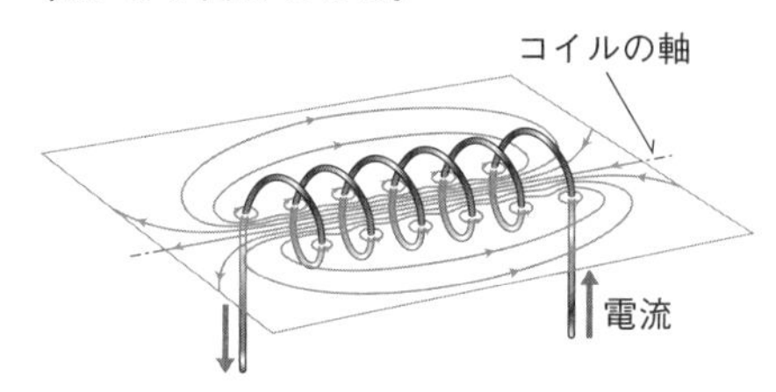

p.114 ぴたトレ1

1 ①電流 ②垂直 ③逆 ④磁界 ⑤強く ⑥磁界 ⑦コイル ⑧電流 ⑨力 ⑩磁界

2 ①電磁誘導 ②誘導電流 ③速く ④強い ⑤巻数 ⑥誘導電流 ⑦発電機 ⑧直流 ⑨交流 ⑩周波数 ⑪ヘルツ

考え方

1 (1)磁界の中に置いたコイルに電流を流すと，電流が磁界から力を受けて，電流の向きと磁界の向きの両方に垂直な向きにコイルが動く。

2 (1)コイルの中の磁界が変化すると，誘導電流が流れる。コイルの中に棒磁石を入れても，動かさなければ磁界は変化しないので，誘導電流は流れない。

(3)検流計は，非常に小さい電流でも調べることができる。また，指針の振れる向きで電流の向きも調べられる。

(4)発電機の中の磁石を回転させると，誘導電流が発生するので，電流をつくり出すことができる。

(5)乾電池から流れる電流は直流，コンセントからとり出す電流は交流である。交流は電圧を制御しやすいため，いろいろな装置で使われる。

p.115 ぴたトレ2

1 (1)上向き (2)①A ②A ③B (3)㋐，㋒

2 (1)電磁誘導 (2)誘導電流 (3)ⓐ (4)㋒ (5)㋑

3 (1)交流 (2)周波数 (3)Hz

考え方

1 (1)磁界の向きは，方位磁針のN極がさす向きであるから，N極からS極へ向かう上向きである。

(2)①電流の向きを逆にすると，力の向きは逆になる。

②磁界の向きを逆にすると，力の向きは逆になる。

③電流の向きと磁界の向きの両方を逆にすると，力の向きは変化しない。

(3)電流が磁界から受ける力を大きくするには，電流を大きくしたり，磁界を強くしたりする。

2 (1)，(2)コイルと磁石が近づいたり離れたりすると，コイルの中の磁界が変化する。その変化に応じた電圧が生じ，コイルに電流が流れる。

(3)検流計は，電流が＋端子から流れこむと指針が右に振れ，－端子から流れこむと左に振れる。

(4)磁石を静止させると，コイルの中の磁界が変化しないので，誘導電流は流れない。

(5)S極をコイルから遠ざけると，近づけたときと逆向きに誘導電流が流れる。

3 (1)電流には直流と交流の2種類があり，電流の向きが一定で変わらないのが直流，電流の向きと大きさが周期的に変わるのが交流である。

(2)，(3)周波数の単位には，音の振動数の単位と同じヘルツを使う。記号で書きなさいとあるので，Hzと答える。

p.116～118 ぴたトレ3

1 (1)

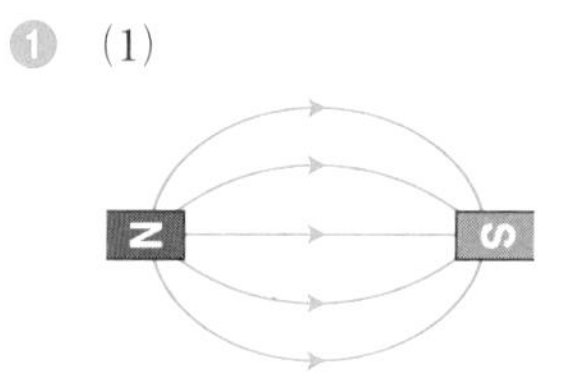

(2)

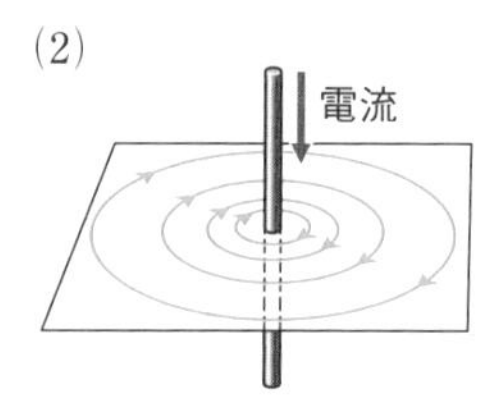

(3)

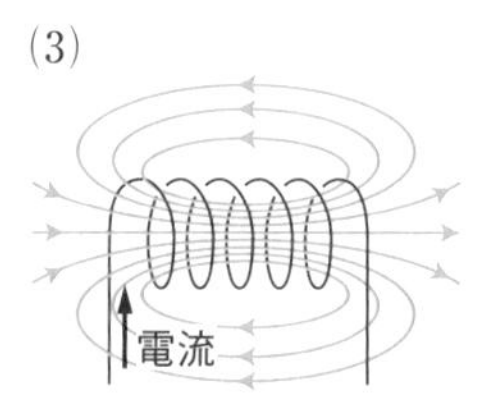

2 (1)B (2)大きくなる。 (3)ⓑ (4)ⓓ

3 (1)㋓ (2)①㋓ ②㋐

(3)・磁石を磁力の強いものにする。
・電流の大きさを大きくする。
・コイルの巻数を多くする。

❹ (1)㋐, ㋑ (2)電磁誘導 (3)誘導電流 (4)㋒
(5)㋒ (6)棒磁石を速く回転させる。

❺ (1)㋑ (2)ⓑ
(3)家庭のコンセントからの電流は交流で，電流の向きが周期的に変わるから。

考え方

❶(1)2つの磁石の異極どうしを近づけると，異極どうしは磁力線がつながる。N極からS極の向きに矢印をかく。
(2)電流の向きに対し，右ねじを回す向きに磁界ができる。
(3)右手で，親指以外の4本の指を電流の向き(この問題では手前向き)に合わせると，親指は右方向を向き，親指の向きがコイルの内側の磁界の向きとなる。コイルの内側では，コイルの軸に平行な磁界ができ，コイルの外側では，棒磁石の磁界と同じような磁界ができる。

❷(1)電流の向きを右ねじの進む向きとすると，右ねじを回す向きに磁界ができる。
(2)電流が大きくなると，磁界は強くなる。
(3)導線を輪にしたときも，(1)と同様の向きに磁界ができる。このとき，導線を流れる電流による磁界が重なるので，輪の中心付近は磁界がもっとも強くなる。
(4)電流の流れる向きを逆にすると，磁界の向きが逆になるので，磁針の向きは(3)と逆になる。

❸(1)cd部分はab部分と磁界の向きが同じで電流の向きが逆なので，力の向きは逆になる。
(2)モーターでは，コイルが同じ方向に回転し続けるような向きに力を受ける。
(3)コイルを速く回転させるには，電流が磁界から受ける力を大きくすればよい。

❹(1)〜(3)コイルの中の磁界が変化することにより，コイルに電流が流れる現象を電磁誘導といい，そのとき流れる電流を誘導電流という。検流計の指針が逆に振れるのは，電流の向きが逆になるときだから，コイルの中の磁界の変化が逆になるようにすればよい。
(4)磁石が静止すると磁界は変化しないので，電流が流れなくなる。
(5)発電機は，電磁誘導を利用して，電流を連続的に発生させる装置である。
(6)誘導電流を大きくするには，磁石を速く動かす(磁界の変化を速くする)，磁石の磁力を強くする，コイルの巻数を多くする方法がある。装置を変えないでできるのは，磁石を速く動かすことである。

❺(1)発光ダイオードは決まった向き(足の長いほうから短いほう)にだけ電流が流れて点灯する。電流が逆向きに流れると，点灯しない。
(2)，(3)家庭のコンセントからの電流は交流である。交流は電流の向きと大きさが周期的に変わるので，発光ダイオードの点灯する向きと逆向きに電流が流れている間は，点灯しない。

定期テスト予想問題

〈解答〉 p.120〜135

p.120〜121 予想問題 1

❶ (1)㋑ (2)ⓒ，ⓔ (3)ⓒ
(4)酸素を用いて栄養分を分解し，生きるためのエネルギーをとり出すはたらき。

❷ (1)葉を脱色するため。 (2)ⓓ (3)光，葉緑体

❸ (1)根毛 (2)根と土がふれる面積が大きくなる。
(3)道管 (4)ⓓ (5)維管束

❹ (1)表皮 (2)ⓒ (3)気孔
(4)水蒸気，酸素，二酸化炭素
(5)葉の内部の細胞の中には，緑色をした葉緑体がたくさんあるから。

❺ (1)水面からの水の蒸発を防ぐため。
(2)蒸散 (3)昼 (4)C(→)B(→)A

考え方

❶ⓐは液胞，ⓑは細胞壁，ⓒは核，ⓓは葉緑体，ⓔは細胞膜である。
(1)液胞や細胞壁があるので植物の細胞である。さらに葉緑体があるので，オオカナダモの葉の細胞と考えられる。
(2)核(ⓒ)と細胞膜(ⓔ)は，植物の細胞にも動物の細胞にもある。
(4)「どのようなはたらきか。」とあるので，「〜はたらき。」と答える。

②(1)葉の色をぬくことが書かれていればよい。

(2)，(3)ⓐは葉緑体なし＋光なし，ⓑは葉緑体あり＋光なし，ⓒは葉緑体なし＋光あり，ⓓは葉緑体あり＋光ありである。よって，この実験からわかる植物が光合成をするために必要なものは，葉緑体と光である。

③(2)土とふれる面積が大きくなることが書かれていればよい。

(3)ⓑは水や水にとけた養分が通る道管，ⓒは葉でつくられた栄養分が通る師管である。

(4)茎では，維管束の内側に道管(ⓓ)，外側に師管(ⓔ)がある。

④(2)葉脈の，葉の表側に近い側に道管(ⓑ)，葉の裏側に近い側に師管(ⓒ)がある。

(3)，(4)2つの孔辺細胞で囲まれたすきまを気孔といい，水蒸気の出口，酸素や二酸化炭素の出入り口になっている。

⑤(1)水面から水が蒸発すると，蒸散によって減少した水の量が正確にわからない。

(3)多くの植物では，夜は気孔が閉じているので，蒸散はほとんど行われない。

(4)蒸散が行われている部分は，Aは葉の表側＋茎，Bは葉の裏側＋茎，Cは葉の表側＋裏側＋茎である。気孔は葉の裏側に多いので，蒸散も葉の裏側のほうが表側よりもさかんに行われている。

出題傾向

細胞に関しては，植物の細胞と動物の細胞のちがいに関する出題が多い。それぞれの細胞のつくりをしっかり理解しておこう。また，植物の体のつくりとはたらきでは，道管，師管などに関する出題や光合成や蒸散に関する出題が見られる。

p.122〜123　予想問題 2

① (1)A　(2)B

(3)デンプンを麦芽糖などに変えるはたらき。

(4)アミラーゼ

② (1)A気管　B気管支　C肺胞

(2)ⓐ酸素　ⓑ二酸化炭素　(3)呼吸系

(4)横隔膜

(5)(肺胞の数が多いほど，)空気とふれる表面積が大きくなり，ガス交換の効率がよくなる点。

③ (1)A赤血球　B白血球　C血小板　D血しょう

(2)A㋐　B㋓　C㋒　D㋑　(3)組織液

④ (1)感覚器官　(2)反射

(3)①A(→)D(→)E　②B(→)C(→)E

(4)㋐，㋓

考え方

①(1)ヨウ素溶液を加えると，デンプンをふくむ液体は青紫色になる。

(2)ベネジクト溶液を加えて加熱すると，麦芽糖やブドウ糖をふくむ液体は赤褐色(黄色)になる。

(3)ヨウ素溶液の反応からデンプンがなくなったこと，ベネジクト溶液の反応から麦芽糖などができたことがわかる。

②(2)肺胞内の空気から血液中にとり入れられているⓐは酸素，血液中から肺胞内の空気中に出されているⓑは二酸化炭素である。

(4)横隔膜は肺の下にあり，ろっ骨とろっ骨の間の筋肉とともに胸こうをつくっている。

(5)カエルなどの両生類は肺胞の数が少ないため，肺だけではじゅうぶんに呼吸を行うことができないため，皮膚でも呼吸している。

③(1)中央がくぼんだ円盤形をしたAは赤血球，いろいろな形をしたBは白血球，小さくて不規則な形をしたCは血小板である。液体の成分Dは血しょうである。

④(3)①皮膚から刺激の信号が感覚神経を通って脊髄に伝わり，脊髄から直接命令の信号が出る。

②目からの刺激の信号は直接脳へ送られる。

出題傾向

唾液のはたらきを調べる実験や血液循環，反射に関する出題が多い。また，栄養分の消化と吸収のしくみや感覚器官のつくり，血液の成分などもよく出題されるので，整理しておこう。

p.124～125　予想問題 3

❶ (1)540 N　(2)①360 Pa　②360 N/m²
(3)90000 Pa

❷ (1)43 %
(2)右図

❸ (1)①低く
②膨張
③下
(2)露点
(3)低くなる。

〔g/m³〕 25 20 15 10 5 0
水蒸気量
飽和水蒸気量
P
0 5 10 15 20 25
気温 〔℃〕

❹ (1)(地上 1.5 m ぐらいの)風通しのよい日かげ。
(2)①晴れ　②ⓓ　(3)ヘクトパスカル
(4)100500 N/m²　(5)①29.0 ℃　②71 %
(6)①20.4 g　②㋑　③2.1 g　④100 %

考え方

❶(1)いすと人の質量の合計は，4 kg＋50 kg ＝54 kg＝54000 g より，板に加わる力の大きさは，$1\,\mathrm{N}\times\dfrac{54000\,\mathrm{g}}{100\,\mathrm{g}}=540\,\mathrm{N}$

(2)床が板から受ける圧力は，

$\dfrac{540\,\mathrm{N}}{1.5\,\mathrm{m}^2}=360\,\mathrm{N/m}^2=360\,\mathrm{Pa}$

(3)いすの脚4本分の面積は，$15\,\mathrm{cm}^2\times4=60\,\mathrm{cm}^2=0.006\,\mathrm{m}^2$ なので，床がいすの脚から受ける圧力は，

$\dfrac{540\,\mathrm{N}}{0.006\,\mathrm{m}^2}=90000\,\mathrm{N/m}^2=90000\,\mathrm{Pa}$

❷(1)気温 25 ℃のときの飽和水蒸気量は約 23.0 g なので，実験室の湿度は，

$\dfrac{10.0\,\mathrm{g/m}^2}{23.0\,\mathrm{g/m}^2}\times100=43.4\cdots$　よって，43 %

(2)ビーカー内の空気の温度は露点と等しいので，空気 1 m³ 中の水蒸気量は飽和水蒸気量と等しくなっている。

❸(1)，(2)空気のかたまりが上昇し，空気の温度が露点以下に下がると，空気中の水蒸気の一部が小さな水滴になる。

(3)同じ温度で水蒸気を多くふくむ空気のほうが，水蒸気の量が少ない空気よりも露点が高いので，空気の上昇する高さがより低いところで露点に達する。

❹(1)「日当たりと風通しに着目して」とあるので，高さについてはふれなくてもよい。

(2)雲量 0 ～ 1 は快晴，2 ～ 8 は晴れ，9 ～ 10 はくもりである。ⓐは快晴，ⓑはくもり，ⓒは雪，ⓓは晴れである。

(4)1 hPa＝100 Pa＝100 N/m² である。

(5)乾球の示度は 29.0 ℃，湿球の示度は 25.0 ℃である。乾球の示度が気温になる。

(6)①29 ℃のときの飽和水蒸気量は 28.8 g/m³，湿度は 71 %なので，このときの空気 1 m³ 中の水蒸気量は，

$28.8\,\mathrm{g/m}^3\times\dfrac{71}{100}=20.44\cdots$

よって，20.4 g/m³ となる。

②約 20.4 g/m³ が飽和水蒸気量になるときの気温が露点になる。

③29 ℃－8 ℃＝21 ℃　21 ℃での飽和水蒸気量は 18.3 g/m³ だから，生じた水滴は空気 1 m³ あたり，

$20.4\,\mathrm{g/m}^3-18.3\,\mathrm{g/m}^3=2.1\,\mathrm{g/m}^3$

④このときの空気 1 m³ あたりの水蒸気量は飽和水蒸気量と等しいので，湿度は 100 %になる。

出題傾向

圧力を求める計算，湿度や生じる水滴の量を求める計算がよく出題される。また，雲のでき方の出題も多いので，そのしくみを整理して，しっかりと理解しておこう。

p.126～127　予想問題 4

❶ (1)ⓓ
(2)996 hPa
(3)右図
(4)㋐

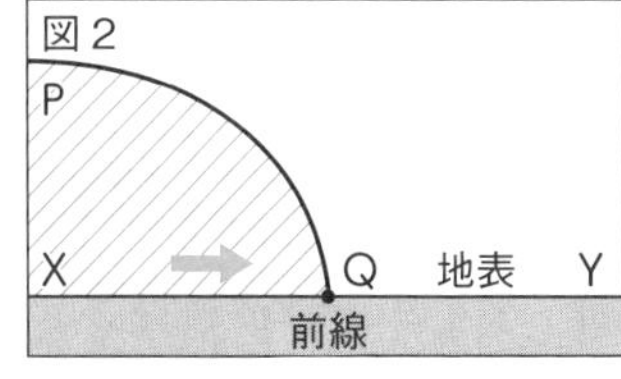

❷ (1)①A㋑　B㋒　②寒冷前線
(2)①西から東へ移動する。　②偏西風

❸ (1)Aシベリア気団　B小笠原気団
Cオホーツク海気団
(2)BとC　(3)B　(4)移動性高気圧　(5)冬
(6)A　(7)㋑　(8)西高東低　(9)①㋑　②㋒

考え方

❶(1)低気圧の中心付近では，反時計回りに風がふきこむ。

(2)等圧線は 4 hPa ごとに引くので，A地点の気圧は，1000 hPa－4 hPa＝996 hPa

(3)低気圧の西側には寒冷前線，東側に温暖前線ができる。寒冷前線付近では，寒気が暖気を押し上げて進む。

(4)㋐地点Ｂは寒気，地点Ｃは暖気におおわれている。

㋑温暖前線付近には乱層雲などが生じるので，地点Ｂでは雨が降っていると考えられる。

㋒寒冷前線付近(地点Ｄ)では積乱雲が生じる。

㋓地点Ｅの風向はほぼ西北西である。

❷(1)②気温が急に下がり，風向が北よりに変化しているので，寒冷前線が通過したと考えられる。

(2)②偏西風は，地球の中緯度帯を西から東へ１周する大気の動きである。

❸(2)梅雨の時期には，日本付近でオホーツク海気団と小笠原気団がぶつかり合い，勢力がほぼ等しいため，２つの気団の間に東西にのびる停滞前線ができる。

(3)太平洋高気圧が発達したときに小笠原気団(B)ができ，オホーツク海高気圧が発達したときにオホーツク海気団(C)ができる。

(5)，(8)西高東低は，典型的な冬型の気圧配置である。

出題傾向

前線のでき方や生じる雲，前線付近の天気がよく問われる。また，日本付近の気団や気団が影響を与える季節に関する出題も見られるので，整理しておこう。

p.128～129　予想問題 5

❶ (1)１本目の試験管には，装置内にもともとあった空気がふくまれているから。

(2)㋒　(3)石灰水　(4)Na

(5)$2NaHCO_3 \longrightarrow Na_2CO_3 + CO_2 + H_2O$

❷ (1)電流が流れやすくするため。

(2)A　(3)D　(4)C　(5)B

(6)A，B，D，C

(7)①$2H_2O \longrightarrow 2H_2 + O_2$

②$CuCl_2 \longrightarrow Cu + Cl_2$

❸ (1)①A，C　②B，D　③B，C

(2)A：銅　B：水　C：酸素　D：酸化銅

(3)A：Cu　B：H_2O　C：O_2　D：CuO

❹ (1)かたいものでこすってみる，金づちでたたいてみる，電流が流れるか調べる，などから１つ。

(2)①●○●　●○●　⟶　●●　●●　＋　○○

②$2Ag_2O \longrightarrow 4Ag + O_2$

(3)熱分解

考え方

❶(1)実験の際の注意点とその理由は覚えておこう。この実験ではほかに，加熱するとき試験管の口は下げる，ガラス管を試験管からぬいてから火を消す，などの注意点がある。

(2)①の炭酸水素ナトリウムを水にとかし，フェノールフタレイン溶液を加えると淡い赤色になる。②の加熱後の物質は炭酸ナトリウムであり，これを水にとかしてフェノールフタレイン溶液を加えると濃い赤色になる。

(3)集めた気体は二酸化炭素なので，石灰水を用いて確認する。

(4)，(5)$2NaHCO_3 \longrightarrow Na_2CO_3 + CO_2 + H_2O$
固体R　気体P　液体Q

❷(1)水酸化ナトリウム水溶液に電流を流すと，水酸化ナトリウムは変化せず，水が電気分解される。

(2)～(5)ＡとＣは電源装置の－極につながっているので陰極，ＢとＤは＋極につながっているので陽極である。水の電気分解で，陰極のＡからは水素が，陽極のＢからは酸素が発生する。また，塩化銅水溶液の電気分解では，陰極のＣに銅が析出し，陽極のＤから塩素が発生する。これより，(2)それ自身が燃えて水ができる気体である水素が集められるのはＡ，(3)刺激臭がある塩素が発生するのはＤ，(4)電極の色が変化するのは銅が析出するＣ，(5)線香が激しく燃える酸素が発生するのはＢである。

(6)，(7)$2H_2O \longrightarrow 2H_2(A) + O_2(B)$

$CuCl_2 \longrightarrow Cu(C) + Cl_2(D)$

発生する水素の体積は酸素の２倍である。塩素は水にとけやすいので，発生しても水溶液中にとけてしまい，集められる量は少なくなる。銅は電極に付着し，試験管Ｃでは気体は発生しない。よって，Ａ＞Ｂ＞Ｄ＞Ｃの順である。

3 (1), (2)①1種類の元素でできているのが単体であるから，AとCが単体である。②2種類以上の元素からできている物質が化合物であるから，BとDが化合物である。③Aは銅，Bは水，Cは酸素，Dは酸化銅である。Bの水とCの酸素は分子からできている。Aの銅のように，金属は分子をつくらず，1種類の原子がたくさん集まってできている。また，Dの酸化銅も分子をつくらず，2種類の原子が規則正しく並んでできている。

(3)Aの銅は，分子からできていないので，銅原子1個を代表させてCuと表す。Bの水は酸素原子1個に水素原子2個が結びついて分子をつくっているから，H_2Oと表す。Cの酸素は酸素原子2個が結びついて分子をつくっているから，O_2と表す。Dの酸化銅は分子をつくらず銅原子と酸素原子が1：1で結びついているので，1個ずつを代表させてCuOと表す。

4 (2)酸化銀が分解して，銀と酸素ができる反応だから，反応前の物質と反応後の物質を矢印で結ぶと，

酸化銀 ⟶ 銀＋酸素

原子のモデルと化学式で表すと，

●○● ⟶ ● ＋ ○○

$Ag_2O \longrightarrow Ag + O_2$

右辺に酸素原子が2個あるので，左辺の酸素原子も2個になるように，酸化銀を2個にする。

●○●
●○● ⟶ ● ＋ ○○

$2Ag_2O \longrightarrow Ag + O_2$

左辺の銀原子が4個になったので，右辺の銀原子も4個にする。

●○●　　●●
●○● ⟶ ●● ＋ ○○

$2Ag_2O \longrightarrow 4Ag + O_2$

左辺と右辺の原子の種類と数が等しいか確認する。

(3)1種類の物質が2種類以上の物質に分かれる化学変化を分解，この実験のように加熱による分解を熱分解という。

出題傾向

炭酸水素ナトリウムの熱分解，水の電気分解はよく出題される。実験の注意点，発生する物質とその確認のしかたなどをおさえておこう。また，単体と化合物，分子からできている物質と分子からできていない物質といった物質の分類についてもよく問われる。元素記号，化学式，化学反応式のつくり方は物質分野では重要なポイントとなるので，くり返し学習し，しっかりと覚えておこう。

p.130〜131　予想問題 6

1 (1)①赤　②光　(2)①B　②A
(3)①S　②0.5 g

2 (1)銅
(2)反応に使われない炭素(活性炭)が残っているから。
(3)銅，酸化銅　(4)①炭素　②酸化銅

3 (1)H_2　(2)200 cm^3　(3)0.4 g　(4)1000 cm^3

4 (1)上がっている。　(2)発熱反応
(3)空気中の酸素によって酸化される。

考え方

1 (1)鉄と硫黄の混合物を加熱すると，熱と光を出して激しく反応する。反応がはじまると，加熱をやめても，反応によって出る熱によって反応は最後まで進む。

(2)試験管Aには，反応によって生じた黒い硫化鉄が，試験管Bには鉄と硫黄の混合物が入っている。①硫化鉄は磁石につかないが，混合物中の鉄は磁石につく。②硫化鉄とうすい塩酸が反応すると，卵の腐ったような特有のにおいのある硫化水素が発生する。鉄とうすい塩酸が反応すると無臭の水素が発生する。

(3)化学変化に関係する物質の質量の比はつねに一定になっている。鉄と硫黄の質量の比は，2.8：1.6＝7：4であるから，鉄4.2 gと反応する硫黄の質量は，

$4.2\ g \times \frac{4}{7} = 2.4\ g$　したがって硫黄が

$2.9\ g - 2.4\ g = 0.5\ g$ 残る。硫黄は分子をつくらない物質なので，化学式は原子1個を代表させてSと表す。

❷(1)この実験では，酸化銅が炭素(活性炭)により還元されて銅ができる。実験終了直後は，銅の温度が高く，空気中の酸素にふれると酸化しやすいので，空気が試験管に吸いこまれないように目玉クリップでゴム管を閉じる。

(2)，(3)グラフより，酸化銅と炭素が完全に反応するのは，活性炭の質量が0.15 gのときであるとわかる。活性炭の質量が0.15 g未満のときは，還元されない酸化銅が残っているので，試験管Aには銅と酸化銅が存在する。活性炭の質量が0.15 gのとき，酸化銅はすべて銅となるので，それ以上活性炭をふやしても，反応に使われないまま残り，試験管Aの中には銅と活性炭が存在する。

(4)この実験で起こる化学変化を化学反応式で表すと，

$$2CuO + C \longrightarrow 2Cu + CO_2$$

(CuO → Cu：還元された　C → CO_2：酸化された)

酸化銅は炭素によって酸素を奪われ(還元され)，銅になっている。炭素は酸化銅から酸素を奪って酸素と結びつき(酸化され)，二酸化炭素になっている。このように酸化と還元は同時に起こっている。

❸(1)塩酸(塩化水素)HCl とマグネシウム Mg が反応して，水素 H_2 が発生する化学変化である。

(2)マグネシウムリボンが0.2 gのときの気体の体積を，グラフから読みとる。

(3)グラフより，マグネシウムリボンの質量を0.4 gより大きくしても，発生する気体の体積は変わらないことがわかる。したがって，マグネシウムリボンが0.4 gのとき，塩酸と完全に反応していると考えられる。

(4)グラフより，マグネシウムリボンがすべて反応しているときは，マグネシウムリボンの質量と発生する気体の体積は比例していることがわかる。(2)より，マグネシウムリボン0.2 gのとき発生する気体の体積は200 cm^3であるから，マグネシウムリボン1.0 gのとき発生する気体の体積は，

$200\ cm^3 \times \frac{1.0}{0.2} = 1000\ cm^3$ である。

❹(1)，(3)鉄粉と活性炭を混ぜてよく振ると，鉄が空気中の酸素と結びついて酸化反応が起こる。このとき熱が発生して温度が上がるので，このしくみが化学かいろに使われている。

(2)化学変化のときに熱を発生してまわりの温度が上がる反応は発熱反応，熱を吸収してまわりの温度が下がる反応は吸熱反応である。

出題傾向

酸化と還元に関する問題はよく出題される。化学変化で酸化された物質，還元された物質は何か，化学反応式とともに整理しておく。化学変化に関係する物質の質量比の問題もよく問われる。実験結果のグラフの読みとり方，比の計算のしかたをおさえておこう。また，質量保存の法則についても確認しておこう。化学変化で起こる熱の出入りについては，教科書に出てくる発熱反応と吸熱反応の例を覚えておこう。

p.132～133　予想問題 7

❶ (1)ⓑ　(2)点灯しない。　(3)3.75 Ω　(4)㋐

❷ (1)㋑

(2)①0.3 A　②1.8 V　③5 Ω　④11 Ω

(3)①30 V　②2.5 A　③12 Ω

❸ (1)2.0 Ω　(2)4.5 W　(3)3750 J　(4)㋑

(5)3750 J

❹ (1)100 Ω　(2)A，C　(3)150 W

考え方

❶(1)ⓒ，ⓓは電流の流れる道すじが途中で切れているので，片方の豆電球が点灯しない。ⓐは並列回路，ⓑは直列回路である。電流の大きさがどの点も同じであることから，直列回路のⓑであると考えられる。

(2)直列回路なので，一方の豆電球をゆるめると電流が流れなくなり，もう一方の豆電球も点灯しなくなる。

(3)回路全体では，$V = 1.5$ V，$I = 0.2$ A なので，

$R = \frac{V}{I} = \frac{1.5\ V}{0.2\ A} = 7.5\ \Omega$　2つの豆電球は電気抵抗が等しく直列回路なので，豆電球1個の電気抵抗は，$7.5\ \Omega \div 2 = 3.75\ \Omega$

(4)電気抵抗は豆電球bのほうが大きく，電流の大きさは両方とも同じなので，加わる電圧はbのほうが大きくなる。よって，bのほうが明るい。

❷(1)電流計は測定したい部分にはさみこむように直列につなぐ。また，電圧は2点で決まる値(あたい)なので，電圧計は測定したい部分の両端(りょうたん)に並列につなぐ。

(2)①直列回路なので，c点を流れる電流はa点を流れる電流と同じである。「何Aか」と問われているので，300 mA＝0.3 A

②電源の電圧からab間に加わる電圧を引いて，3.3 V－1.5 V＝1.8 V

③$R=\dfrac{V}{I}=\dfrac{1.5\ \mathrm{V}}{0.3\ \mathrm{A}}=5\ \Omega$

④$R=\dfrac{V}{I}=\dfrac{3.3\ \mathrm{V}}{0.3\ \mathrm{A}}=11\ \Omega$

(3)①オームの法則より，
$V=IR=1.5\ \mathrm{A}\times20\ \Omega=30\ \mathrm{V}$

②並列回路なので，gh間に加わる電圧はef間に加わる電圧と等しく30 Vである。これより，g点に流れる電流の大きさは，
$I=\dfrac{V}{R}=\dfrac{30\ \mathrm{V}}{30\ \Omega}=1\ \mathrm{A}$　d点に流れる電流の大きさは，e点とg点の電流の大きさの和だから，1.5 A＋1 A＝2.5 A

③$R=\dfrac{V}{I}=\dfrac{30\ \mathrm{V}}{2.5\ \mathrm{A}}=12\Omega$

❸(1)表より，電圧2.0 Vのとき1.0 Aの電流が流れるから，$R=\dfrac{V}{I}=\dfrac{2.0\ \mathrm{V}}{1.0\ \mathrm{A}}=2.0\ \Omega$

(2)電力〔W〕＝電圧〔V〕×電流〔A〕だから，
3.0 V×1.5 A＝4.5 W

(3)電力量〔J〕＝電力〔W〕×時間〔s〕だから，
5.0 V×2.5 A×(60×5)s＝3750 J

(4)(1)より電熱線Xの電気抵抗は2.0 Ωであるから，電流の大きさが3.0 Aのとき電圧は，3.0 A×2.0 Ω＝6.0 V　水の上昇(じょうしょう)温度は電力(電圧と電流の積)に比例する。表より，2.0 V，1.0 Aのとき水の上昇温度は1.2℃で，6.0 V，3.0 Aのときは，電圧も電流も3倍になっているから，水の上昇温度は3×3＝9倍になる。よって，1.2℃×9＝10.8℃

(5)10 Vで50 Wの電力を消費するとき，電流の大きさは，50 W÷10 V＝5 A　この電熱線の電気抵抗は，$R=\dfrac{V}{I}=\dfrac{10\ \mathrm{V}}{5\ \mathrm{A}}=2\ \Omega$
5 Vの電圧を加えたときの電流の大きさは，
$I=\dfrac{V}{R}=\dfrac{5\ \mathrm{V}}{2\ \Omega}=2.5\ \mathrm{A}$　5 V，2.5 Aの電流を5分間流したときに消費する電力は，
5 V×2.5 A×(60×5)s＝3750 J

❹(1)Aに流れる電流は，40 W÷100 V＝0.4 A
Bに流れる電流は，60 W÷100 V＝0.6 A
回路全体では，0.4 A＋0.6 A＝1.0 A
回路全体の電気抵抗は，
$R=\dfrac{V}{I}=\dfrac{100\ \mathrm{V}}{1.0\ \mathrm{A}}=100\ \Omega$

(2)点Pで回路が切れても，BとDは電源(でんげん)と並列につながっているので使用できる。

(3)100 Vで5 Aまでしか使えないので，同時に使用できる電力は，100 V×5 A＝500 Wまでである。A，B，Cの3つで使用する電力は，40 W＋60 W＋250 W＝350 W　したがってDで使用できる電力は，500 W－350 W＝150 W

出題傾向

直列回路，並列回路における電流，電圧や電気抵抗の大きさを求める問題は非常によく出題される。オームの法則の公式を用いた計算問題を練習しておこう。また，電力や熱量，電力量などについても，公式を覚えるとともに，その意味を理解し整理しておこう。公式を使った計算では，単位にも注意する必要がある。電流計や電圧計の使い方もよく問われるので，しっかりおさえておこう。

p.134～135　予想問題 8

❶ (1)真空放電
(2)陰極線(電子線)
(3)電子
(4)㋑
(5)右図

P(＋)
A
B
Q(－)
蛍光板

❷ (1)磁力線　(2)Aⓒ　Bⓓ　(3)㋐　(4)ⓑ

❸ (1)ⓓ　(2)ⓑ　(3)㋒，㋓
(4)電流の大きさを大きくする。

4 (1)①磁界　②電磁誘導　③誘導電流
(2)－端子　(3)左に振れる。
(4)棒磁石を速く動かす。

考え方

1 (1)電気が空間を移動したり，たまっていた電気が流れ出したりする現象を放電という。また，圧力を低くした気体の中を電流が流れる現象を真空放電という。

(2)電子が発見される前は，電流が粒子の流れであることがわからなかったので，放電管の陰極から飛び出してくる線ということで陰極線とよばれた。現在は電子線とよぶことが多い。蛍光板やガラス壁に電子が衝突すると光(蛍光)を発する。

(4)電子は－の電気をもち，－極から飛び出し＋極に向かう。電流の流れる向きは，電子の発見前に＋極から－極に向かう向きと決められたので，電子の移動とは逆の向きである。

(5)電子は－の電気を帯びているので，＋極(P)側に曲がる。

2 (2)コイルの内側の磁界の向きは，右図の親指の向きである。コイルのまわりの磁力線は下図のようになり，それぞれの点における磁力線の向きが，磁針のN極がさす向きである。

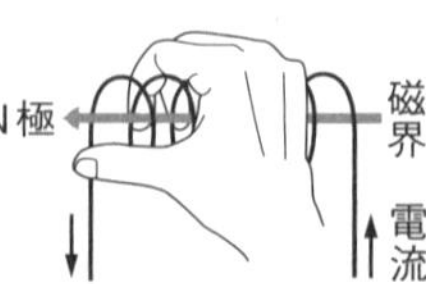

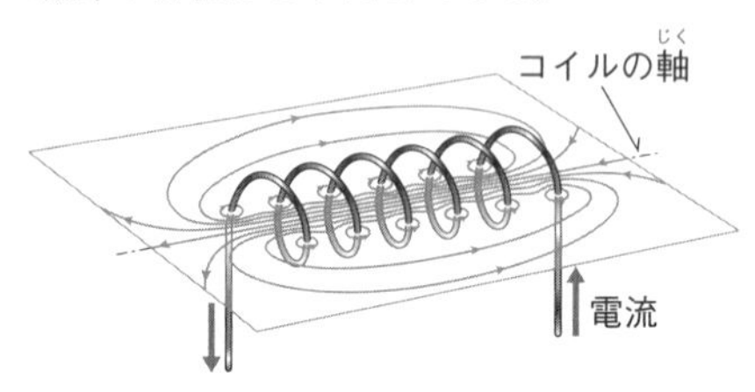

(3)導線に流れる電流を大きくすると，磁界が強くなり，磁針の振れも大きくなる。

(4)図のCの部分には下から上向きに電流が流れているので，選択肢のⓐ～ⓓでも，導線には下から上向きに電流が流れている。電流がつくる磁界は，電流の流れる向きに右ねじが進むときに，右ねじを回す向きの磁界ができる。

電流の向き
導線
磁界の向き

3 (1)磁界の向きは，左側の磁石のN極から，右側の磁石のS極に向かう向きである。

(2)コイルの右側(S極側)には，手前から奥に向かって(ⓒの向き)電流が流れ，コイルの左側(N極側)には，奥から手前に向かって(ⓕの向き)電流が流れている。そのため，コイルの中心部分には，電流による上向き(ⓑの向き)の磁界が重なる。

(3)モーターの回転の向きを逆にするには，電流が磁界から受ける力が逆になるようにする。そのためには，電流の向きを逆にするか，磁界の向きを逆にすればよい。

(4)コイルを速く回転させるには，電流が磁界から受ける力が大きくなるようにする。そのためには，電流を大きくしたり，磁界を強くしたりすればよい。磁界を強くするには，磁力の強い磁石に変える必要があるので，装置をそのまま使うのであれば，電流を大きくする。

4 (1)コイルの中の磁界が変化しているときだけ，電圧が生じ，誘導電流が流れる。磁界が変化しなければ，電磁誘導は起こらず，誘導電流は流れない。

(2)検流計の指針が左に振れるのは，－端子から電流が流れこんだときである。＋端子から電流が流れこむと，指針は右に振れる。

(3)棒磁石を静止させコイルをN極に近づけたときは，N極をコイルに近づけたときと同じように磁界が変化する，誘導電流も同じ向きに流れる。

(4)検流計の針の振れ方を大きくするには，誘導電流が大きくなるようにする。そのためには，磁石を速く動かす(コイルの中の磁界を速く変化させる)，磁石の磁力を強くする(磁界の強さを強くする)，コイルの巻数を多くする，という方法がある。

出題傾向

電流の正体，磁界の中の電流にはたらく力，電磁誘導がよく出題される。陰極線の性質，電子の移動する向きと電流の向き，磁界の中の電流が受ける力，誘導電流の向きや大きさを変える方法などを整理し，しっかりおさえておこう。